VDE-Schriftenreihe **28**

D1717907

VDE-Schriftenreihe Normen verständlich

28

Niederspannungs-Schaltgerätekombinationen

Erläuterungen zu DIN EN 60439-1
(VDE 0660 Teil 500):2000-08

Dipl.-Ing. Lothar Zentgraf

3., komplett überarbeitete Auflage

VDE VERLAG • Berlin • Offenbach

Die Normen sind wiedergegeben mit Erlaubnis des DIN Deutsches Institut für Normung e. V. und des VDE Verband der Elektrotechnik Elektronik Informationstechnik e. V. Maßgebend für das Anwenden der Normen sind deren Fassungen mit dem neuesten Ausgabedatum, die beim VDE VERLAG, Bismarckstraße 33, 10625 Berlin, und der Beuth-Verlag GmbH, Burggrafenstraße 6, 10787 Berlin, erhältlich sind.

Die Deutsche Bibliothek – CIP-Einheitsaufnahme

Ein Titeldatensatz für diese Publikation ist bei
Der Deutschen Bibliothek erhältlich

ISBN 3-8007-2576-2

ISSN 0506-6719

© 2000 VDE VERLAG, Berlin und Offenbach
       Bismarckstraße 33, D-10625 Berlin

Druck: GAM Media GmbH, Berlin   0010

Vorwort zur 3. Auflage

Die Änderungen 1, 2 und 11 wurden in die neue Ausgabe der VDE 0660 Teil 500 eingearbeitet, um die Norm dadurch wieder leichter lesbar zu machen. Seit 1997 hat die IEC die Benummerung ihrer Publikationen generell geändert, Darüber hinaus hat es in den vergangenen Jahren auch bei anderen Normen, die im Zusammenhang mit Niederspannungs-Schaltanlagen wichtig sind, einige Änderungen gegeben. Alle diese Gründe machten eine gründliche Überarbeitung der zweiten Auflage erforderlich, um die Verweise auf Normen, Abschnitte und Textstellen auf den neuesten Stand zu bringen.

Sachlich hat sich bis auf einige Kleinigkeiten gegenüber der zweiten Auflage praktisch nichts geändert.

Der Verfasser

August 2000

Vorwort

Obwohl seit der Herausgabe der zweiten Ausgabe des Bandes 28 der VDE-Schriftenreihe mit »Erläuterungen zu den Bestimmungen für Niederspannungs-Schaltgerätekombinationen« erst zehn Jahre vergangen sind, war eine gründliche Neubearbeitung erforderlich, um alle notwendigen Änderungen in verständlicher Form zu behandeln.

Die wesentlichsten Änderungen sind:

- Die hier besprochene Norm liegt nun schon in der dritten Ausgabe vor. Sie ist gleichzeitig Europäische Norm und deckungsgleich mit IEC 439-1.

- Neben neuen Festlegungen zum Bau von Schaltgerätekombinationen mussten vor allem die Änderungen der Normen für Schaltgeräte, wie z. B. Isolations-koordination oder Prüfung der Kurzschlussfestigkeit, übernommen werden, damit Schaltgeräte und Schaltgerätekombinationen nicht mit unterschiedlichen Maßstäben gemessen werden.

- Die immer komplizierter werdenden Anlagen und vor allem das weitere Vordringen der Elektronik machten eine detailliertere Betrachtung der Elektro-magnetischen Verträglichkeit erforderlich.

- Die inzwischen erschienene Änderung 1 zur EN 60439-1 wurde bereits berücksichtigt.

5

- Für die Dimensionierung von partiell typgeprüften Schaltgerätekombinationen stand bisher nur DIN VDE 0660 Teil 507 für den Nachweis der Erwärmung zur Verfügung. DIN VDE 0660 Teil 509 gibt nun Hinweise, wie die Kurzschlussfestigkeit von PTSK-Lösungen von typgeprüften TSK-Baugruppen abgeleitet werden kann.

- DIN VDE 0660 Teil 508 gibt schließlich Regeln für die Prüfung von Schaltgerätekombinationen unter Störlichtbogenbedingungen an. Dieser Teil liegt zwar im Augenblick erst als Entwurf vor, die internationalen Diskussionen sind aber bereits so weit abgeschlossen, dass nicht mehr mit grundsätzlichen Änderungen gerechnet werden muss.

Da sicherlich die Mehrzahl der Leser vor allem den heutigen Stand der Norm verstehen will, wurde auf die geschichtliche Entwicklung der einzelnen Festlegungen nur dort eingegangen, wo es zum Verständnis erforderlich ist. Einen groben Überblick über die Entwicklung der vorliegenden Norm findet der interessierte Leser am Anfang des Buches.

Zum Verständnis dieser Erläuterungen ist die Kenntnis der Norm unbedingte Voraussetzung. Die Gliederung des Buches hält sich deshalb strikt an die Gliederung der Norm, damit ein gemeinsames Studium beider Texte erleichtert wird.

Allen Fachkollegen, die den Autor mit ihrem Rat unterstützt haben, sei an dieser Stelle herzlich gedankt.

Der Verfasser

Sommer 1995

Inhalt

0 Normen für Niederspannungs-Schaltgerätekombinationen

0.1 Entwicklung der Normen

Bereits in der ersten Ausgabe der »Normalien, Vorschriften und Leitsätze« des damaligen Verbandes Deutscher Elektrotechniker aus dem Jahre 1896 finden sich Sicherheitsvorschriften für die Beschaffenheit von Schalt- und Verteilungstafeln. Alle Angaben sollen vor allem eine Brandgefahr, die von den elektrischen Anlagen ausgehen könnte, vermeiden und einen sicheren Betrieb ermöglichen. Holz wird deshalb für den Aufbau von Schalt- und Verteilungstafeln nicht als Isolator zugelassen. Nur für die Umrandung ist es gestattet. Die Geräte müssen so angeordnet sein, dass »Feuererscheinungen« beim Schalten sich nicht zündend auf die Nachbarschaft auswirken. Hinter den Schaltanlagen müssen ausreichend dimensionierte Wartungsgänge vorhanden sein. Bei Verteilungstafeln, die betriebsmäßig nicht von der Rückseite zugänglich sind, müssen alle Anschlüsse von vorn zugänglich sein, damit sie sorgfältig gewartet werden können.

Zur Niederspannung zählte man in der ersten Zeit alle Anlagen, bei denen die Spannung zwischen den Leitern 500 V und gegen Erde 250 V nicht überstieg. Erst 1930 wurde die obere Grenze der Niederspannung auf alle Spannungen bis 1000 V ausgedehnt.

Zu Anfang der Anwendung der Elektroenergie war die Elektroindustrie noch nicht so arbeitsteilig organisiert wie heute. Der Kunde bestellte bei seinem Lieferanten immer eine komplette Problemlösung. Um die Details der Ausführung musste er sich nicht kümmern. Schalt- und Verteilungstafeln traten deshalb lange Zeit nicht als eigene Produktgruppe in Erscheinung. Sie wurden erst am Einsatzort in handwerklicher Arbeit aus Komponenten zusammengebaut.

Das ist sicher auch der Grund, warum sich die VDE-Anforderungen an Schalt- und Verteilungstafeln in den ersten Jahrzehnten praktisch nicht änderten. Erst 1965, also nach mehr als 60 Jahren, behandelt der seinerzeit zuständige § 29 N der VDE 0100 etwas mehr als die Themen Holz und Wartungsgänge; es erscheinen Anforderungen an die Eigenschaften der Isolierstoffe, Bemessung von Kriech- und Luftstrecken, Anforderungen an die Kurzschlussfestigkeit und an den Schutz gegen zufälliges Berühren betriebsmäßig unter Spannung stehender Teile.

Im Laufe der Jahre hatte der stark gestiegene Bedarf für elektrotechnische Ausrüstungen immer mehr Hersteller ermuntert, sich an dem zukunftsträchtigen Geschäft zu beteiligen. Dies führte naturgemäß zu einem erheblichen Wettbewerbsdruck und zwang alle Hersteller zu einer stärkeren Spezialisierung und zur Rationalisierung ihrer Tätigkeiten. Man spürte, dass es für Schaltanlagen und Verteiler weder klare, von allen in gleicher Weise verstandene Begriffe noch normierte Anforderungen und Sicherheitsstandards gab. Eine Verständigung zwischen dem Abnehmer und dem

Hersteller war damit sehr schwierig und führte oft zu Missverständnissen. Ein Vergleich der Leistungsfähigkeit verschiedener Anbieter war praktisch nicht möglich. Diese Lücke füllte erst 1967 die Norm VDE 0660 Teil 5 »Fabrikfertige Schaltgerätekombinationen«.

Der Begriff »fabrikfertig« führte in der Praxis immer wieder zu Missverständnissen. Vor allem umfangreiche Schaltanlagen wurden wie bisher in einzelnen Transporteinheiten zum Aufstellungsort geliefert und dort zusammengebaut. Manche Kunden sahen diese Anlagen deshalb als nicht fabrikfertig an und verlangten die Einhaltung der größeren Abstände nach VDE 0100.

Die Verwirrung wurde noch größer, als 1973 in VDE 0100 § 30 b) Baubestimmungen für nichtfabrikfertige Schaltanlagen und Verteiler veröffentlicht wurden. Jetzt konnte sich ein Hersteller aussuchen, ob er die sehr detaillierte VDE 0660 Teil 5 mit ihren umfangreichen Typ- und Stückprüfungen anwenden wollte oder ob er sich auf die wenigen Forderungen der VDE 0100 beschränken sollte und dafür etwas größere Abstände akzeptieren musste.

Die 1973 von IEC veröffentlichte Publikation 439 »Factory-built assemblies for low voltage switchgear and controlgear« entspricht in ihrem Inhalt weitgehend der deutschen VDE 0660 Teil 5. Im Laufe der Überarbeitung der IEC 439 Mitte der siebziger Jahre setzte sich immer mehr die Ansicht durch, dass es besser wäre, alle Arten von Niederspannungs-Schaltgerätekombinationen nur in einem Normungsgremium federführend zu behandeln und in nur einer Normenreihe zu veröffentlichen. Anstelle der Unterscheidung zwischen »fabrikfertig (FSK)« und »nichtfabrikfertig« führte man die Begriffe

- Typgeprüfte Schaltgerätekombination (TSK) und
- Partiell typgeprüfte Schaltgerätekombination (PTSK) ein.

Da nun beide Arten von Schaltgerätekombinationen nach **einer** Bestimmung gebaut werden müssen, kann man sicher sein, dass auch immer die gleiche Sicherheit und Qualität erreicht wird. Beide Arten von Schaltgerätekombinationen müssen den gleichen Bauanforderungen genügen. Nur bei den Nachweisen und Prüfungen gibt es Unterschiede, die die besonderen Probleme einer Serienfertigung und einer Einzelfertigung berücksichtigen. In Deutschland wurde das Ergebnis dieser internationalen Arbeit 1984 mit DIN 57660 Teil 500 / VDE 0660 Teil 500 »Niederspannungs-Schaltgerätekombinationen« bereits vorab veröffentlicht.

Ein Jahr später erschien dann die 2. Ausgabe der IEC 439-1. Im gleichen Jahr wurde der § 30 b) in DIN VDE 0100, der die Anforderungen für den Bau nichtfabrikfertiger Schaltanlagen und Verteiler enthielt, durch DIN VDE 0100 Teil 729 für ungültig erklärt. Damit war die unglückliche Zweigleisigkeit in den Normen für Niederspannungs-Schaltgerätekombinationen offiziell beendet.

Eine Übersicht über diesen historischen Ablauf zeigt **Tabelle 0.1.** Wie sich seither die Normenlandschaft in Deutschland, Europa und international gestaltet, kann **Tabelle 0.2** entnommen werden.

1896	Normalien, Vorschriften und Leitsätze des Verbandes Deutscher Elektrotechniker *(erste VDE-Sicherheitsvorschriften für Schalt- und Verteilungsanlagen, Niederspannung endet bei 250 V gegen Erde)*
1941	VDE 0100 Errichtung von Starkstromanlagen unter 1000 V
1958	VDE 0100 § 29 N *(erstmals Hinweise auf Kurzschlussfestigkeit und Berührungsschutz)*
1967	VDE 0660 Teil 5 Fabrikfertige Schaltgerätekombinationen (FSK)
1973	VDE 0100 § 30 b) (Bauanforderungen für nichtfabrikfertige Schaltanlagen und Verteiler) IEC 439 *(erste IEC-Vorschrift für Niederspannungs-Schaltgerätekombinationen)*
1984	DIN 57660 Teil 500 / VDE 0660 Teil 500 *(Unterscheidung zwischen typgeprüften (TSK) und partiell typgeprüften (PTSK) Schaltgerätekombinationen)*
1985	IEC 439-1, 2. Ausgabe (Unterscheidung zwischen TSK und PTSK) DIN VDE 0100 Teil 729 *(erklärt DIN VDE 0100 § 30 b, Bau von nichtfabrikfertigen Schaltanlagen, für ungültig)*
1990	EN 60439-1 (IEC 439-1, 2. Ausgabe, modifiziert) *(erste europäische Norm für Schaltgerätekombinationen)*
1991	DIN VDE 0660 Teil 500 (IEC 439-1: 1985, 2. Ausgabe, modifiziert); Deutsche Fassung EN 60439-1:1990
1992	IEC 439-1, 3. Ausgabe *(Anpassung an »Allgemeine Festlegungen für Niederspannungs-Schaltgeräte«, Isolationskoordination)*
1994	DIN EN 60439 Teil 1 (**VDE 0660 Teil 500**) und Änderung A1 (**VDE 0660 Teil 500 A1**) (IEC 439-1:1992 + Korrigendum 1993); Deutsche Fassung EN 60439-1: 1994
1999	IEC 60439-1, EN 60439-1 (Nachträge in Norm eingearbeitet)
2000	DIN EN 60439-1 (**VDE 0660 Teil 500**) (Deutsche Fassung der EN 60439-1)

Tabelle 0.1   Entwicklung der Normen für Niederspannungs-Schaltgerätekombinationen

Die weiteren Arbeiten in der Internationalen Elektrotechnischen Kommision (IEC), im Europäischen Komitee für Elektrotechnische Normung (CENELEC) und in der Deutschen Elektrotechnischen Kommission im DIN und VDE (DKE), die zur Herausgabe der jetzt vorliegenden Normen führten, dienten im Wesentlichen der notwendigen Angleichung an die Normen für Niederspannungs-Schaltgeräte und an die neuen Verfahren der Isolationskoordination und der detaillierteren Festlegungen für den Schutz bei indirektem Berühren und dem Schutz vor dem Eindringen von Fremdkörpern in die Schaltgerätekombination.

Hält man noch einmal Rückschau auf die nunmehr fast 100 Jahre Entwicklung der Normen für Niederspannungs-Schaltgerätekombinationen, so stellt man fest, dass der Ingenieur von 1900 nur eine Seite Sicherheitsvorschriften vorfand, während heute ein Normenwerk von mehreren hundert Seiten besteht.

Norm	Deutsch	Europäisch	International
Niederspannungs-Schaltgerätekombinationen, Anforderungen an typgeprüfte und partiell typgeprüfte Kombinationen	DIN EN 60439-1 **(VDE 0660 Teil 500)**	EN 60439-1	IEC 60439-1
Verfahren für die Prüfung unter Störlichtbogenbedingungen	Beiblatt 2 zu VDE 0660 Teil 500		Report IEC 61641
Besondere Anforderungen an Baustromverteiler (BV)	DIN VDE 0660-501 **(VDE 0660 Teil 501)**	EN 60439-4	IEC 60439-4
Besondere Anforderungen an Schienenverteiler	DIN EN 60439-2 **(VDE 0660 Teil 502)**	EN 60439-2	IEC 60439-2
Zusatzbestimmungen für Kabelverteilerschränke	DIN EN 60439-5 **(VDE 0660 Teil 503)**	EN 60439-5	IEC 60439-5
Besondere Anforderungen an Niederspannungs-Schaltgerätekombinationen, zu deren Bedienung Laien Zutritt haben	DIN VDE 0660-504 **(VDE 0660 Teil 504)**	EN 60439-3	IEC 60439-3
Bestimmungen für Hausanschlusskästen und Sicherungskästen	DIN VDE 0660-505 **(VDE 0660 Teil 505)**		
Verdrahtungskanäle Anforderungen und Prüfung	DIN VDE 0660-506 **(VDE 0660 Teil 506)**		
Verfahren zur Ermittlung der Erwärmung von PTSK	DIN VDE 0660-507 **(VDE 0660 Teil 507)**	HD 528 S2	IEC 60890
Verfahren zur Ermittlung der Kurzschlussfestigkeit von PTSK	DIN IEC 61117 **(VDE 0660 Teil 509)**		Report IEC 61117
Leergehäuse für Niederspannungs-Schaltgerätekombinationen	DIN EN 50298 **(VDE 0660 Teil 511)**	EN 50298	

Tabelle 0.2 Übersicht: Normen für Niederspannungs-Schaltgerätekombinationen

Diesen Zuwachs mit dem Perfektionismus der Normengremien zu begründen ginge sicher an der Sache vorbei.

Ein Beispiel möge das verdeutlichen. Einzelheiten siehe **Tabelle 0.3**.

	früher	**heute**
Feldbreite	$l = 80$ cm	$l = 80$ cm
Leiterabstand	$a = 10$ cm	$a = 2,5$ cm
Kurzschlussstrom	$I_k'' = 10$ kA	$I_k'' = 80$ kA
Stützerkraft	$F = 0,6$ kN	$F = 200$ kN
Nennstrom	400 A	4000 A
Verlustleistung	150 W	1500 W
Bauform	offen	geschlossen, Schutzart IP43

Tabelle 0.3 Vergleich typischer Schaltanlagendaten »früher« und »heute«

In einer Schaltanlage, wie sie früher durchaus üblich war, mit einem Nennstrom von 400 A, einer Kurzschlussfestigkeit von 10 kA und einem Sammelschienenabstand von 10 cm errechnet sich für den Stützer eine Kurzschlusskraft von etwa 1 kN. Eine moderne Anlage mit z. B. 4000 A Nennstrom, einer Kurzschlussfestigkeit von 80 kA und einem Abstand zwischen den Sammelschienen von 2,5 cm belastet den Auflagepunkt im Kurzschlussfall mit etwa 200 kN. Wurde früher die Anlage meist mit offener Rückwand ausgeführt, so dass die Erwärmung kein Problem darstellte, so verlangt man heute eine geschlossene Ausführung, und der Entwicklungsingenieur muss sich eine Menge einfallen lassen, die 1500 W Verlustleistung eines 4000-A-Leistungsschalters – um beim Beispiel zu bleiben – ohne unzulässige Erwärmung im Innern der Schaltanlage abzuführen.

Es ist leicht einzusehen, dass man unter diesen Umständen einer Typprüfung mehr Vertrauen entgegenbringt als einer mehr oder weniger zuverlässigen Berechnung.

Normen dienen jedoch nicht nur zur richtigen Dimensionierung für die gewünschten Betriebseigenschaften, sondern sie wurden bereits früh als anerkannte Regeln der Technik herangezogen, wenn die Starkstromanlagen hinsichtlich ihrer Sicherheit für Personen und Sachen beurteilt werden mussten.

0.2 Gesetzliche Stellung und Anwendung der Normen

Um Leben, Gesundheit und Eigentum seiner Bürger zu schützen, hat der Staat bereits mit Beginn der Industrialisierung Gesetze erlassen, welche die Anwendung von Energie und von technischen Arbeitsmitteln sicher machen sollen.

Zur Zeit sind gültig:

- Zweite Verordnung zur Durchführung des Energiewirtschaftsgesetzes in der ab 1. Januar 1987 geltenden Fassung.

- Gesetz über technische Arbeitsmittel (Gerätesicherheitsgesetz) in der Fassung vom 1. Januar 1993.

- Unfallverhütungsvorschrift »Elektrische Anlagen und Betriebsmittel« (VBG 4) gültig ab 1. April 1979, in der Fassung vom Januar 1997.

Beide Gesetze und die in gleicher Weise rechtsverbindliche Unfallverhütungsvorschrift fordern in etwa gleichlautend, dass für den sicheren Umgang mit Energie und mit technischen Arbeitsmitteln die allgemein anerkannten Regeln der Technik zu beachten sind.

Für den Bereich Elektrotechnik werden die VDE-Bestimmungen als solche allgemein anerkannten Regeln der Technik genannt. Grundlage für diese Aussage sind die Verträge zwischen der Bundesregierung und dem DIN (5. Juni 1975) und zwischen DIN und VDE (13. Oktober 1970), in denen die Grundsätze für die Zusammenarbeit und für die Erarbeitung der Normen verbindlich geregelt sind.

Die Anwendung der Normen ist jedoch nicht verbindlich vorgeschrieben. In den Gesetzen heißt es dazu:

- Von den allgemein anerkannten Regeln der Technik darf abgewichen werden, soweit die gleiche Sicherheit auf andere Weise gewährleistet ist.

Es versteht sich von selbst, dass der Hersteller dann diesen Sachverhalt beweisen muss. Besonders im Fall einer strafrechtlichen oder haftungsrechtlichen Auseinandersetzung kann das sehr aufwendig und unter Umständen auch unangenehm sein. Hat er sich aber an die gültigen Normen gehalten, besteht dagegen von vornherein die Vermutung, dass er sicher und nicht fahrlässig gehandelt hat.

Selbstverständlich entzieht sich aber auch durch das Anwenden einer Norm niemand seiner Verantwortung. Jeder bleibt für sein Handeln verantwortlich.

Ausführliche Informationen zu diesem Thema finden sich in:

DIN 820 Teil 1   »Normungsarbeit; Grundsätze« und
VDE 0022   »Satzung für das Vorschriftenwerk des VDE Verband Elektrotechnik Elektronik Informationstechnik e.V.«

0.3   Normen im gemeinsamen europäischen Markt

Seit den ersten Bemühungen um ein vereintes Europa wurde erkannt, dass ein freier Warenverkehr in einem gemeinsamen europäischen Binnenmarkt nur möglich ist, wenn in diesem Markt für technische Erzeugnisse einheitliche Schutzziele und harmonisierte Normen gelten. Die im März 1973 verabschiedete Niederspannungsrichtlinie zeigte bereits den richtigen Weg zur Lösung dieses Problems auf. Sie formuliert die grundlegenden Schutzziele und verweist für Ausführungsdetails auf die gültigen harmonisierten elektrotechnischen Normen.

Die Europäischen Normen auf dem Gebiet der Elektrotechnik werden von der europäischen Normenorganisation CENELEC erarbeitet. Grundlage dafür ist ein Vertrag zwischen der EG und CENELEC. Deutsches Mitglied in CENELEC ist die DKE. Von ihr werden die europäischen Normen als DIN VDE oder neuerdings als DIN EN Normen veröffentlicht und damit in Deutschland offiziell gültig gemacht. Damit gilt für Europa, was bereits für das Zusammenspiel zwischen Staat und Normung für Deutschland gesagt wurde:

- Staatliche Richtlinien legen die Schutzziele fest, die als gesetzliche Vorgaben immer eingehalten werden müssen. Ihre technische Realisierung wird durch die Normen, auf die verwiesen wird, erleichtert.

Die Beachtung der Normen ist im Prinzip jedermann freigestellt. In Streitfällen gelten sie jedoch als Maßstab für verantwortungsbewusstes Handeln nach den allgemein anerkannten Regeln der Technik.

Strenger sind die Regeln bei öffentlichen Ausschreibungen. Nach den EG-Richtlinien müssen öffentliche Aufträge immer auf der Grundlage harmonisierter Normen ausgeschrieben werden, wenn für das betreffende Produktgebiet europäische Normen vorliegen.

Für den Bereich Niederspannungs-Schaltgerätekombinationen ist diese Voraussetzung durch die Normen der Reihe EN 60439 lückenlos erfüllt.

Niederspannungs-Schaltgerätekombinationen werden im Allgemeinen von Fachleuten ausgeschrieben und von sachkundigen, verantwortungsvollen Herstellern projektiert und gefertigt. In Zusammenarbeit zwischen Anwender und Hersteller werden alle Betriebs- und Sicherheitsfragen geklärt und verabredet. Mit den Angaben im Katalog, in der Betriebsanleitung und nicht zuletzt durch die Angaben auf dem Typschild bestätigt der Hersteller in Eigenverantwortung, dass er die allgemein anerkannten Regeln der Technik eingehalten hat. Meist geschieht dies durch Verweis auf die zutreffende DIN-, VDE- oder EN-Norm.

Diese in Deutschland seit vielen Jahren praktizierte Herstellererklärung darf auch nach den neuen EG-Richtlinien weiter angewendet werden. Mit Rücksicht auf die bei unseren EG-Partnern etwas unterschiedliche Praxis kann in Zukunft auch die Zertifizierung an Bedeutung gewinnen.

Um hierbei Hilfestellung zu geben, wurde von der deutschen Elektroindustrie die »Gesellschaft zur Prüfung und Zertifizierung von Niederspannungsgeräten ALPHA« gegründet.

ALPHA hat es sich zur Aufgabe gemacht, die Selbstverantwortung der Hersteller zu stärken und die benötigten offiziellen Prüfungen und Zertifizierungen durchzuführen. Andere europäische Länder haben solche Prüfinstitute bereits seit vielen Jahren, z. B. ASTA in Großbritannien oder ASEFA in Frankreich. Viele dieser Prüfinstitute haben sich zu einer Arbeitsgemeinschaft »LOVAG« (Low Voltage Agreement Group) zusammengeschlossen. Ziel von LOVAG ist es, die Prüfungen einheitlich durchzuführen und gegenseitig voll anzuerkennen, damit sie europaweit gültig sind und kostspielige Nachprüfungen in den Empfängerländern vermieden werden.

Erläuterungen zu
EN 60439-1 (VDE 0660 Teil 500)

(Im Folgenden kurz die vorliegende Norm genannt)

Zu Nationales Vorwort:

Die Internationale Norm IEC 60439-1:1999 wurde ohne Änderungen von CENELEC als Europäische Norm EN 60439-1:1999 übernommen. IEC hat 1997 die Benummerung der IEC-Publikationen geändert. Zu den bisher verwendeten Nummern wird jeweils 60000 addiert. Aus IEC 439-1 wird so IEC 60439-1. Nach den CENELEC-Regeln muss jeder Staat der EG eine Europäische Norm ohne Änderung in sein nationales Normenwerk übernehmen. Deutschland hat diese Verpflichtung durch die Herausgabe der DIN EN 60439-1 (**VDE 0660 Teil 500**) erfüllt. Die vorliegende Norm enthält die Deutsche Fassung der Europäischen Norm ohne jede Änderung.

Bevor man sich mit den einzelnen Abschnitten der Norm beschäftigt, sollte man sich zunächst einen Überblick über den Inhalt der einzelnen Kapitel und über die grundsätzliche Gliederung der Norm verschaffen. **Tabelle 1.1** enthält alle dafür notwendigen Informationen.

Inhalt	Bedeutung
1 Allgemeines 2 Begriffe 3 Einteilung von Schaltgerätekombinationen 4 Elektrische Merkmale von Schaltgeräte- kombinationen	Was bedeutet das?
5 Angaben zu Schaltgerätekombinationen	Was muss der Betreiber wissen?
6 Betriebs- und Umgebungsbedingungen 7 Bauanforderungen 8 Prüfungen	Was gilt als vereinbart?
Anhänge A bis ZA	Zusatzinformationen

Tabelle 1.1 Gliederung der DIN EN 60439-1 (**VDE 0660 Teil 500**)

Zu 1   Allgemeines

Zu 1.1   Anwendungsbereich und Zweck

Wie die Normen für Niederspannungs-Schaltgeräte und für die Errichtung von Niederspannungs-Anlagen gilt auch diese Norm für Bemessungsspannungen bis 1000 V Wechselspannung und 1500 V Gleichspannung.

Als obere Frequenz sind 1000 Hz genannt, weil nach den Untersuchungen zur Isolationsbemessung bekannt ist, dass sich bis zu dieser Frequenz die diesbezüglichen physikalischen Gesetzmäßigkeiten praktisch nicht ändern. Neuere Erkenntnisse sehen diese Grenze sogar bei 30 kHz. Bei der Auswahl der Schaltgeräte und bei der Dimensionierung der Sammelschienen und Verbindungsleitungen sind allerdings bereits bei den üblichen Frequenzen von 50 Hz oder 60 Hz Frequenzeinflüsse zu berücksichtigen. Dies gilt besonders bei Strömen über 2000 A.

Die Aussagen zum Anwendungsbereich lassen keinen Zweifel daran, dass diese Norm für **alle** Niederspannungs-Schaltgerätekombinationen gilt, gleichgültig welcher Bauart und gleichgültig für welchen Verwendungszweck.

Sie gilt für:

- TSK und PTSK,
- Steuerungen und Leistungsstromkreise,
- ortsfest und ortsveränderbar,
- offen und geschlossen,
- für Energie-Erzeugung, -Verteilung, -Anwendung und -Umformung,
- auch für besondere Betriebsbedingungen, wie z. B. Maschinensteuerungen, Hebezeuge oder Schiffe.

Sie gilt lediglich nicht für Betriebsmittel oder Gruppen von Betriebsmitteln, für die eigene Vorschriften bestehen, z. B. Motorstarter.

Bei einer Reihe von besonderen Anwendungen sind zusätzliche Bestimmungen einzuhalten, wie z. B.

- VDE 0660 Teil 501   Besondere Anforderungen an Baustromverteiler
- VDE 0660 Teil 502   Besondere Anforderungen an Schienenverteiler
- VDE 0660 Teil 503   Zusatzbestimmung für Kabelverteilerschränke
- VDE 0660 Teil 504   Besondere Anforderungen an Installationsverteiler, zu deren Bedienung Laien Zugang haben

• VDE 0660 Teil 505	Bestimmungen für Hausanschlusskästen und Sicherungskästen
• VDE 0660 Teil 506	Verdrahtungskanäle
• DIN EN 50298 **(VDE 0660 Teil 511)**	Leergehäuse
• VDE 0107	Starkstromanlagen in Krankenhäusern und medizinisch genutzten Räumen außerhalb von Krankenhäusern
• DIN VDE 0108	Starkstromanlagen und Sicherheitsstromversorgung in baulichen Anlagen für Menschenansammlungen
• DIN EN 60204-1 **(VDE 0113 Teil 1)**	Sicherheit von Maschinen; Elektrische Ausrüstung von Maschinen; Teil 1 Allgemeine Anforderungen
• VDE 0115 Teile 1 bis 3	Bahnen
• VDE 0118	Errichten elektrischer Anlagen im Bergbau unter Tage
• DIN EN 50178 **(VDE 0160)**	Ausrüstung von Starkstromanlagen mit elektronischen Betriebsmitteln
• DIN EN 60079-14 **(VDE 0165 Teil 1)**	Elektrische Anlagen in gasexplosionsgefährdeten Bereichen
• VDE 0166	Elektrische Anlagen und deren Betriebsmittel in explosivstoffgefährdeten Bereichen
• VDE 0168	Errichten elektrischer Anlagen in Tagebauen, Steinbrüchen und ähnlichen Betrieben

Auf Einzelheiten kann an dieser Stelle nicht eingegangen werden, diese müssen in jedem Einzelfall der Norm entnommen werden, die für den vorgesehenen Einsatz der Schaltgerätekombination zutrifft.

Als Zweck der Norm wird angegeben, die Begriffe, Betriebs- und Umgebungsbedingungen sowie Bauanforderungen, technische Daten und Prüfungen festzulegen. Auf den ersten Blick sieht das sehr nach Selbstzweck der Normensetzer aus. Doch dieser Eindruck täuscht. Bei Anwendung der Norm ergeben sich vielmehr für Hersteller und Betreiber von Schaltgerätekombinationen eine Reihe wichtiger Vorteile:

• klare Begriffe	erleichtern die Verständigung und helfen, Missverständnisse zu vermeiden
• normierte Betriebs- und Umgebungsbedingungen und technische Daten	ermöglichen dem Hersteller, Standardprodukte zu entwickeln und diese schnell und kostengünstig zu fertigen

- Bauanforderungen

  helfen Fehler bei der Auslegung und Fertigung zu vermeiden. In ihnen verbirgt sich ein großer Teil des Wissens, das als so genannter »Stand der Technik« bezeichnet wird.

- vorgeschriebene Prüfungen

  sichern eine gleichmäßige Qualität und Sicherheit

Zu 1.2 Normative Verweisungen

Es wurde bereits erwähnt, dass aus formalen Gründen die zitierten IEC-Normen aufgelistet werden müssen. Für den Aufbau einer eigenen Normensammlung sollten deshalb besser die im Vorwort der Norm angegebenen Deutschen Normen als Basis dienen.

Zu 2   Begriffe

Zu 2.1   Allgemeines

Die in der Praxis am häufigsten gebrauchten Begriffe – Schaltanlage, Verteiler und Steuerung – sind in der Norm leider nicht definiert. **Schaltanlage** oder **Schaltanlagensystem** wird meist gebraucht für Energieverteiler und Motor-Control-Center in Schrankbauform; **Verteiler** oder **Verteilersystem** bezeichnet meist Kastenbauformen oder leichte Schrankbauformen für die Installationstechnik; **Steuerung** ist eine Schaltgerätekombination, bei der die Informationsverarbeitung überwiegt und deshalb vorwiegend Hilfsschütze oder elektronische Bausteine bzw. speicherprogrammierbare Steuerungen eingesetzt werden.

Zu 2.1.1   Niederspannungs-Schaltgerätekombination

Der Begriff »Schaltgerätekombination« wurde als Oberbegriff für alle Bauformen und Anwendungsgebiete gewählt. Er steht gewissermaßen für den unter 1.1 genannten Anwendungsbereich. Da in der Praxis natürlich keine Bauform diesen weiten Bereich abdeckt, werden zur Bezeichnung der einzelnen Bauformen meist Begriffe verwendet, die entweder auf eine bestimmte Gehäuseausführung oder auf den Verwendungszweck hinweisen. Schaltgerätekombination bedeutet allerdings nicht, dass nur klassische elektromechanische Geräte eingebaut werden dürfen. Es ist in der Norm ausdrücklich erwähnt, dass auch Steuer-, Mess-, Melde- und Schutzeinrichtungen eingebaut werden und dass auch elektronische Bauelemente, Baugruppen oder Leistungshalbleiter gemeint sind.

Schaltgerätekombinationen dürfen, wenn das sinnvoll ist, auch in Teilen oder Transporteinheiten geliefert und erst am Einsatzort oder in einer Werkstatt außerhalb des Herstellerbetriebes zusammengebaut werden. Wichtig ist, dass dies nach Angaben des Herstellers, d. h. der Firma, die die Verantwortung für die betriebsfertige Schaltgerätekombination übernimmt, geschieht.

Zu 2.1.1.1   Typgeprüfte Niederspannungs-Schaltgerätekombination (TSK)

Um einen möglichst weiten Einsatzbereich abzudecken, werden Typgeprüfte Schaltgerätekombinationen heute meist als modulare Bausteinsysteme in Schrankbauform oder Kastenbauform entwickelt.

Die wesentlichen Bestandteile eines solchen Systems sind standardisierte Bausteine für:

- Sammelschienen,

- Verteilschienen,

- elektrische und mechanische Verbindungen,

- Schaltgeräte für Einspeisung, Verteilung und zum Schalten von Verbrauchern,

- Einbauräume, Einschübe, Tragbleche,

- Kapselungen für unterschiedliche Schutzarten.

An den jeweils am höchsten beanspruchten typischen Bausteinkombinationen wird durch Prüfung nachgewiesen, dass die geforderten Eigenschaften erreicht werden. Am wichtigsten sind dabei die Kurzschlussfestigkeit, die Erwärmung, die Einhaltung der Schutzmaßnahmen und die Schutzart des Gehäuses. Häufig ist es auch notwendig nachzuweisen, dass das Schaltvermögen der Schaltgeräte und ihre Stromtragfähigkeit durch den Einbau in die oft sehr enge Kapselung nicht reduziert wird.

Werden die Bausteine und die notwendigen Prüfungen sachkundig ausgewählt, so entsteht ein zusammengehöriges Netz von Projektierungsunterlagen und Fertigungsvorschriften, mit dem alle Anwenderwünsche erfüllt werden können und bei dem trotz der großen Variantenzahl alle Eigenschaften jeder einzelnen TSK auf die Typprüfung zurückgeführt werden können.

Bausteine, die bereits typgeprüft wurden, müssen nicht erneut geprüft werden. Das trifft meist auf die Schaltgeräte zu. Aber es können z. B. auch typgeprüfte Sammelschienensysteme von einem anderen Hersteller übernommen werden, ohne sie erneut zu prüfen. Hierbei ist allerdings in jedem Fall zu untersuchen, ob die den Typprüfungen zu Grunde liegenden Randbedingungen auch in der Schaltgerätekombination eingehalten werden oder ob wegen der Wechselwirkungen der einzelnen Anlagenbausteine untereinander nicht doch eine Typprüfung an der kompletten Schaltgerätekombination nötig wird (besonders z. B. bezüglich der Erwärmung).

Das Wesentliche einer TSK ist nicht, dass alle Eigenschaften durch eine Prüfung belegt sind, sondern dass die Prüfergebnisse zusammen mit den Projektierungsunterlagen und Fertigungsvorschriften zu einer Typisierten Bauform aufbereitet und immer wieder neu verwendet werden.

Da diese Prüfung und Dokumentation einen erheblichen Aufwand erfordert, ist dieses Verfahren nur wirtschaftlich, wenn eine Serienfertigung beabsichtigt ist. Im Französischen wurde der Begriff »Typgeprüfte Schaltgerätekombination« deshalb sinngemäß auch mit »Schaltgerätekombination für Serienfertigung« übersetzt.

Beispiele von Schaltgerätekombinationen aus Serienfertigung zeigen **Bild 2.1** und **Bild 2.2.**

Nach dem Zusammenbau beim Hersteller oder am Einsatzort muss jede Schaltgerätekombination einer Stückprüfung unterzogen werden, um Fehler zu erkennen, die im Laufe der Fertigung aufgetreten sein könnten.

22

Bild 2.1 Schaltgerätekombination in Mehrfach-Schrankbauweise (SIVACON)

Bild 2.2 Bauteile eines Verteilersystems (SIKUS)

23

Häufig stellt sich die Frage, ob in eine typgeprüfte Schaltgerätekombination beim Zusammenbau außerhalb des Herstellerwerks oder bei einer Reparatur oder Änderung der Funktion auch Schaltgeräte oder andere Betriebsmittel eingebaut werden dürfen, die nicht in den Herstellerunterlagen genannt sind. Generell ist das nur zulässig, wenn eindeutig zu übersehen ist, dass durch den Einbau dieser »systemfremden« Geräte die geprüften Eigenschaften der Schaltgerätekombination nicht unzulässig verändert werden. Dabei sind im Wesentlichen zu beachten:

- Kurzschlussfestigkeit

- Erwärmung

- Ausblasräume von Schaltgeräten

Bei Stromkreisen, für die ein Nachweis der Kurzschlussfestigkeit nicht erforderlich ist, das sind Stromkreise mit einem Bemessungskurzschlussstrom von maximal 10 kA (siehe 8.2.3.1.1) oder Stromkreise mit strombegrenzenden Kurzschlussschutzeinrichtungen mit einem Durchlassstrom von $\leq$ 17 kA (siehe 8.2.3.1.2) oder bestimmte Hilfsstromkreise (siehe 8.2.3.1.3), reduziert sich das Problem auf den Erwärmungsnachweis. Hat das »Fremdgerät« eine gleiche oder kleinere Verlustleistung als das »Systemgerät«, so ist der Einbau unbedenklich, wenn darauf geachtet wird, dass die im Katalog für das »Fremdgerät« angegebenen Ausblasräume freigehalten werden.

Bei Stromkreisen, für die eine Kurzschlussfestigkeit nachgewiesen werden muss, ist eine Beurteilung der Kurzschlussfestigkeit meist nur in Abstimmung mit dem ursprünglichen Hersteller der Schaltgerätekombination möglich. Der Nachweis über eine Einhaltung der Erwärmung und der Ausblasräume ist in gleicher Weise zu führen, wie bereits besprochen.

2.1.1.2 Partiell typgeprüfte Niederspannungs-Schaltgerätekombination (PTSK)

Der deutsche Begriff »partiell typgeprüft« legt die Vermutung nahe, dass der Hersteller nur einen Teil der geforderten Nachweise durch Prüfung erbringen müsse, während der andere Teil dann z. B. durch eine Berechnung beigebracht werden könne. Nach dem Wortlaut der Norm müssen aber **alle** Nachweise auf eine Typprüfung zurückgeführt werden. Der wesentliche Unterschied liegt nur in der Herleitung, Aufbereitung und Anwendung der Prüfergebnisse für die zu betrachtende Schaltgerätekombination. Werden bei einer typisierten Schaltgerätekombination (TSK) die Prüfergebnisse in ein immer wieder verwendbares Regelwerk für die Projektierung und die Fertigung eingebracht, genügt es bei einer PTSK, die Nachweise nur für den betrachteten Fall aus der Typprüfung der einzelnen Bausteine herzuleiten. Dies ist ein wirtschaftlicher Weg bei Schaltgerätekombinationen, die einzeln oder in kleinen Stückzahlen für bestimmte Einsatzbedingungen hergestellt werden. Im Französischen wurde für PTSK deshalb sinngemäß die Formulierung »abgeleitet von einer Serienfertigung« gewählt.

Da typgeprüfte Sammelschienensysteme und andere Bausteine mit interpolierbaren technischen Daten für Schaltanlagen mit vielen inneren Unterteilungen und komplizierten Schienenführungen nicht auf dem Markt erhältlich sind, beschränkt sich die Anwendung der PTSK vorwiegend auf einfache, nicht unterteilte Schaltanlagen mit überschaubaren Schienenführungen. Die Kurzschlussfestigkeit dieser einfachen Ausführungen kann nach VDE 0660 Teil 509 »Verfahren zur Ermittlung der Kurzschlussfestigkeit von PTSK« aus den geprüften Anordnungen hergeleitet werden.

Die Herstellung einer Schaltgerätekombination als PTSK bietet sich auch an für alle Ausführungen, bei denen ein Nachweis der Kurzschlussfestigkeit nicht erforderlich ist (siehe 8.1.2.3.1.1 bis 8.2.3.1.3). Der Nachweis der Erwärmung darf durch Vergleich der Verlustleistung der eingebauten Betriebsmittel mit der möglichen Wärmeabfuhr der Kapselung erbracht werden. Die Wärmeabfuhr der Kapselung kann aus einer Typprüfung oder aus einer Rechnung nach VDE 0660 Teil 507 bekannt sein.

Es sei noch einmal betont, dass auch bei einer PTSK alle in der Norm geforderten Nachweise und Prüfungen für jedes einzelne Exemplar zu erbringen sind.

Da die Anforderungen und die Prüfungen für TSK und PTSK gleichwertig sind, besteht auch hinsichtlich der Sicherheit und der Qualität zwischen beiden Ausführungen kein Unterschied, wenn in beiden Fällen die Norm sorgfältig beachtet wurde. Für nachträgliche Änderung oder Reparatur gilt, was bereits unter TSK gesagt wurde, sinngemäß.

Zu 2.12 und 2.1.3 Haupt- und Hilfsstromkreis (einer Schaltgerätekombination)

Unter einem Stromkreis versteht man nach VDE 0100 Teil 200 alle elektrischen Betriebsmittel, die von demselben Speisepunkt versorgt werden und die durch dieselbe Überstromschutzeinrichtung geschützt sind. Da in einer Schaltgerätekombination meist nur ein Teil dieses Stromkreises vorhanden ist und der übrige Teil durch die Zuleitung zum Verbraucher und den Verbraucher selbst gebildet wird, wurde der in der Norm angesprochene Teil des Stromkreises durch die Klammer (einer Schaltgerätekombination) ergänzt.

Der Hauptstromkreis beginnt an der Sammelschiene und endet an den Klemmen für den Anschluss des Verbrauchers oder des eingespeisten Kabels.

Für einen einzelnen Abzweig oder eine Einspeisung beginnt der Hauptstromkreis am Abgriff von der Sammelschiene oder Verteilschiene.

In der Anmerkung zu 2.1.3 wird klargestellt, dass mit Hilfsstromkreis alle Stromkreise gemeint sind, die nicht zum Hauptstromkreis gehören, also die für Messung, Steuerung, Meldung, Datenverarbeitung usw.

Zu 2.1.4 Sammelschienen

In modernen Schaltgerätekombinationen werden Sammelschienen oft aus besonders geformten Schienen gefertigt, um den Anschluss von Leitern und die Schienenbefestigung auf den Sammelschienenträgern zu erleichtern. Verteilschienen haben oft so kleine Querschnitte, dass sie auf den ersten Blick nicht als Sammelschiene erkannt werden.

Die Anmerkung stellt klar heraus, dass der Begriff »Sammelschiene« unabhängig von Form und Abmessungen immer dann verwendet werden soll, wenn ein Leiter mit geringer Impedanz für den Anschluss mehrerer Stromkreise vorgesehen ist.

Zu 2.1.4, 2.1.4.1 und 2.1.4.2 Sammelschiene, Hauptsammelschiene und Verteilschiene

Die Aufteilung des Begriffes Sammelschiene in Hauptsammelschiene und Verteilschiene wurde notwendig, weil an den Kurzschlussschutz und an die Kurzschlussfestigkeit von Hauptsammelschienen und Verteilschienen häufig unterschiedliche Anforderungen gestellt werden (siehe hierzu 7.5.5.1.1 und 7.5.5.1.2).

Hauptsammelschienen liegen üblicherweise waagerecht und versorgen meist **mehrere** Felder, während **Verteilschienen** nach der Definition ausdrücklich zur Versorgung von Stromkreisen innerhalb **eines** Feldes dienen. Nur bei der Begrenzung der Schiene auf ein Feld können die Erleichterungen für die Bemessung der Verteilschienen nach 7.5.5.1.2 in Anspruch genommen werden. Erstreckt sich eine Sammelschiene über mehr als ein Feld, muss sie wie die Hauptsammelschienen dimensioniert werden, gleichgültig welche Funktion sie zu erfüllen hat.

Zu 2.1.5 bis 2.1.8 Funktionseinheit, Einspeisung, Abgang, Funktionsgruppe (Bild 2.3)

Schaltgerätekombinationen sind anschlussfertige Betriebsmittel, die für eine klar definierte Aufgabe ausgewählt und dimensioniert sind. Für die richtige Auslegung einer Funktionseinheit genügt es nicht, zu wissen, dass z. B. ein Leistungsschalter mit bestimmten technischen Daten benötigt wird, sondern es muss auch bekannt sein, ob er als Einspeisung für die Schaltgerätekombination oder zur Versorgung eines Unterverteilers oder Verbrauchers bestimmt ist. Nur wenn die genaue Aufgabe einer Funktionseinheit bekannt ist, können Selektivität, Trennereigenschaften, Schalthäufigkeit und Verriegelungen mit anderen Schaltgeräten richtig projektiert werden.

Zu 2.1.9 Prüfzustand

Schaltgerätekombinationen sind häufig Bestandteil eines umfangreichen, automatisierten Fertigungsprozesses. Zu Erprobung der logischen Abhängigkeiten und Verriegelungen müssen alle Steuer- und Hilfsstromkreise in ihrer Funktion erprobt werden können, ohne dass im Fall eines Fehlers die Maschine oder der Prozess Schaden leiden. Für diesen Zweck genügt es, den Hauptstromkreis zu öffnen. Trennerbedingungen müssen nicht erfüllt sein. Da die Prüfung mit voller Spannung durchgeführt wird, sind für dieses Arbeiten unter Spannung ohnehin die Sicherheitsregeln nach VDE 0105 Teil 1 und nach VBG 4 zu beachten.

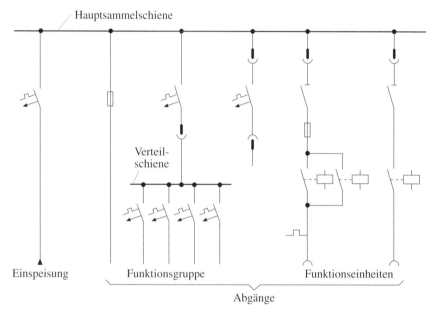

Bild 2.3 Übersichtsschaltplan einer Schaltgerätekombination

Zu 2.1.10 Trennzustand und
zu 2.1.11 Betriebsbereiter Zustand

Früher wurden die einzelnen Betriebszustände eines austauschbaren Teils oder eines Einschubes ausschließlich durch ein Bewegen der ganzen Baugruppen oder des Einschubes erreicht. Seit einiger Zeit werden diese Betriebszustände auch durch Schaltstellungen einzelner Betriebsmittel (Trenner, Steckvorrichtungen) dargestellt. Bei diesen Baugruppen könnte der Begriff »Stellung« leicht missverstanden werden. Es hat sich deshalb eingebürgert, in diesen Fällen von »Zuständen« zu sprechen.

Der Prüfzustand ist im Abschnitt 2.1.9 bereits definiert. Die Definitionen für den Trennzustand und den betriebsbereiten Zustand fehlten bisher. Mit den neuen Definitionen können jetzt klar unterschieden werden:

27

Betriebsstellung	(2.2.8)	Betriebsbereiter Zustand	(2.1.11)
Prüfstellung	(2.2.9)	Prüfzustand	(2.1.9) und
Trennstellung	(2.2.10)	Trennzustand	(2.1.10)

Zu 2.2 Baueinheiten von Schaltgerätekombinationen

Zu 2.2.1 Feld

Bei den heutigen Bauformen sind die senkrechten Begrenzungsebenen für ein Feld meist die Begrenzungen der Einzelschränke oder Kästen, aus denen die Schaltgerätekombination zusammengebaut wird (**Bild 2.4**).

Bild 2.4   Felder einer Schaltgerätekombination (SIVACON)

Zu 2.2.2 Fach

Das Fach ist der Einbauraum innerhalb eines Feldes für Funktionseinheiten und Baugruppen zwischen zwei übereinander liegenden waagerechten Begrenzungen. Diese Begrenzungen sind nur selten wirklich körperlich vorhanden. Meist sind damit die Grenzen des Raums gemeint, der für eine bestimmte Funktionseinheit vorgesehen ist. Mit Hilfe dieser modular gegliederten Räume kann die Projektierung einer Schaltgerätekombination wesentlich vereinfacht werden.

Zu 2.2.3 Abteil

Im Gegensatz zum Fach ist das Abteil stets durch Trennwände gegen seine Umgebung abgegrenzt. Da diese Trennwände als Bestandteil einer inneren Unterteilung nach Abschnitt 7.7 anzusehen sind, müssen sie mindestens einen Schutz gegen Berühren benachbarter aktiver Teile bieten. Das erfordert eine Mindestschutzart von IP XXB nach VDE 0470 Teil 1. Dieser Schutz muss im betriebsbereiten Zustand auch bei den Öffnungen für das Einführen der Leitungen oder für die Belüftung gegeben sein.

Zu 2.2.4 Transporteinheit

Eine Teilung von Schaltgerätekombinationen aller Bauformen in Transporteinheiten (**Bild 2.5**) kann aus Platz- oder Gewichtsgründen notwendig werden. Bereits der Transport im Herstellerbetrieb, aber auch auf der Baustelle (Aufstellungsort) setzt Grenzen für die Außenmaße und das Gewicht durch die Maße der zur Verfügung stehenden Transportwege und durch die für das Transportmittel zulässigen Lasten. Die gleichen Probleme können auch beim Transport vom Hersteller zur Baustelle auftreten. Eine nicht rechtzeitige oder ungenügende Klärung dieser Fragen kann zu erheblichen Mehrkosten und Terminverzögerungen führen.

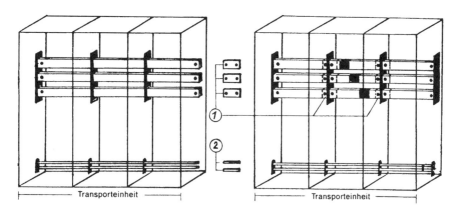

Bild 2.5 Prinzipdarstellung einer in zwei Transporteinheiten aufgeteilten Schaltgerätekombination

1 Verbindungslaschen für Außenleiter L1, L2, L3 zwischen zwei Transporteinheiten und bei Kupplungsfeldern

2 Verbindungslaschen für PE-, PEN- oder N-Schienen zwischen zwei Transporteinheiten

Zu 2.2.5 bis 2.2.7   Einsatz, herausnehmbares Teil, Einschub (Bild 2.6)

Die konstruktive Gestaltung der Baugruppen in Schaltgerätekombinationen ist heute so vielfältig, dass oft nicht auf den ersten Blick zu erkennen ist, ob es sich um einen Festeinbau mit Einsätzen oder um eine Einschubtechnik handelt. Es ist gleichgültig, ob die Verbindungen auf der Einspeiseseite und der Abgangsseite geschraubt oder gesteckt sind, wichtig ist nur, ob die betreffende Baugruppe bei anstehender Versorgungsspannung gefahrlos aus der Anlage entfernt und wieder eingebaut werden kann. Trifft das zu, handelt es sich um ein **herausnehmbares Teil,** alles andere wird als **Einsatz** für Festeinbautechnik angesehen. Hat ein herausnehmbares Teil zusätzlich noch eine Möglichkeit, dass es elektrisch von der Anlage getrennt oder in eine Prüfstellung gebracht werden kann, ohne dass es dazu aus der Anlage entfernt werden muss, so spricht man von einem **Einschub.**

Es ist selbstverständlich erlaubt, die »Stellungen« eines Einschubs auch als »Zustände« zu realisieren, wenn dies ohne Bewegen des ganzen Einschubs möglich ist. Welche Handlungen unter Spannung gefahrlos ausgeführt werden können, ist im Zweifelsfall der Betriebsanleitung des Herstellers zu entnehmen.

Einsatz; Modulare Funktionseinheit
mit Direktschütz 45 kW in
sicherungsbehafteter Technik

Einschub; Größe 1
18,5 kW mit Schütz-Stern-Dreieck-Schalter

Bild 2.6   Einsatz, Einschub

Zu 2.2.8 bis 2.2.11   Betriebs-, Prüf-, Trenn- und Absetzstellung

Eine Übersicht über die möglichen Stellungen eines herausnehmbaren Teils – in diesem Fall ist es ein Einschub – zeigt **Bild 2.7.** Bei der Betriebs-, Prüf- und Trennstellung kommt es nur auf den Zustand der elektrischen Verbindungen für die Einspeisung, den Abgang und den Hilfsstromkreis an. Die mechanische Stellung des Einschubs selbst muss nicht verändert werden, um die verschiedenen »Stellungen« darzustellen. Nur für die Absetzstellung muss der Einschub bewegt und aus der Anlage herausgenommen werden. Einzelheiten siehe Tabelle 6 dieser Norm »Elektrischer Zustand in den verschiedenen Stellungen von Einschüben«.

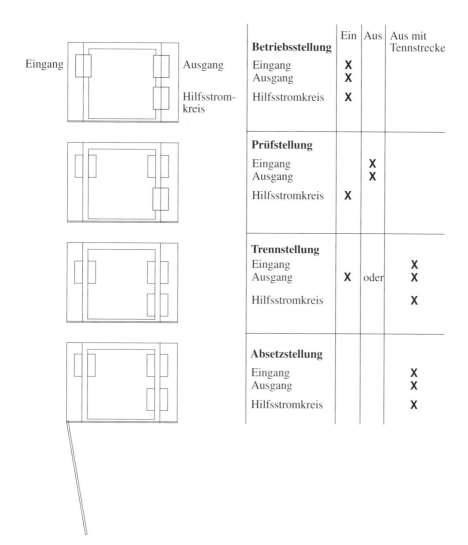

Betriebsstellung	Ein	Aus	Aus mit Tennstrecke
Eingang	X		
Ausgang	X		
Hilfsstromkreis	X		
Prüfstellung			
Eingang		X	
Ausgang		X	
Hilfsstromkreis	X		
Trennstellung			
Eingang			X
Ausgang	X	oder	X
Hilfsstromkreis			X
Absetzstellung			
Eingang			X
Ausgang			X
Hilfsstromkreis			X

Bild 2.7 Stellungen eines Einschubs

Zu 2.2.12   Elektrische Verbindungen von Funktionseinheiten (Bild 2.8)

Für das Herstellen und Lösen elektrischer Verbindungen zwischen den Funktionseinheiten von Schaltgerätekombinationen gibt es mehrere Möglichkeiten, die sich in den Kosten, die sie verursachen, und vor allem auch in der Art, wie sie sicher bedient werden können, sehr stark unterscheiden. Es bestand deshalb der Wunsch, die Art der Verbindung genau zu definieren und über einen Kennbuchstaben leicht ansprechbar zu machen, damit bei der Abstimmung zwischen Betreiber und Hersteller keine Mißverständnisse entstehen und auch ein objektiver Vergleich verschiedener Konstruktionsprinzipien möglich ist.

Bei Schaltgerätekombinationen unterscheidet man die drei in **Bild 2.8** im Prinzip dargestellten Möglichkeiten (siehe auch Abschnitt 7.11).

Zu 2.2.12.1 Feste Verbindung (Bild 2.8a)

Die elektrische Verbindung kann nur mit Hilfe eines Werkzeugs hergestellt oder gelöst werden. Diese Verbindung verursacht die geringsten Kosten. Oft sind nicht einmal eigene Verbindungsklemmen erforderlich, sondern die Leiter der Ein- und Ausgangsseite des Hauptstromkreises werden direkt an den Geräteklemmen angeschlossen. Der Nachteil ist, dass im Fall eines Austausches dieser Funktionseinheit zunächst die Funktionseinheit und ihre Umgebung spannungsfrei gemacht werden müssen, damit die Verbindungen gefahrlos geöffnet werden können. Bei umfangreichen Steuerstromkreisen besteht darüber hinaus das Problem, dass alle Leiter übersichtlich gekennzeichnet werden müssen, damit beim Wiederherstellen der Verdrahtung keine Fehler auftreten. Als vorteilhaft hat sich deshalb herausgestellt, zumindest die Hilfsleiter mit einer lösbaren Verbindung auszustatten.

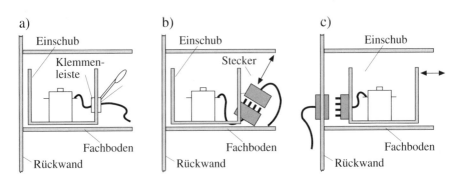

Bild 2.8   Elektrische Verbindungen von Funktionseinheiten
a) feste Verbindung (F)
b) lösbare Verbindung (D)
c) geführte Verbindung (W)

Zu 2.2.12.2 Lösbare Verbindung (Bild 2.8b)

Bei einer lösbaren Verbindung werden die Leiter mit Hilfe einer »teilbaren Blockklemme« oder über andere, von Hand zu bedienende Stecker miteinander verbunden oder wieder unterbrochen.

Der größte Vorteil einer lösbaren Verbindung liegt darin, dass die Leiter beim Zusammenfügen der Steckvorrichtung nicht verwechselt werden können. Darüber hinaus kann eine lösbare Verbindung auch dann bedient werden, wenn Spannung anliegt. Es ist lediglich sicherzustellen, dass im Hauptstromkreis keine Ströme fließen, die das »Schaltvermögen« der Steckvorrichtung überfordern.

Die verschiedenen Betriebszustände eines Einschubes können z. B. durch Öffnen und Schließen der Hauptstromkreis- und Hilfsstromkreis-Stecker erzeugt werden.

Zu 2.2.12.3 Geführte Verbindung (Bild 2.8c)

Geführte Verbindungen bieten den größten Bedienungskomfort. Zusammen mit der Türverriegelung oder anderen Verriegelungen und Abschließvorrichtungen kann zwangsläufig sichergestellt werden, dass die Verbindungen nur dann hergestellt oder gelöst werden können, wenn dies ungefährlich und sinnvoll ist. Die Steckvorrichtungen sind entweder am Einschub oder an einer austauschbaren Funktioneinheit fest angebaut und werden durch die Bewegung der Funktioneinheit sozusagen »automatisch« betätigt oder sie werden durch einen eigenen Verfahrmechanismus über eine besondere Betätigungseinrichtung, wie z. B. Kurbel oder Hebel, bewegt, während der Einschub oder das austauschbare Teil in Ruhe bleibt.

Zu 2.3   Äußere Bauformen von Schaltgerätekombinationen

Für die äußere Bauform unterscheidet die Norm drei Ausführungen:

- Die **offene Bauform** (2.3.1) hat keinen Berührungs- und Fremdkörperschutz, ihre aktiven Teile sind von allen Seiten frei zugängig.

- Die **Tafelbauform** (2.3.2) bietet Schutz mit IP2X nur für die Bedienungsfront.

- Die **geschlossene Bauform** (2.3.3) bietet von allen Seiten einen Berührungsschutz mit mindestens IP2X, wenn sie betriebsfertig aufgestellt oder an einer Wand befestigt ist. Das heißt, die Befestigungsflächen dürfen im Anlieferungszustand offen sein.

Abgesehen von einer Aufstellung in sauberen, elektrischen oder abgeschlossenen elektrischen Betriebsräumen reicht eine Schutzart von IP2X in der Praxis jedoch selten aus. Letztlich ergeben sich die Anforderungen an das Gehäuse aus den Forderungen nach Fremdkörperschutz und Berührungsschutz (siehe Abschnitt 7.2).

Zu 2.3.3.1 bis 2.3.3.5 Schrankbauform, Mehrfach-Schrankbauform, Kastenbauform und Mehrfachkastenbauform (Bild 2.9)

Die Vielzahl der Ausführungsformen und Abmessungen lässt die Unterschiede zwischen Schrank und Kasten immer mehr verschwinden. Das wesentliche Unterscheidungsmerkmal bleibt deshalb die Art der Aufstellung:

- Schränke werden im Allgemeinen auf den Boden gestellt,
- Kästen sind zum Anbau an eine senkrechte Fläche vorgesehen.

Bei der Mehrfachschrank- oder -kastenbauform sind die einzelnen Gehäuse maßlich so aufeinander abgestimmt, dass sie einen lückenlosen Zusammenbau erlauben und ausreichend Raum für das Durchführen von Sammelschienen oder Feld-zu-Feld-Verdrahtungen vorhanden ist.

Zu 2.3.4 Schienenverteiler

Schienenverteiler (**Bild 2.10**) sind im Prinzip gekapselte Sammelschienensysteme. Häufig gehören zu einem System auch standardisierte Abgangskästen und Dehnungskästen. Schienenverteiler können waagerecht oder senkrecht angeordnet werden. Nach VDE 0660 Teil 502 müssen Schienenverteiler immer als TSK ausgeführt werden. Unter den Begriff Schienenverteiler fallen aber auch Schienenverbindungen ohne Abgangskästen, wie sie z. B. als Verbindung zwischen Verteilungstransformator und Hauptverteilung eingesetzt werden.

Wenn die Verbindungsschienen nicht als »Schienenverteiler nach VDE 0660 Teil 502« behandelt werden sollen, können sie auch als gekapseltes Sammelschienensystem betrachtet werden. In diesem Fall dürfen sie nach VDE 0660 Teil 500 als TSK oder als PTSK gefertigt und geprüft werden.

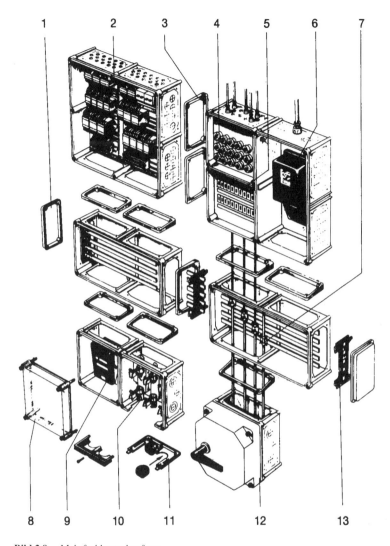

Bild 2.9 Mehrfachkastenbauform

1 Abschlussplatten
2 Leerkästen für Steuerungen
3 Dichtungsrahmen
4 DIAZED-Sicherungskasten
5 Kästen zum Einbau von Geräten mit
  Schnappbefestigung
6 Zählerkasten

7 Bauteile für Sammelschienenzug
8 Deckel
9 Sicherungs-Lasttrennschalter
10 NH-Sicherungsunterteile
11 Kabel-Einführungsplatte
12 Lasttrennschalter
13 Sammelschienenhalter

35

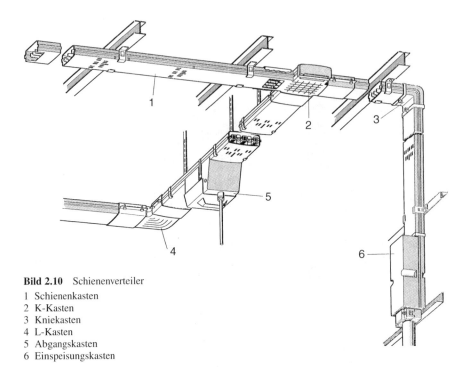

Bild 2.10 Schienenverteiler

1 Schienenkasten
2 K-Kasten
3 Kniekasten
4 L-Kasten
5 Abgangskasten
6 Einspeisungskasten

Zu 2.4 Konstruktionsteile von Schaltgerätekombinationen

Zu 2.4.1 Gerüst

Das Gerüst (**Bild 2.11**) kann Bestandteil einer offenen oder geschlossenen Bauform sein. Es dient als Tragkonstruktion für Betriebsmittel. Dafür sind meist in allen senkrechten und waagerechten Stielen Lochungen in einem einheitlichen Raster, z. B. 20 oder 25 mm, nach DIN 43660 vorhanden.

Bei geschlossenen Bauformen werden am Gerüst auch die festen Verkleidungen und die Türen befestigt.

Zu 2.4.2 Traggestell

Das Traggestell (**Bild 2.12**) ist nicht Bestandteil einer Schaltgerätekombination. Es wird bevorzugt für Mehrfachkastenbauformen eingesetzt, um bereits im Herstellerbetrieb Transporteinheiten zusammenbauen zu können oder um die Befestigung an einer Wand zu erleichtern.

36

Bild 2.11 Gerüst

Bild 2.12 Traggestell

Zu 2.4.5   Gehäuse

Gehäuse werden als Kästen oder Schränke aus Stahlblech oder Kunststoff-Form-stoff gefertigt. Nach der Definition müssen sie von allen Seiten mindestens die Schutzart IP2X bieten.

Für Gehäuse aus Isolierstoff, die bei schutzisolierten Schaltgerätekombinationen eingesetzt werden sollen, wird eine Mindestschutzart von IP3XD gefordert (siehe Abschnitt 7.4.3.2.2.d).

Die Außenmaße von Gehäusen in Schrankbauform werden meist nach DIN 41488-2 festgelegt.

Zu 2.4.6 bis 2.4.9   Verkleidung, Tür, Deckel und Abschlussplatte

Alle diese Begriffe bezeichnen Bauteile für das Verschließen von Öffnungen eines Schrankes oder eines Kastens.

Soll die Öffnung häufig geöffnet werden, z. B. für die Bedienung oder Wartung, verwendet man Türen oder bei Kästen Deckel.

Sollen die Öffnungen nach der Inbetriebsetzung geschlossen bleiben, spricht man von Verkleidungen oder bei Kästen von Abschlussplatten.

Zu 2.4.10 bis 2.4.13   Trennwand, Abdeckung, Hindernis
und Verschlussschieber

Diese Konstruktionsbauteile dienen im Wesentlichen zum Schutz gegen das Berühren gefährlicher aktiver Teile im Innern, wenn die Schaltgerätekombination für Bedienungs- oder Wartungsarbeiten geöffnet ist.

Mit Trennwänden oder Abdeckungen wird die Schaltgerätekombination in Abteile oder Fächer unterteilt. Trennwände und Abdeckungen müssen mindestens eine Schutzart von IP 2X haben und bieten damit einen vollständigen Schutz gegen direktes Berühren.

Hindernisse bieten nur einen Schutz gegen unbeabsichtigtes Berühren.

Verschlussschieber dienen bei Einschüben zum selbsttätigen Verschließen der Einspeisekontakte. Verschlussschieber müssen im geschlossenen Zustand eine Schutzart von mindestens IP 2X haben.

Zu 2.4.14   Kabeleinführung

Bei Schrankbauformen wird oft das Bodenblech als Kabeleinführung ausgebildet. Um das Einführen der Kabel zu erleichtern, kann das Bodenblech aus zwei Teilen gebildet werden (**Bild 2.13** und **Bild 2.14**).

Bild 2.13 Geteiltes Bodenblech

Bei Kastenbauformen werden häufig spezielle Kästen verwendet, die auch die Eingangsklemmen enthalten können.

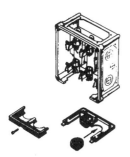

Bild 2.14 Kabeleinführung des 8HP-Systems

Zu 2.4.15 Reserven

Viele Anwender haben den Wunsch, eine Schaltgerätekombination so zu planen und auszuführen, dass diese im Fall einer geplanten Betriebserweiterung oder Produktionsumstellung der veränderten Aufgabenstellung angepasst werden kann. Zu diesem Zweck benötigt man Reserven im Einbauplatz oder bereits komplett bestückte Funktionseinheiten. Hierbei ist es sehr wichtig, bei der Abstimmung zwischen Betreiber und Hersteller keine Missverständnisse entstehen zu lassen. Eine unabdingbare Voraussetzung dazu sind klare Begriffe. Für die Verwendung im Zusammenhang mit Niederspannungs-Schaltgerätekombinationen wurden deshalb die Begriffe 2.4.15.1 bis 2.4.15.4 definiert.

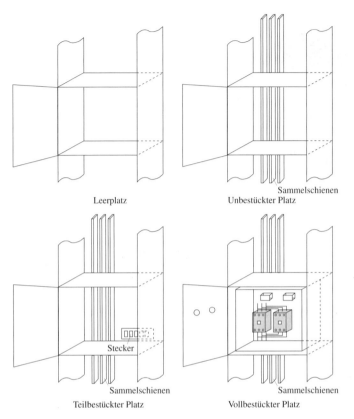

Leerplatz

Sammelschienen
Unbestückter Platz

Stecker

Sammelschienen
Teilbestückter Platz

Sammelschienen
Vollbestückter Platz

Zu 2.4.15.1 Leerplatz

Leerraum, der für eine beliebige Verwendung ausgebaut und genutzt werden kann. Um später keine Überraschungen zu erleben, sollten jedoch neben den Abmessungen (Höhe, Breite, Tiefe) mindestens die maximal abführbare Verlustleistung, die möglichen Bemessungsströme und die Kurzschlussfestigkeit der Einspeisemöglichkeit angegeben werden. Ist der Leerplatz nur für Hilfsgeräte vorgesehen, kann man auf diese Angaben meist verzichten.

Zu 2.4.15.2 Unbestückter Platz

Wenn in das Leerfeld bereits die Sammelschienen (in den meisten Fällen werden das Verteilschienen sein) eingebaut sind, spricht man von einem unbestückten Platz. Durch die Art der Sammelschienen wird bereits festgelegt, ob der Platz im Rahmen einer Einschubtechnik oder eines Festeinbaus weiter verwendet werden soll.

Auch hier sind wieder Angaben über die abführbare Verlustleistung, Bemessungsstrom und Kurzschlussfestigkeit der Sammelschienen erforderlich.

40

Zu 2.4.15.3 Teilbestückter Platz

Ein teilbestückter Platz enthält die gesamte Ausrüstung, die für die Aufnahme und den Anschluss einer Funktionseinheit, wie z. B. eines Einschubs, erforderlich ist. Verglichen mit dem unbestückten Platz sind dies vor allem Fachböden, Abdeckungen für innere Unterteilungen, Steckvorrichtungen, unter Umständen Türverriegelungen und Antriebe. Durch die Angabe der vorhandenen Einbaumodule sind Art und Größe der einbaubaren Funktionseinheiten festgelegt.

Zu 2.4.15.4 Vollbestückter Platz

Ein vollbestückter Platz ist eine voll funktionsfähig eingebaute Reservefunktionseinheit. Durch den Anschluss des Abgangskabels und die Herstellung der Hilfsstromkreisverbindungen kann sie sofort in Betrieb genommen werden. Durch die Art der eingebauten Geräte und deren Verdrahtung ist bereits festgelegt, welche Aufgaben die Funktionseinheit später erfüllen kann. Der Betreiber kann lediglich noch bestimmen, welcher Verbraucher von der Funktionseinheit versorgt und geschaltet werden soll.

Zu 2.4.16   Geschützter Raum

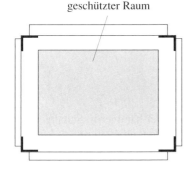

geschützter Raum

Wird ein Gehäuse z. B. mit Lüftungsöffnungen versehen, so kann der Schutz gegen Berührung spannungführender Teile im Innern und der Schutz der eingebauten Betriebsmittel vor äußeren Einflüssen oft nicht für den gesamten Innenraum mit der gewünschten Schutzart realisiert werden.

In diesem Fall kann der Hersteller einen Raum im Innern des Gebäudes definieren, der zur Außenwand den nötigen Sicherheitsabstand berücksichtigt und für den dann die angegebene Schutzart gilt.

Zu 2.4. 17   Codiereinrichtung

Moderne Schaltanlagensysteme werden heute meist modular aufgebaut. Das heißt, für die Aufnahme der verschiedenen Geräte stehen Einsätze oder Einschübe in standardisierten Größen zur Verfügung (siehe Bild 2.4). Ein Einschub einer bestimmten Größe kann dann mit Geräten bestückt werden, die in ihrer Funktion und der Art ihrer Verdrahtung im Haupt- und Steuerstromkreis sehr unterschiedlich sein können. Damit bei einem schnellen Austausch eines Einschubs, z. B. nach einer Störung, keine Fehlfunktion befürchtet werden muss, kann mit einer Codiereinrichtung **mechanisch** verhindert werden, dass ein Einschub mit der falschen Gerätebesetzung oder Verdrahtung irrtümlich in das gestörte Fach eingeschoben und mit der Schaltanlage verbunden werden kann.

Zu 2.5 Aufstellungsarten von Schaltgerätekombinationen

Für die richtige Auslegung einer Schaltgerätekombination muss bekannt sein, ob sie im Innenraum oder in einem Freiluftklima aufgestellt werden soll. Die Begriffe bedürfen keiner weiteren Erläuterung. Die üblichen Umgebungsbedingungen finden sich in Abschnitt 6.1 dieser Norm.

Zu 2.6 Schutzmaßnahmen gegen elektrischen Schlag

Die zu diesem Abschnitt gehörenden Begriffe sind identisch mit denen in VDE 0100 Teil 200. Zugehörige Erläuterungen können dem Band 39 der VDE-Schriftenreihe entnommen werden.

Zu 2.7 Gänge innerhalb von Schaltgerätekombinationen

Angesprochen sind hier nur Gänge innerhalb einer Schaltgerätekombination, z. B. einer anschlussfertigen, begehbaren Netzstation, und nicht die Gänge, die sich beim Aufstellen von mehreren Reihen von Schaltgerätekombinationen ergeben. Da das Sicherheitsbedürfnis in beiden Fällen jedoch gleich ist, wurden die Anforderungen aus Entwurf VDE 0100 Teil 481 (IEC 364-4-481) übernommen. Siehe Abschnitt 7.4.5.

Zu 2.8 Elektronische Funktionen

Zu 2.8.1 Abschirmung

Viele elektronische Betriebsmittel, die heute auch immer häufiger in Schaltgerätekombinationen von Starkstromanlagen eingesetzt werden, arbeiten mit so kleinen Spannungen und Strömen, dass sie durch die benachbarten Starkstrombetriebsmittel in ihrer Funktion gestört werden können. Um das zu verhindern, müssen die elektromagnetischen Felder, die vor allem bei Schaltvorgängen von diesen Betriebsmitteln ausgehen, von den elektronischen Betriebsmittel ferngehalten werden. Diesen Zweck erfüllen ganz oder teilweise geschlossene elektrisch und magnetisch leitfähige Ummantelungen, die sogenannten Abschirmungen.

Zu 2.9 und 2.9.14 Isolationskoordination

In der Vergangenheit wurden die Werte für die Bemessung der Isolation empirisch festgelegt. Diese Werte haben sich über viele Jahre in der Praxis bewährt. Es war jedoch nicht bekannt, welche Sicherheitsreserven in den allgemein benutzten Werten vorhanden waren. In umfangreichen wissenschaftlichen Untersuchungen in den vergangenen Jahren wurden inzwischen die physikalischen Zusammenhänge bei der

Beanspruchung der Luftstrecken und Kriechstrecken durch Betriebsspannungen, Überspannungen und Verschmutzung durch Staub und Feuchtigkeit untersucht. Diese neuen wissenschaftlichen Erkenntnisse haben inzwischen ihren Eingang in die internationale und nationale Normungsarbeit gefunden.

Durch das bessere Verständnis der Zusammenhänge, die zu einem Versagen der Isolation führen können, ist es nun auch möglich, die Isolation auf die zu erwartenden Beanspruchungen besser auszurichten, also Aufwand und Nutzen miteinander zu koordinieren.

Einzelheiten der wissenschaftlichen Untersuchungen, die der neuen Isolationskoordination zu Grunde liegen, können in Band 56 der VDE-Schriftenreihe »Isolationskoordination in Niederspannungsanlagen« nachgelesen werden.

Mit den Grundlagen und der Anwendung der Isolationskoordination beschäftigt sich auch Beiblatt 1 zu VDE 0110 Teil 1. Da die Isolationsfestigkeit einer Schaltgerätekombination wesentlich durch die eingebauten Geräte bestimmt wird, ist es nahe liegend, für die Bemessungsprobleme, die der Schaltanlagenbauer zu lösen hat, wie z. B. Dimensionierung der Isolation der Sammelschienen und der Steckersysteme für Einschübe, die gleichen Regeln zu benutzen, wie sie für die Schaltgeräte gültig sind.

Die Begriffe unter 2.9 Isolationskoordination wurden deshalb unverändert aus VDE 0660 Teil 100 »Niederspannungs-Schaltgeräte, Allgemeine Festlegungen« übernommen. Das Gleiche gilt selbstverständlich auch für die Umgebungsbedingungen und die Bauanforderungen.

Zu 2.9.1 bis 2.9.3 Luftstrecke, Trennstrecke, Kriechstrecke

Die Bedeutung dieser Begriffe ist in **Bild 2.15** dargestellt.

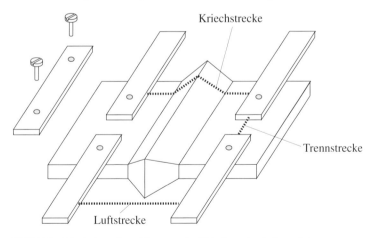

Bild 2.15 Prinzipdarstellung (Trennstrecke, Kriechstrecke, Luftstrecke)

Trennstrecken sollen die Sicherheit von Personen sicherstellen. An ihre Zuverlässigkeit werden deshalb höhere Anforderungen gestellt, als an die übrigen Luftstrecken, die nur die Betriebssicherheit der Anlage bewirken.

Während die Luftstrecke der kleinste Abstand zwischen zwei leitfähigen Teilen ist, quasi längs eines Fadens, den man sich zwischen diesen Teilen gespannt vorstellt, folgt eine Kriechstrecke immer der Oberfläche des Isolierstoffes.

Zu 2.9.4   Arbeitsspannung

Die Arbeitsspannung bezieht sich nur auf die Isolierung. Für die in dieser Norm wichtigen Zusammenhänge kann Arbeitsspannung deshalb mit Bemessungsisolationsspannung gleichgesetzt werden (siehe Abschnitt 7.1.2.3.5a).

Zur Festlegung der Bemessungsbetriebsspanung müssen neben der Spannungsfestigkeit der Isolierungen auch noch das Schaltvermögen und der Bemessungsstrom berücksichtigt werden.

Die Bemessungsbetriebsspannung ist daher meist kleiner als die Bemessungsisolationsspannung.

Zu 2.9.5   Zeitweilige Überspannung

Zeitweilige Überspannungen können auftreten z. B. im Zusammenhang mit Fehlern oder Regelvorgängen im Versorgungsnetz, leerlaufenden Transformatoren, Erdschluss im gelöschten Netz, Überkompensation usw.

Zu 2.9.6.1   Schaltüberspannung

Strombegrenzende Schaltgeräte oder Sicherungen erzeugen Lichtbogenspannungen, die weit über der Spannung des speisenden Netzes liegen.

Diese Spannungen erhöhen im nachgeschalteten Netz die Versorgungsspannung. Hohe Überspannungen können auch beim Ausschalten von Schützspulen auftreten.

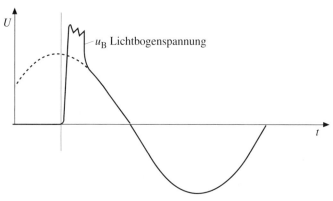

Bild 2.16   Schaltüberspannung

44

Hier reißt der nur wenige mA große Haltestrom vor dem Nulldurchgang ab, und die Induktivität der Spule entlädt sich über eine Schaltüberspannung, die bei 1 bis 2 kV liegen kann **(Bild 2.16)**.

Zu 2.9.6.2 Blitzüberspannung

In einer ordnungsgemäß errichteten Niederspannungsanlage werden Blitzüberspannungen so stark begrenzt, dass die Schaltgerätekombinationen nicht unnötig überdimensioniert werden müssen. In der höchsten Überspannungskategorie werden deshalb nur maximal 12 kV als Bemessungsstoßspannungsfestigkeit gefordert.

Zu 2.9.7 Stoßspannungsfestigkeit (Stehstoßspannung)

Zur Prüfung von Niederspannungsschaltgerätekombinationen wird generell eine Stoßspannung der Form 1,2/50 µs nach VDE 0432 verwendet **(Bild 2.17)**.

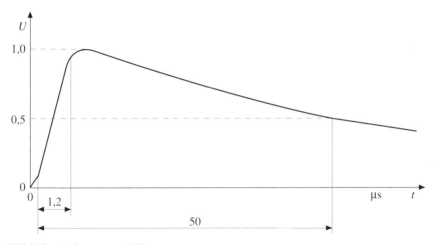

Bild 2.17   Stoßspannung 1,2/50 µs

Zu 2.9.8   Betriebsfrequente Spannungsfestigkeit (Stehwechselspannung)

Als Alternative zur Prüfung der Stoßspannungsfestigkeit ist auch weiterhin die bisherige Prüfung mit netzfrequenter Spannung zulässig (siehe Abschnitt 7.1.2.3 und Abschnitte 8.2.2.2 bis 8.2.2.5). Das Prinzip der Isolationskoordination, basierend auf der Stoßspannungsfestigkeit, soll jedoch bevorzugt angewendet werden.

Zu 2.9.9 bis 2.9.11   Verschmutzung, Verschmutzungsgrad, Mikroumgebung

Das Verhalten von Isolierstoffen unter Spannungsbeanspruchung wird ganz erheblich vom Zustand der Oberflächen bestimmt. Verunreinigungen wie Staub oder Feuchtigkeit setzen das Isolationsvermögen stark herab. Um die Dimensionierung und die Auswahl der Betriebsmittel zu vereinfachen, wurden Verschmutzungsgrade definiert, die jeweils typische Kombinationen von festen Verunreinigungen mit Luftfeuchtigkeit und eventuell auftretender Betauung enthalten. Wichtig für die Isolationsfestigkeit der Schaltgerätekombinationen ist ausschließlich die Mikroumgebung, d. h. die direkte Umgebung der beanspruchten Isolationsteile. Durch Kapselung oder Beheizung kann die Mikroumgebung gegenüber der Makroumgebung verbessert werden.

Zu 2.9.12   Überspannungskategorie

Die Höhe und die Häufigkeit von Überspannungen in Niederspannungsanlagen hängen von so vielen Faktoren ab, dass die wirkliche Beanspruchung einer bestimmten Anlage nie genau ermittelt werden kann. Um trotzdem zu einer sicheren Auslegung der Anlagen zu kommen, ist man deshalb gezwungen, typische Situationen zu Gruppen zusammenzufassen und hierfür Randbedingungen festzulegen, die auf der einen Seite die zu erwartenden Überspannungen, die von außen über die Anschlussklemmen in das Betriebsmittel eintreten, und die Überspannungen, die im Inneren des Betriebsmittels selbst erzeugt werden, berücksichtigen und auf der anderen Seite das Sicherheitsbedürfnis der betreffenden Anlagenteile befriedigen. Entwurf VDE 0100 Teil 443/A2 definiert die Überspannungskategorien sinngemäß wie folgt:

- Überspannungskategorie I

  Besonders geschütztes Niveau

  Betriebsmittel in abgeschlossenen Systemen, die gegen Überspannungen besonders geschützt sind, z. B. durch Überspannungsableiter, Filter oder Kondensatoren oder Systeme innerhalb von Geräten und Gerätekombinationen, in denen keine Überspannungen auftreten.

- Überspannungskategorie II

  Lastniveau (Installationsbereich)

  Betriebsmittel zum Einsatz in Anlagen, in denen keine Blitzüberspannungen, sondern nur Schaltüberspannungen berücksichtigt werden müssen. Hierunter fallen z. B. Installationen, die über Kabel versorgt werden, und elektrische Hausgeräte.

- Überspannungskategorie III

  Verteilungsniveau

  Betriebsmittel zum Einsatz in Anlagen, bei denen ähnlich wie bei Kategorie II keine Blitzüberspannungen, sondern nur Schaltüberspannungen berücksichtigt werden müssen, aber an die Sicherheit und Verfügbarkeit der Betriebsmittel und der davon abhängenden Anlagenteile besondere Anforderungen gestellt werden. Die gewünschte Sicherheit wird durch eine höhere Bemessungsstoßspannung bei gleich bleibender Überspannungsbelastung erreicht.

  Hierunter fallen alle festen Installationen, Hauptschaltanlagen und Hauptverteiler.

46

- Überspannungskategorie IV

  Versorgungsnetzniveau (Einspeisung)

  Betriebsmittel zum Einsatz in Anlagen, bei denen Blitzüberspannungen zu berücksichtigen sind.

  Hierunter fallen Betriebsmittel zum Anschluss an Freileitungen, z. B. Rundsteuerempfänger, Zähler, Hauseinführungen, Einspeisung von Hauptverteilungen.

Den Zusammenhang zwischen der Bemessungsstoßspannungsfestigkeit der Schaltgerätekombinationen mit den Einsatzmöglichkeiten bei verschiedenen Netzspannungen und Überspannungskategorien zeigt die Tabelle G1 im Anhang dieser Norm.

Zu 2.9.13 Überspannungsableiter

Es gibt zwei Arten von Überspannungsableitern:
- Reihenschaltung von Funkenstrecken mit einem nichtlinearen Widerstand, so genannte SiC-Ableiter
- Metalloxidableiter ohne Funkenstrecken, MO-Ableiter

Die Prinzipschaltung zeigt **Bild 2.18.**

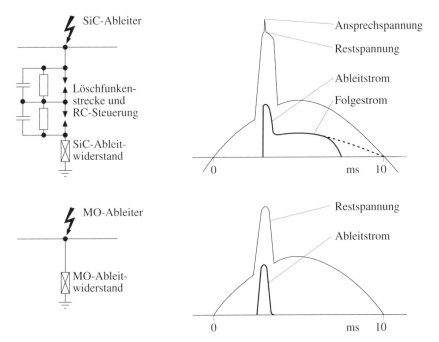

Bild 2.18   Aufbau von Überspannungsableitern und Ableitvorgang

Beide Ausführungen dürfen bei normaler Netzspannung keinen oder nur einen sehr kleinen Strom aufnehmen. Beim Auftreten einer definierten Überspannung sollen sie dann sehr niederohmig werden und so die Spannung gegen Erde abbauen.

Bei Ableitern mit Funkenstrecke ist bei Normalbetrieb der Stromkreis durch die Funkenstrecke geöffnet. Nach Erreichen der Ansprechspannung zündet die Funkenstrecke und es kommt ein Ableitstrom zum Fließen, der durch den in Reihe liegenden Widerstand begrenzt wird. Nach dem Abklingen der Überspannung fließt ein so genannter Folgestrom weiter durch den Ableiter.

Der Folgestrom erlischt im nächsten, natürlichen Nulldurchgang des Stromes. Ein erneuter Stromanstieg ist nicht mehr möglich, weil die Funkenstrecken inzwischen ihre volle Spannungsfestigkeit wieder aufgebaut haben.

Bei Ableitern ohne Funkenstrecke wird der Vorgang alleine durch die Kennlinie des Ableiters gesteuert.

Während bei Nennspannung lediglich ein Strom von etwa 1 mA fließt, steigt der Strom bei der doppelten Nennspannung bereits auf etwa 1 kA an, um dann schnell Werte von 10 kA und mehr zu erreichen. Nach dem Abklingen der Überspannung geht der Strom sofort wieder auf den »Ruhewert« zurück. Ein Folgestrom tritt nicht auf.

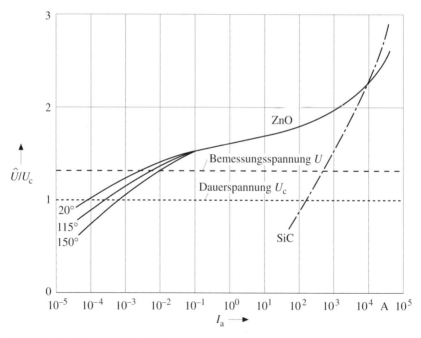

Bild 2.19 Kennlinie eines MO-Ableiters

Ableiter mit Funkenstrecken sind unempfindlich gegen länger andauernde Spannungserhöhungen, wie sie in isolierten oder gelöschten Netzen im Erdschlussfall auftreten können. Sie benötigen aber eine höhere Ansprechspannung als die MO-Ableiter (**Bild 2.19**) und können keine Schaltüberspannungen bedämpfen.

MO-Ableiter sind in allen Netzen mit direkter Sternpunkterdung vorteilhaft, da sie bei Blitz- und Schaltüberspannungen die Überspannungen auf niedrige Werte begrenzen.

Überspannungsableiter werden durch die Löschspannung (bei MO-Ableitern Dauerspannung) und den Nennableitstoßstrom gekennzeichnet. Typische Nennableitstoßströme sind 5 und 10 kA.

Zu 2.9.15 und 2.9.16 Homogenes und inhomogenes Feld

Für die Dimensionierung der Luftstrecken in Schaltgerätekombinationen ist nur das inhomogene Feld zutreffend, da die idealen Bedingungen eines homogenen Feldes in der Praxis nicht vorhanden sind.

Zu 2.9.17 und 2.9.18 Kriechwegbildung, Vergleichszahl der Kriechwegbildung

Feuchtverschmutzte Isolierungen können unter Spannung in kleinen Bereichen thermisch so hoch beansprucht werden, dass die Oberfläche verbrennt und dauernd leitfähig bleibt. Wenn sich diese partiellen Zerstörungen der Oberfläche so zusammenfügen, dass sie leitfähige Teile kurzschließen, spricht man von einem Kriechweg. Die Kriechstromfestigkeit eines Isolierstoffes wird nach einem genormten Verfahren beurteilt, DIN IEC 60112 (**VDE 0303 Teil 1**).

Auf den Prüfling werden in 4 mm Abstand zwei messerförmige Platinelektroden aufgesetzt. Auf die Kriechstrecke wird dann unter Spannung im Rhythmus von 30 Sekunden eine wässrige NH_4Cl-Lösung aufgetropft. Als Maß für die Kriechstromfestigkeit gilt die Spannung, bei der der Prüfling an fünf aufeinander folgenden Prüfungen 50 Tropfen standhält. Als Ausfall wird angesehen, wenn der Kriechstrom für mehr als 2 s 0,5 A übersteigt oder der Prüfling sich entzündet. Diese Spannung wird als Vergleichszahl für die Kriechwegbildung ohne Einheit mit der Abkürzung CTI (comparative tracking index) angegeben.

Diese Prüfung dient lediglich einem Vergleich der unterschiedlichen Isolierwerkstoffe. Die praktische Kriechstromfestigkeit eines Isolierteiles wird neben den Werkstoffeigenschaften in großem Maße von der Formgebung, Rippenbildung, die eine Verschmutzung erschwert, bestimmt. So ist es möglich, auch mit Werkstoffen, die nur einen kleinen CTI-Wert haben, trotzdem sehr zuverlässige Geräte und Bauteile zu konstruieren.

Zu 2.10 Kurzschlussströme

Zu 2.10.1 bis 2.10.3 Kurzschlussstrom, unbeeinflusster Kurzschlussstrom, Durchlassstrom (Bild 2.20, siehe auch Abschnitte 4.3, 4.4 und 4.5)

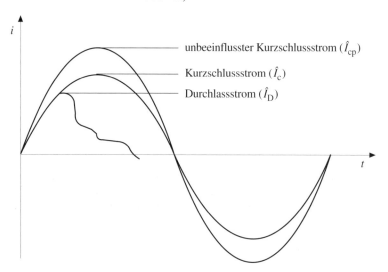

unbeeinflusster Kurzschlussstrom ($\hat{I}_{cp}$)

Kurzschlussstrom ($\hat{I}_c$)

Durchlassstrom ($\hat{I}_D$)

Bild 2.20 Ströme

Der unbeeinflusste Kurzschlussstrom ist der höchste Strom, der bei Vernachlässigung aller Impedanzen des nachgeschalteten Stromkreises an einer bestimmten Stelle des Netzes auftreten könnte. Früher hat man für diesen Strom häufig den Begriff »Kurzschlussstrom an der Einbaustelle« verwendet. Dieser Strom wird für die Bestimmung des Schaltvermögens der Kurzschlussschutzeinrichtungen benötigt. Er wird meist als Effektivwert angegeben.

In der Praxis wird ein Kurzschlussstrom durch die Impedanzen der Betriebsmittel und der Fehlerstelle begrenzt und kann so nicht den theoretischen Wert des unbeeinflussten Kurzschlussstromes erreichen.

Sind im Stromkreis strombegrenzende Schutzeinrichtungen vorhanden, wird der Strom schon vor dem normalen Scheitelwert zum Abklingen gezwungen. Den höchsten bei dieser Abschaltung auftretenden Augenblickswert nennt man den Durchlassstrom. Er wird allgemein als Spitzenwert angegeben. Der Zusammenhang zwischen dem unbeeinflussten Kurzschlussstrom und dem Durchlassstrom wird in den Katalogen der Hersteller in Strombegrenzungskennlinien angegeben. Beispiel siehe **Bild 2.21.**

50

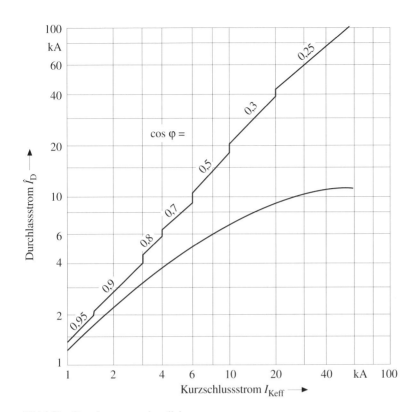

Bild 2.21 Strombegrenzungskennlinie

Zu 3 Einteilung von Schaltgerätekombinationen

Bild 3.1 zeigt in übersichtlicher Form, welche Begriffe zur Unterscheidung der unterschiedlichen Anlagenbauformen üblicherweise verwendet werden.

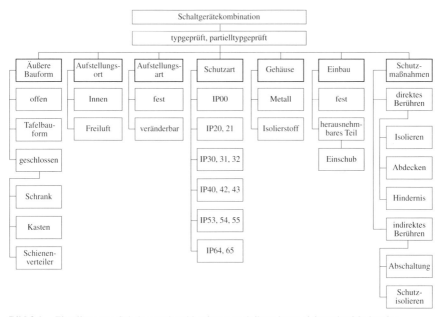

Bild 3.1 Einteilung von Schaltgerätekombinationen nach ihren kennzeichnenden Merkmalen

Die Art der inneren Unterteilung (Abschnitt 7.7) und die Art der elektrischen Verbindungen der Funktionseinheiten (Abschnitt 7.11) sind meist sehr wesentlich für den Preis einer Schaltgerätekombination.

Es ist deshalb sinnvoll, diese Merkmale bereits bei der Auftragsklärung zu berücksichtigen und zu vereinbaren, welche Ausführung für den vorgesehenen Einsatzfall benötigt wird. Um das zu erleichtern, sollten auch die Firmenschriften und Kataloge diese Unterscheidung bereits enthalten.

Zu 4 Elektrische Merkmale von Schaltgerätekombinationen

Obwohl DIN 40200 bereits seit 1989 vorliegt, in der die Begriffe »Nennwert« und »Bemessungswert« in Abstimmung mit der 1978 erschienenen IEC 60050 (151) definiert werden, hat sich im deutschen Sprachgebrauch die richtige Verwendung dieser Begriffe bisher nicht durchgesetzt.

Nachstehend deshalb noch einmal die Definition, wie sie in DIN 40200 zu finden ist.

Nennwert E: nominal value	Ein geeigneter gerundeter Wert einer Größe zur Bezeichnung oder Identifizierung eines Elementes, einer Gruppe oder einer Einrichtung
Bemessungswert E: rated value	Ein für eine vorgegebene Betriebsbedingung geltender Wert einer Größe, der im Allgemeinen vom Hersteller für ein Element, eine Gruppe oder eine Einrichtung festgelegt wird

Das heißt, alle Angaben, die sich auf geprüfte, technische Eigenschaften beziehen, die für eine Auswahl oder für eine Koordination der Betriebsmittel in einer Anlage benutzt werden sollen, sind als »Bemessungswerte« anzugeben.

Nennwerte eignen sich bei Niederspannungs-Schaltgerätekombinationen nur zur groben Klassifizierung und Vorauswahl von Baugruppen oder Funktionseinheiten. Für die endgültige Projektierung sind in jedem Fall die Bemessungswerte zu Grunde zu legen.

Zu 4.1 Bemessungsspannungen

Die Spannung, für die ein Stromkreis einer Schaltgerätekombination geeignet ist, hängt ab von der Ausbildung der Hauptkontakte und dem dazugehörenden Löschsystem der Schaltgeräte, der Auslegung der Steuerstromkreise und von der Isolation der aktiven Teile gegeneinander und gegen Erde. Man benötigt deshalb für die Beurteilung der Einsatzmöglichkeiten die Bemessungsbetriebsspannung, die Bemessungsisolationsspannung und die Bemessungsstoßspannungsfestigkeit.

Zu 4.1.1 Bemessungsbetriebsspannung (U_e)
(eines Stromkreises einer Schaltgerätekombination)

Für den Hauptstromkreis und den Steuerstromkreis gelten meist unterschiedliche Bemessungsbetriebsspannungen und auch unterschiedliche Spannungstoleranzen.

Die Bemessungsbetriebsspannung für den Hauptstromkreis bestimmt zusammen mit dem Bemessungsbetriebsstrom die Anwendung der Geräte dieses Stromkreises.

Dabei werden das Schaltvermögen bei verschiedenen Gebrauchskategorien und wo zutreffend die Schalthäufigkeit mit berücksichtigt. Bei fast allen Schaltgeräten nimmt das Schaltvermögen bei höheren Spannungen ab.

Eine zu geringe Bemessungsbetriebsspannung bei der Auswahl von Schaltgeräten kann deshalb zu einem Versagen des Schaltgerätes führen. Die Prüfungen der Schaltgeräte werden mit einer Spannung von 105 % der Bemessungsbetriebsspannung durchgeführt. Dieser Wert darf deshalb auch im Betrieb nicht überschritten werden. Eine Unterschreitung der Bemessungsbetriebsspannung im Betrieb ist für den Hauptstromkreis der Schaltgeräte nicht schädlich. Die untere Spannungsgrenze wird durch die zu versorgenden Verbraucher, z. B. Motoren, vorgegeben.

Steuerstromkreise müssen, wenn im Einzelfall nicht etwas anderes festgelegt ist, bei Spannungen von 85 % bis 110 % der Bemessungssteuerspeisespannung einwandfrei arbeiten. Eine höhere Bemessungssteuerspeisespannung kann zu einer Übererwärmung der Schaltgeräteantriebe führen. In jedem Fall vermindert sie die Lebensdauer des Gerätes. Bei einer zu kleinen Bemessungssteuerspeisespannung für den Steuerstromkreis schaltet das Gerät meist nicht mehr ein. Eine Schützspule kann dann in kurzer Zeit durch Übererwärmung zerstört werden.

Zu 4.1.2 Bemessungsisolationsspannung (U_i) (eines Stromkreises einer Schaltgerätekombination)

Die Bemessungsisolationsspannung kennzeichnet die zulässige Dauerbelastung der Luftstrecken und Kriechstrecken des Stromkreises durch die Betriebsspannung. Bei der Isolationsdimensionierung dient sie als Ausgangsgröße für die Ermittlung der Kriechstrecken und in Abhängigkeit von der Überspannungskategorie auch zur Auswahl der Bemessungsstoßspannung und damit der erforderlichen Luftstrecken. Eine ausführliche Erläuterung der einzelnen Arbeitsschritte bei der Isolationsbemessung ist in Abschnitt 7.1.2 zu finden.

Die Bemessungsisolationsspannung muss immer gleich oder größer sein als die höchste Bemessungsbetriebsspannung. Wegen der Sicherheiten, die in die Dimensionierungsregeln eingebaut sind, gesteht man jedoch zu, dass die tatsächlich auftretende Betriebsspannung bis zu 10 % höher sein darf als die Bemessungsisolationsspannung. Da in den meisten Fällen im Stromkreis auch Schaltgeräte enthalten sind, kann diese Grenze jedoch nicht ausgenutzt werden, da die Schaltgeräte mit Rücksicht auf ihr Schaltvermögen nur eine Spannungsüberschreitung von 5 % zulassen.

Bei der Festlegung der Bemessungsisolationsspannung ist auch darauf zu achten, dass durch einen Fehler im Versorgungsnetz keine höheren Spannungen auftreten. Im Fall eines Erdschlusses eines Außenleiters nehmen z. B. im IT-System alle anderen Außenleiter gegen Erde die Außenleiterspannung an. Die Norm weist deshalb in der Anmerkung zu 4.1.2 ausdrücklich darauf hin, dass in IT-Systemen auch einphasige Stromkreise für die Spannung zwischen den Außenleitern isoliert werden sollen.

Wenn Geräte und Bauteile mit unterschiedlichen Bemessungsisolationsspannungen in einem Stromkreis vereinigt werden, kann selbstverständlich nur der Wert des schwächsten Bauteiles als Bemessungsisolationsspannung des gesamten Stromkreises angegeben werden.

Zu 4.1.3   Bemessungsstoßspannungsfestigkeit (U_{imp})
(eines Stromkreises einer Schaltgerätekombination)

Die Bemessungsstoßspannungsfestigkeit ist ein Maß für die Festigkeit der Isolation gegenüber kurzzeitigen und nur gelegentlich auftretenden Spannungsspitzen. Solche Überspannungen können als Schaltüberspannungen oder als Folge von Blitzüberspannungen in der Anlage auftreten. Ausgehend von der geforderten Bemessungsbetriebsspannung gegen Erde oder der Nennspannung des Netzes findet man in der Tabelle G1 dieser Norm in Abhängigkeit von der Überspannungskategorie (siehe 2.9.12) die benötigte Bemessungsstoßspannungsfestigkeit für den betreffenden Einsatzfall. Für eine industrielle Anwendung in einem 400/690-V-Netz ergibt sich z. B. mit der Überspannungkategorie III für U_{imp} einen Wert von 6 kV. Nach den Regeln der Isolationskoordination darf auch die Schaltüberspannung der Schaltgeräte im Stromkreis nicht größer sein als die Bemessungsstoßspannungsfestigkeit. Das kann vor allem bei niedrigen Netzspannungen zu Problemen führen. In unserem Beispiel dürfte z. B. ein Leistungsschalter im 400/690-V-Netz bei Überspannungskategorie III eine Schaltüberspannung von 6 kV erzeugen. Soll der gleiche Schalter aber auch in einem 230/400-V-Netz im Installationsbereich bei Überspannungskategorie II einsetzbar sein, so ist nur eine Schaltüberspannung von 2,5 kV zulässig.

Besteht ein Stromkreis einer Schaltgerätekombination aus mehreren Geräten und weiteren Bausteinen, so ist für die Bemessungsstoßspannungsfestigkeit des gesamten Stromkreises der Wert des schwächsten Bauteiles maßgebend.

In jedem Fall ist aber zusätzlich zu kontrollieren, ob die Schaltüberspannung aller Geräte im Stromkreis unter diesem Wert liegt.

Ist das nicht der Fall, müssen entweder andere Schaltgeräte mit kleineren Schaltüberspannungen ausgewählt werden oder es müssen Komponenten mit einer höheren Bemessungsstoßspannungsfestigkeit verwendet werden.

Zu 4.2   Bemessungsstrom (I_n)
(eines Stromkreises einer Schaltgerätekombination)

Für die Festlegung des Bemessungsstromes eines Stromkreises einer Schaltgerätekombination gibt es zwei Möglichkeiten:

- Wenn die technischen Daten des anzuschließenden Betriebsmittels – das kann ein Verbraucher oder im Rahmen einer Verteilung auch ein Kabel sein – bekannt sind, sucht der Hersteller für den Stromkreis die Schaltgeräte, Klemmen und

Leitungen aus, die die gestellte Aufgabe erfüllen. Eine unwirtschaftliche Überdimensionierung wird er dabei tunlichst vermeiden. Als Bemessungsstrom wird in diesem Fall der Bemessungsstrom (oder an seiner Stelle die Leistung) des Verbrauchers angegeben, für den der Stromkreis bestimmt ist.

- Vor allem bei TSK versucht der Hersteller, zur Erleichterung der Projektierung und der Fertigung standardisierte Funktionsbaugruppen bereitzustellen, die für unterschiedliche Aufgaben verwendet werden können. Hier ist es üblich, für jede Anwendung einen Bemessungstrom anzugeben. Eine Baugruppe aus Sicherung, Schütz und einstellbarem Überlastrelais kann z. B. je nach Betriebsspannung und Gebrauchskategorie für unterschiedliche Motornennleistungen geeignet sein. Das gilt allerdings nur für die lose Baugruppe. Sobald diese für eine bestimmte Aufgabe ausgewählt und in eine Schaltgerätekombination eingebaut wurde, muss auch die Erwärmung der anderen Teile der Anlage mit berücksichtigt werden.

Wenn nichts anderes vereinbart wurde, führt der Hersteller den Erwärmungsnachweis für die Schaltgerätekombination nur mit den Strömen durch, die der Anwender für den vorliegenden Anwendungsfall gefordert hat. Ob die in den Baugruppen vorhandenen Reserven später genutzt werden können, muss von Fall zu Fall mit dem Hersteller geklärt werden. Ist von vornherein bekannt, dass die Bausteine der Anlage später auch für höhere Ströme genutzt werden sollen, so muss das bereits bei der Bestellung mit dem Hersteller vereinbart werden, damit dieser alle Einflüsse aus dieser Aufgabenstellung bereits bei der Projektierung berücksichtigen kann. Im Zweifelsfall gelten immer die Werte, die in den zur Schaltgerätekombination gehörenden Schaltungsunterlagen angegeben sind.

Zu 4.3 bis 4.6 Angaben zur Kurzschlussfestigkeit (eines Stromkreises einer Schaltgerätekombination)

Um die Auswirkungen eines Kurzschlusses, der üblicherweise außerhalb der Schaltgerätekombination in den Zuleitungen zu den Verbrauchern oder auch am Verbraucher selbst angenommen wird, beurteilen zu können, müssen die Größe des zu erwartenden Stroms und die Eigenschaften der im Stromkreis liegenden Schutzeinrichtungen bekannt sein. Daraus können dann die Kennwerte, wie sie in den Abschnitten 4.3 bis 4.6 definiert sind, abgeleitet werden.

Wert des unbeeinflussten Kurzschlussstroms (I_{cp})

(Definition siehe Abschnitt 2.10.2)

Die ausführliche Berechnung des Kurzschlussstroms aus den Daten des speisenden Netzes ist in VDE 0102 behandelt. Für einen generatorfernen Kurzschluss ergibt sich ein typischer Verlauf, wie ihn **Bild 4.1** zeigt.

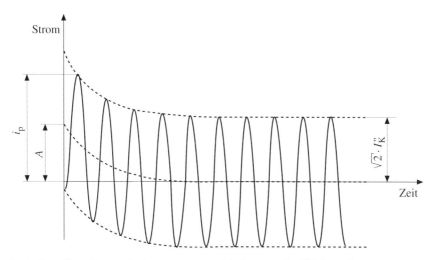

I_k Anfangs-Kurzschlusswechselstrom A Anfangswert der Gleichstromkomponente
i_p Stoßkurzschlussstrom

Bild 4.1   Kurzschlussstrom bei generatorfernem Kurzschluss

Nach dem Abklingen des Gleichstromglieds fließt so lange ein konstanter Kurzschlusswechselstrom, bis dieser von einer Schutzeinrichtung abgeschaltet wird. Das Gleichstromglied – und damit die erste Stromamplitude – hängt ab vom Schaltaugenblick und vom cos φ des Netzes im Kurzschlussfall. Erfahrungswerte für die Umrechnung von Effektivwert auf den Spitzenwert der ersten Stromhalbschwingung werden in Tabelle 4 der vorliegenden Norm angegeben.

Der Anfangskurzschlusswechselstrom, der dem unbeeinflussten Kurzschlussstrom (I_{cp}) entspricht, und der Stoßstrom errechnen sich aus den folgenden Gleichungen:

$$I_k'' = \frac{U_n}{\sqrt{3} \cdot Z_k} \qquad\qquad\qquad i_p = n \cdot I_k''$$

Darin bedeuten:

U_n Nennspannung des Netzes n Faktor aus Tabelle 5

Z_k Kurzschlussimpedanz i_p Stoßkurzschlussstrom

I_k'' Anfangs-Kurzschlusswechselstrom

Als Hilfsmittel für die Berechnung stehen Berechnungsbogen (siehe **Bild 4.2**) und DV-Programme zur Verfügung.

Kunde/Ort

Netzpunkt

Bemessungsspannung der Unterspannungsseite des Transformators
U_{rTUS} = 231, 400, 525 oder .... V, 50 oder .... Hz

Netzdaten	Rechengang U^2_{rTUS} = 231² = 53,4 · 10³; 400² = 160 · 10³; 525² = 275,6 · 10³	Wirkwiderstand R [mΩ]	Blindwiderstand X [mΩ]
a) Netz S''_{kQ} ...... MVA (v. EVU verlangt) ...... MVA (tatsächl. Wert) U_{nQ} ...... kV	Auf Niederspannung bezogen: $Z_{Qt} = \frac{1{,}1 \cdot U^2_{nQ}}{S''_{kQ} \cdot 10^3} \cdot \left(\frac{U_{rTUS}}{U_{rTOS}}\right)^2 = \frac{1{,}1 \cdot ......}{...... \cdot 10^3} =$ ...... mΩ	—	—
	$X_{Qt} = 0{,}995 \cdot Z_{Qt}$	—	......
	$R_{Qt} = 0{,}1 \cdot X_{Qt}$	......	—
b) Transformator S_{rT} kVA / u_{kr} % / u_{Rr} % – 1. / 2. / 3. – Summe S_{rT} / Mittelwerte [1] eventuell nach Katalog einsetzen [1] s. Rückseite	$Z_T = u_{kr} \cdot \frac{U^2_{rT}}{S_{rT} \cdot 100\%} = ... \cdot \frac{......}{...... \cdot 100} =$ ...... mΩ	—	—
	$X_T = \sqrt{Z_T^2 - R_T^2} = \sqrt{......^2 - ......^2} = \sqrt{......} =$	—	......
	$R_T = u_{Rr} \cdot \frac{U^2_{rT}}{S_{rT} \cdot 100\%} = ... \cdot \frac{......}{...... \cdot 100} =$	......	—
c) Kabel oder Freileitung ...... × ...... mm² (n* × q) l = ... m x'** ≈ 0,08 mΩ/m (Kabel) x'** ≈ 0,33 mΩ/m (Freileitg.) ϱ siehe umseitig Cu / Al / Fe	① $R_{L_1} \sim \frac{l \cdot \varrho}{q \cdot n} \cdot 10^3 = \frac{......}{......} \cdot 10^3 =$ ...... mΩ	......	—
	① $X_{L_1} \sim x' \cdot \frac{l}{n} = ... \frac{......}{......} =$ ...... mΩ	—	......
d) Schienen in der Schaltanlage Schienen je Phase: ...... × ...... × ...... mm daraus q = ... mm²/Ph l = ... m x'** ≈ 0,12 mΩ/m ϱ siehe umseitig Cu / Al	$R_{L_2} = \frac{l \cdot \varrho}{q} \cdot 10^3 = \frac{......}{......} \cdot 10^3 =$ ...... mΩ	......	—
	$X_{L_2} = x' \cdot l = 0{,}12 \cdot ......$ = ... mΩ	—	......
e) Verteilerkabel (Leitung) ...... × ...... mm² (n* × q) l = ... m x'** ≈ 0,08 mΩ/m ϱ siehe umseitig Cu / Al / Fe	$R_{L_3} = \frac{l \cdot \varrho}{q \cdot n} \cdot 10^3 = \frac{......}{......} \cdot 10^3 =$ ...... mΩ	......	—
	$X_{L_3} = x' \cdot \frac{l}{n} = 0{,}08 \cdot \frac{......}{......} =$ ...... mΩ	—	......
f)			
	Summe	R_k =	X_k =

* n — Anzahl der parallelen Leiter pro Phase
** x' — Werte gelten für 50 Hz – für andere Frequenzen proportional umrechnen

$Z_k = \sqrt{R_k^2 + X_k^2} = \sqrt{......^2 + ...^2} = \sqrt{......}$ = ... mΩ

Am Einbauort auftretender dreipoliger größter Anfangs-Kurzschlußwechselstrom („unbeeinflußter Strom")

$I''_k = \frac{U_{rT}}{\sqrt{3} \cdot Z_k} = \frac{......}{\sqrt{3} \cdot ......} =$ ...... kA$_{eff}$

Am Einbauort auftretender größter Stoßkurzschlußstrom:

I_s [Scheitelwert] $= \sqrt{2} \cdot \varkappa \cdot I''_k = \sqrt{2} \cdot ...... \cdot ......$ = ... kA

$\varkappa$ siehe umseitig

U_{rTUS} — Bemessungsspannung der Unterspannungsseite des Transformators (z. B. 400 V, s. oben)
U_{rTOS} — Bemessungsspannung der Oberspannungsseite des Transformators

Netzdaten ermittelt von/am ...... Gerechnet von/am ......

① Diese Annahme stimmt ∼ (angenähert), wenn jedem Transformator eine Verbindungsleitung zugeordnet ist, sonst = (gleich).

Bild 4.2 Berechnungsbogen zur Ermittlung der Kurzschlussströme im Niederspannungsnetz

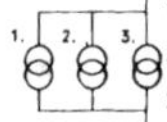

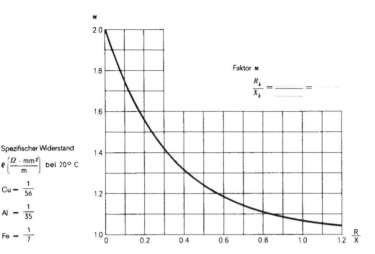

Spezifischer Widerstand

$\varrho \left[\dfrac{\Omega \cdot mm^2}{m} \right]$ bei 20° C

$Cu = \dfrac{1}{56}$

$Al = \dfrac{1}{35}$

$Fe = \dfrac{1}{7}$

Faktor $\varkappa$

$$\frac{R_k}{X_k} = \frac{\dots\dots\dots}{\dots\dots\dots} = \dots\dots\dots$$

Erläuterungen

Beim Einsatz von Leistungsschaltern und Niederspannungs-Verteilern darf nicht übersehen werden, dass ihr Schaltvermögen bzw. ihre Kurzschlussfestigkeit in jedem Falle dem am Einbauort möglichen Kurzschlussstrom mit seinen Werten für I_k'' und I_s entsprechen muss. Das ständige Anwachsen der Kurzschlussleistungen in den Hochspannungsnetzen zwingt zur genauen Ermittlung der Netzkenndaten und Berechnung des am Einbauort möglichen Kurzschlussstroms mit seinen Werten für I_k'' und I_s.

Das Nennausschaltvermögen der eingesetzten Leistungsschalter muss gleich oder größer sein als der am Einbauort zu erwartende Anfangs-Kurzschlusswechselstrom I_k''.

Weiterhin ist bei der Projektierung von Niederspannungs-Verteilern darauf zu achten, dass der für die Kurzschlussfestigkeit der Verteiler und Schaltgeräte angegebene Wert von I_s nicht geringer ist als der am Einbauort zu erwartende Stoßkurzschlussstrom I_s. Dieser Wert muss als »Nenneinschaltvermögen« auch von den Leistungsschaltern beherrscht werden.

Das vorliegende Blatt »Berechnung der Kurzschlussströme in Niederspannungsnetzen« soll für Stichleitungen die Berechnungen der dreipoligen Kurzschlussströme am Einbauort (»Netzpunkt«) eines Schalters oder eines Verteilers erleichtern.

Die Spalte »Netzdaten« ist für den Bearbeiter der Wegweiser, nach dem er im Betrieb oder auf der Baustelle – zunächst **ohne** jede Rechenarbeit – alle notwendigen Netzdaten der betreffenden Anlage ermitteln und einsetzen kann.

Formel für die angenäherte Berechnung der Mittelwerte u_k bei mehreren Transformatoren im Parallelbetrieb ($U_{R\,mittel}$ ist sinngemäß zu rechnen):

$$U_{k\,mittel} = \frac{S_{rT_1} + S_{rT_2} + S_{rT_3} + \dots}{\dfrac{S_{rT_1}}{u_{kr_1}} + \dfrac{S_{rT_2}}{u_{kr_2}} + \dfrac{S_{rT_3}}{u_{kr_3}} + \dots} = \dots$$

Unter f) kann ein weiteres Übertragungselement der Anlage ergänzt werden.

Die vollständige Ausfüllung aller offenen Punkte der Spalte »Netzdaten« in der richtigen Dimension bietet die Gewähr dafür, dass später die Berechnung ohne Schwierigkeiten abgewickelt werden kann. Die Berechnung für den dreipoligen Kurzschluss beruht auf der Annahme einer starren Spannung des speisenden Netzes. Die Einheitswerte x' des induktiven Widerstands je m bei c), d) und e) sind auf die Netzfrequenz 50 Hz bezogen; sie sind für abweichende Frequenzen direkt proportional umzurechnen. Aus den gegebenen Formeln sind für die einzelnen elektrischen Betriebsmittel die tatsächlichen Werte R und X zu errechnen und getrennt zu addieren; der gesamte Scheinwiderstand Z_k der Strombahn vor dem betrachteten »Netzpunkt« (= Einbaustelle des fraglichen Schalters bzw. Verteilers) ergibt sich aus der geometrischen Addition der beiden Summen (Wurzel).

Die Berechnung ermittelt:

a) den dreipoligen Anfangs-Kurzschlusswechselstrom I_k'' (Effektivwert in kA), den das Schaltgerät (auch Sicherung!) bei der Trennung der Schaltstücke beherrschen muss (Nennausschaltvermögen);

b) den Stoßkurzschlussstrom I_s (Scheitelwert in kA), den Verteiler, Schaltgeräte und Sammelschienen als dynamische Beanspruchung aushalten müssen (zugleich auch Nenneinschaltvermögen des Schalters).

61

Für Industrieanlagen, die über eigene Transformatoren versorgt werden, kann man oft mit genügender Genauigkeit annehmen, dass der Kurzschlussstrom nur durch den Transformator begrenzt wird. Für ein Netz mit einer Nennspannung von 400 V führt das zu folgenden Gleichungen:

$$I_{nT} = \frac{S_{nT} \cdot 1000}{400 \cdot \sqrt{3}} = 1{,}45 \, S_{nT} \qquad I_k'' = I_{nT} \cdot \frac{100}{u_{k\%}}$$

Darin bedeuten:

I_{nT} Transformator-Nennstrom

S_{nT} Transformator-Nennleistung in kVA

$u_{k\%}$ relative Kurzschlussspannung des Transformators

Daraus folgt für einen Transformator mit u_k 4 % $I_{k\,4\%}'' \approx 36 \cdot S_{nT}$

und für einen Transformator mit u_k 6 % $I_{k\,6\%}'' \approx 25 \cdot S_{nT}$

Hinter einem Transformator von 1000 kVA kann also im 400-V-Netz höchstens ein Kurzschlussstrom I_k'' von etwa 36 kA auftreten.

Wirkungen des Kurzschlussstroms

Der Kurzschlussstrom übt eine dynamische und eine thermische Wirkung auf die von ihm durchflossenen Leiter und Betriebsmittel aus. Die Berechnung dieser Wirkung von Kurzschlussströmen behandelt DIN EN 60865-1 (**VDE 0103**). Allerdings können mit den dort beschriebenen Rechenverfahren nur einfache, gerade Schienenanordnungen behandelt werden, so dass sie für die Dimensionierung von Schaltgerätekombinationen nur Näherungswerte liefern können.

Dynamische Wirkung

Die Kraft F zwischen zwei langen, parallelen Stromleitern bei zweipoligem Kurzschluss entspricht nach DIN EN 60865-1 (**VDE 0103**) der Beziehung:

$$F = 0{,}2 \cdot i^2 \cdot \frac{l}{a}$$

für dreipoligen Kurzschluss gilt:

$$F_{m3} = 0{,}17 \cdot i_{p3}^2 \cdot \frac{l}{a_m}$$

Darin bedeuten:

F Kraft in N

i Augenblickswert des Stroms in kA

l Stützabstand in cm

a Mittenabstand der Leiter in cm

a_m wirksamer Hauptleiterabstand

F_{m3} Kraft zwischen Hauptleitern bei dreipoligem Kurzschluss

i_{p3} Stoßkurzschlussstrom des symmetrischen dreipoligen Kurzschlusses

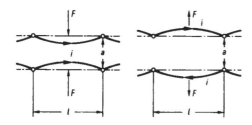

Bild 4.3   Kraftwirkung eines Kurzschlussstroms auf zwei parallele Leiter

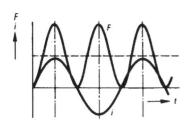

Bild 4.4   Kraftwirkung, verursacht durch einen Wechselstrom

In Wechselstromkreisen verläuft der Strom zeitlich entsprechend einer Sinuskurve. Die Größe der Kraft ändert sich daher mit dem Quadrat der Sinuskurve. Das ergibt einen Kraftverlauf, der zwischen null und dem Höchstwert der Kraft mit doppelter Netzfrequenz schwingt.

Thermische Wirkung

Durch den Kurzschlussstrom entsteht an den ohmschen Widerständen der Leiter Verlustwärme, die die Leiter und Betriebsmittel stark erwärmt.

$$P_v = I_k^2 \cdot R$$

Darin bedeuten:

P_v Verlustleistung

I_k Kurzschlussstrom

R Widerstand der Leiter

Wegen der kurzen Dauer der Kurzschlussströme wird praktisch die gesamte Wärmeenergie im Leiter gespeichert, die Erwärmung verläuft adiabatisch.

$$Q_v = P_v \cdot t$$

$$Q_v = I_r \cdot R \cdot t$$

Darin bedeuten:

Q_v Wärmemenge

t Kurzschlussdauer

Die Wärmemenge steigt mit dem Quadrat des Stroms und mit der Kurzschlussdauer an.

Begrenzung des Kurzschlussstroms

Damit sich die Belastung der Schaltgerätekombination und der übrigen Anlagenteile in erträglichen Grenzen hält, muss der Kurzschlussstrom in seiner Größe und in der Dauer begrenzt werden. Dafür stehen folgende Betriebsmittel zur Verfügung:

• Leistungsschalter mit Nullpunktlöschung

Leistungsschalter mit Nullpunktlöschung löschen den Wechselstrom-Schaltlichtbogen, wenn der Strom den nächsten natürlichen Nulldurchgang erreicht **(Bild 4.5)**. Durch die kleine Lichtbogenspannung wird der Kurzschlussstrom in seiner Größe praktisch nicht beeinflusst. Die Gesamtausschaltzeit liegt je nach Auslöser zwischen 30 ms bei nicht verzögerten und 500 ms bei verzögerten Leistungsschaltern.

• Leistungsschalter mit Strombegrenzung

Leistungsschalter mit Strombegrenzung bauen bereits nach 1 bis 2 ms eine hohe Lichtbogenspannung auf, durch die der Strom rasch absinkt und den Scheitelwert des unbeeinflussten Stoßkurzschlussstromes nicht mehr erreicht. Er erlischt vor dem nächsten natürlichen Nulldurchgang **(Bild 4.6)**. Den höchsten Augenblickswert, der beim Ausschalten auftritt, nennt man Durchlassstrom. Die Gesamtausschaltzeit ist kleiner als 10 ms.

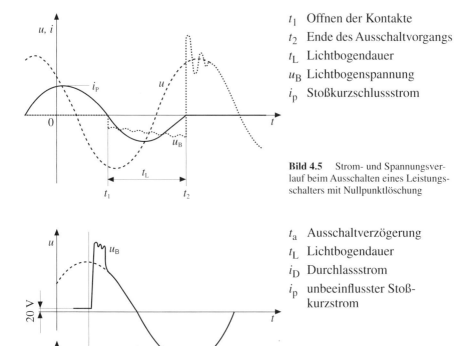

t_1 Öffnen der Kontakte

t_2 Ende des Ausschaltvorgangs

t_L Lichtbogendauer

u_B Lichtbogenspannung

i_p Stoßkurzschlussstrom

Bild 4.5 Strom- und Spannungsverlauf beim Ausschalten eines Leistungsschalters mit Nullpunktlöschung

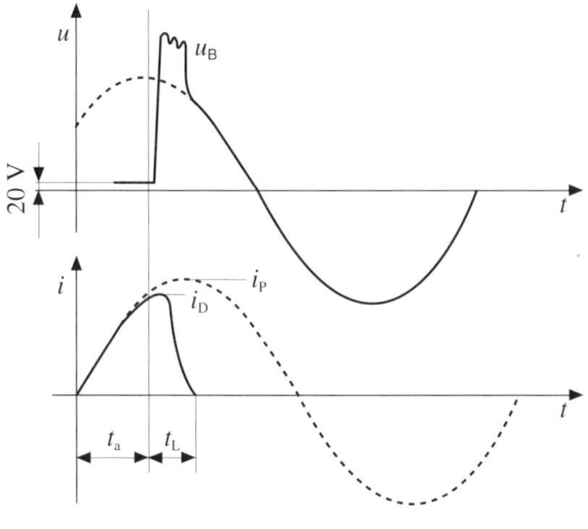

t_a Ausschaltverzögerung

t_L Lichtbogendauer

i_D Durchlassstrom

i_p unbeeinflusster Stoßkurzstrom

Bild 4.6 Strom- und Spannungsverlauf beim Ausschalten eines Leistungsschalters mit Strombegrenzung

● Sicherungen

Sicherungen bauen nach der Schmelzzeit ebenfalls eine hohe Lichtbogenspannung auf, durch die der Kurzschlussstrom auf den Durchlassstrom begrenzt wird. Ihre Strombegrenzung ist meist besser als die von strombegrenzenden Leistungsschaltern. Die Ausschaltzeiten liegen im Fall eines Kurzschlusses deutlich unter 10 ms **(Bild 4.7)**.

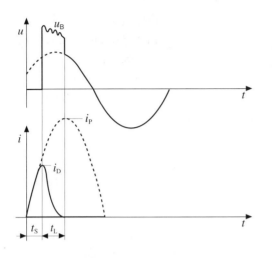

i_S Stoßkurzschlussstrom
i_D Durchlassstrom
t_S Schmelzzeit
t_L Löschzeit
u_B Lichtbogenspannung

Bild 4.7 Strom- und Spannungsverlauf beim Ausschalten eines Kurzschlussstroms durch eine Sicherung

Zu 4.3 Bemessungskurzzeitstrom (I_{cw}) (eines Stromkreises einer Schaltgerätekombination)

Der Bemessungskurzzeitstrom eines Stromkreises ist der Effektivwert des Kurz-schlussstroms, den der Stromkreis für eine bestimmte Zeit – meist wählt man 1 s – führen kann, ohne thermisch Schaden zu leiden. Je nach Art des Betriebsmittels und der darin verwendeten Isolierstoffe können für diese Kurzzeitbelastung höhere Erwärmungen zugelassen werden als für einen Dauerbetrieb. Die zulässigen Grenzen müssen in jedem Fall mit dem Hersteller des Betriebsmittels oder des Werk-stoffs geklärt werden.

Mit der Gleichung $I^2 \cdot t$ = konst. kann die zulässige Belastung bei anderen Zeiten als der geprüften Zeit berechnet werden. Bei Umrechnung des Bemessungskurzzeit-stroms auf eine kleinere Stromflussdauer, als sie der Prüfung zu Grunde lag, ist zu beachten, dass die Bemessungsstoßstromfestigkeit des Stromkreises nicht über-schritten wird.

Um Missverständnisse zu vermeiden, empfiehlt es sich, die zu Grunde gelegte Zeit immer anzugeben, z. B. 20 kA, 0,2 s. Bei Wechselspannung wird für die Ermittlung des Effektivwerts nur der Wechselstromanteil berücksichtigt. Das immer auftre-tende Gleichstromglied (siehe **Bild 4.1**) wird vernachlässigt.

Normalerweise ist die Erwärmung eines Stromkreises nur vom Strom abhängig. In-sofern ist es unbedeutend, bei welcher Spannung der Prüfstrom erzeugt wird. Dies gilt jedoch nicht mehr, wenn sich unter dem Einfluss der Kurzschlusskräfte Kon-takte im Stromkreis unbeabsichtigt öffnen. Die ungewollten Lichtbögen, die dabei entstehen, erzeugen zusätzliche Wärme, führen zur Erosion der Schaltkontakte und können auf der anderen Seite den Prüfstrom vermindern. Damit später beim Betrieb mit Nennspannung keine Überraschungen auftreten, ist in solchen Fällen mit voller Bemessungsbetriebsspannung zu prüfen.

Zu 4.4 Bemessungsstoßstromfestigkeit (I_{pk}) (eines Stromkreises einer Schaltgerätekombination)

Die Bemessungsstoßstromfestigkeit ist der vom Hersteller angegebene unbeeinflusste Scheitelwert des Stoßstromes, dem der Stromkreis unter den angegebenen Prüfbedingungen standhalten kann. Sie gibt Auskunft über die dynamische Festigkeit des Stromkreises. Für dieses Problem ist nur der Scheitelwert des Stromes wichtig. Die Prüfung soll trotzdem mindestens drei Perioden dauern. Da die Stromkräfte bei jedem Strommaximum ebenfalls ein Maximum haben, treten bei drei Perioden sechs Kraftspitzen auf, die den Prüfling dynamisch belasten (siehe auch Abschnitt 8.2.3.2.5).

Zu 4.5 Bedingter Bemessungskurzschlussstrom (I_{cc}) (eines Stromkreises einer Schaltgerätekombination)

Der bedingte Bemessungskurzschlussstrom ist der vom Hersteller angegebene Wert des unbeeinflussten Kurzschlussstroms, den der Stromkreis führen kann, wenn er durch eine vorgegebene Kurzschlussschutzeinrichtung geschützt ist. Er dient vor allem zur Koordination des Schaltvermögens der Kurzschlussschutzeinrichtung im Stromkreis mit den Anforderungen des Netzes an der Einbaustelle. Er darf also nie höher sein als das Mindestausschaltvermögen der Kurzschlussschutzeinrichtung bei der gewählten Betriebsspannung. Belastet wird der Stromkreis letztlich nur mit dem Durchlassstrom der Schutzeinrichtung. Bei Schutzschaltern mit Nullpunktlöschung kann das der volle Wert der Bemessungsstoßstromfestigkeit sein. Hier wird der Kurzschlussstrom nur in seiner Dauer begrenzt und damit eine Übererwärmung des Stromkreises verhindert. Strombegrenzende Schutzeinrichtungen begrenzen dagegen den Kurzschlussstrom in der Höhe **und** in der Dauer. Da das Schaltvermögen, der Durchlaßstrom und die Ausschaltzeit je nach Bauart der Kurzschlussschutzeinrichtung sehr unterschiedlich sind, muss der Hersteller die notwendigen Angaben machen, damit die Kurzschlussschutzeinrichtung richtig ausgewählt werden kann.

Es werden mindestens benötigt:

- Bemessungskurzschluss-Ausschaltvermögen,
- Durchlassstrom und maximal $I^2 t$-Wert bei strombegrenzenden Schutzeinrichtungen,
- Gesamtausschaltzeit beim unbeeinflussten Bemessungskurzschlussstrom bei nullpunktlöschenden Schutzeinrichtungen.

Zu 4.6 Bemessungskurzschlussstrom bei Schutz durch Sicherungen (I_{cf}) (eines Stromkreises einer Schaltgerätekombination)

Der Bemessungskurzschlussstrom bei Schutz durch Sicherungen ist der unbeeinflusste Kurzschlussstrom, wenn die Schutzeinrichtung eine Sicherung ist. Für die Abstimmung der Stromkreisdaten auf die Verhältnisse des Netzpunkts genügt in diesem Fall die Angabe des Bemessungsstroms und der Kennlinie, die durch die Funktionsart und die Betriebsklasse gegeben ist.

Selbstverständlich müssen auch die Bemessungsausschaltströme der Sicherungen mindestens gleich oder größer sein als der unbeeinflusste Kurzschlussstrom an der Einbaustelle des Stromkreises.

Zu 4.7 Bemessungsbelastungsfaktor

Die Summe aller Ströme, die in einer Schaltgerätekombination mit mehreren Stromkreisen maximal auftritt, ist fast immer deutlich kleiner als die Summe der Bemessungsströme aller Hauptstromkreise. Das Verhältnis beider Werte zueinander nennt man Bemessungsbelastungsfaktor. Die Kenntnis des Belastungsfaktors ist wichtig für die Dimensionierung der Sammelschienen, der Einspeisung und für den Erwärmungsnachweis der Schaltgerätekombination oder eines ihrer Teilabschnitte. Durch die Anwendung des Belastungsfaktors wird die Wirtschaftlichkeit der Schaltgerätekombination wesentlich erhöht.

Leider ist die genaue Ermittlung der tatsächlich zu erwartenden Belastungen in der Praxis zu aufwendig und in vielen Fällen auch nicht möglich. Dies musste auch die Arbeitsgruppe der IEC TC 64 feststellen, die in mühevoller Kleinarbeit zwar eine Menge von Daten aus der Praxis sammeln konnte, zum Schluss aber doch feststellen musste, dass es keine einfachen, allgemein gültigen Regeln gab, diese Werte für die Projektierung nutzbar zu machen. Die Arbeiten wurden deshalb eingestellt, ohne dass es zu einer IEC-Veröffentlichung kam (Lit. *Floerke, Just*).

Die Belastungsfaktoren in Tabelle 1 dieser Norm stellen Erfahrungswerte dar, mit denen seit vielen Jahren gearbeitet wird. Um falsche Dimensionierungen zu vermeiden, sollten bei der Festlegung des Belastungsfaktors die nachstehenden Regeln beachtet werden:

- Wenn sich die tatsächlichen Lastverhältnisse ermitteln lassen, z. B. festgelegter Programmablauf eines Fertigungsprozesses, sind die Werte dem Hersteller möglichst früh mitzuteilen.

- Große Verbraucher, die vorwiegend Dauerbetrieb fahren, sind gesondert zu behandeln.

- Stellantriebe haben meist so kleine Einschaltzeiten, dass die durch sie hervorgerufene Erwärmung vernachlässigt werden kann. Will man das nicht, setzt man einen sehr niedrigen Belastungsfaktor, z. B. 0,2 an.

- Beleuchtungsanlagen und Heizungsanlagen erfordern meist den Belastungsfaktor 1,0. Bei geregelten Heizungen ist dann allerdings nur der durchschnittliche Wärmebedarf und nicht die Anschlussleistung in die Rechnung einzusetzen.

- Stromkreise mit sehr unterschiedlichen Bemessungsströmen sollten bei der Festlegung des Belastungsfaktores getrennt behandelt werden.

Beispiel:

2 Motorabgänge 150 kW, 300 A

6 Motorabgänge 10 kW,   20 A

Für die großen Abgänge ergibt sich Faktor 0,9

für die kleinen Abgänge Faktor 0,7.

Zusammen also:

$2 \times 300 \, A \times 0,9 = 540 \, A$

$6 \times 20 \, A \times 0,7 = 84 \, A$

$$\overline{624 \, A}$$

Hätte man die Unterscheidung zwischen großen und kleinen Stromkreisen nicht gemacht, hätte sich für alle der Faktor 0,7 ergeben:

$2 \times 300 \, A \times 0,7 = 420 \, A$

$6 \times 20 \, A \times 0,7 = 84 \, A$

$$\overline{504 \, A}$$

Das heißt, ein gemeinsamer Betrieb der beiden großen Antriebe wäre nicht möglich gewesen.

Die Frage, welche Stromkreise bei der Zählung erfasst werden müssen, hängt von der Problemstellung ab. Für die Ermittlung der Erwärmung der einzelnen Stromkreise sind immer die Stromkreise gemeinsam zu betrachten, die in einem gemeinsamen Raum untergebracht sind, der zu seiner Umgebung keinen nennenswerten Wärmeaustausch zulässt.

Soll dagegen die Größe der Einspeisung und der Sammelschienen festgelegt werden, sind alle Stromkreise zu berücksichtigen, die von diesen versorgt werden. Die in einer früheren Ausgabe dieser Norm enthaltene Forderung, dass bei PTSK generell der Bemessungsbelastungsfaktor 1,0 anzusetzen ist, wenn keine anderen Werte bekannt sind, wurde gestrichen. Es hat sich mittlerweils die Einsicht durchgesetzt, dass eine genaue Ermittlung der Belastungswerte bei PTSK genauso sinnvoll ist wie bei TSK. Eine unterschiedliche Behandlung diese Themas bei TSK und PTSK ist damit nicht gerechtfertigt, und eine unnötige Überdimensionierung der PTSK wird vermieden.

Zu 4.8 Bemessungsfrequenz

Die Frequenz der Spannungen und Ströme hat für die verschiedenen Komponenten einer Schaltgerätekombination eine sehr unterschiedliche Bedeutung (siehe **Tabelle 4.0**).

f /Hz	Einfluss der Frequenz auf		
	Hauptstromkreis-geräte	Hilfsstromkreisgeräte	Schienen, Leitungen
0	besondere Geräte erforderlich	besondere Antriebe erforderlich	↑ Belastbarkeit steigt
16 $^2/_3$	geringeres Schaltvermögen		
50/60	normal	normal	normal
400	geringeres Schaltvermögen	besondere Antriebe erforderlich	↓ Belastbarkeit fällt
2000	besondere Geräte erforderlich		

Tabelle 4.0   Einfluss der Frequenz auf die Komponenten einer Schaltgerätekombination

Die üblichen Bemessungsfrequenzen sind 50 Hz oder 60 Hz. Sie werden von den öffentlichen Netzen angeboten. Für Sonderaufgaben werden aber auch andere Frequenzen verwendet, z. B. 16 $^2/_3$ Hz in der Bahntechnik oder 400 Hz bis 2000 Hz für Elektrowerkzeuge oder Elektrowärme.

Da das Angebot an Schaltgeräten für 50 und 60 Hz am größten ist, stellt sich oft die Frage, ob diese Geräte auch bei anderen Frequenzen einsetzbar sind. Die Verwendungsmöglichkeiten werden meist durch das Schaltvermögen im Hauptstromkreis begrenzt. Bei kleineren Frequenzen als der Bemessungsfrequenz verlängert sich die Zeit zwischen zwei Nulldurchgängen des Stroms. Damit verlängert sich die Lichtbogenzeit und der durch den Lichtbogen verursachte Kontaktabbrand. Um einen unzulässigen Abbrand zu vermeiden, muss das Schaltvermögen reduziert werden. Für Gleichspannung (Frequenz 0 Hz) sind in der Regel besondere Geräte mit speziell ausgelegten Löschsystemen erforderlich. Steigert man die Frequenz über 60 Hz hinaus, rücken die Nulldurchgänge näher zusammen, und die Lichtbogenzeit und Kontakterwärmung werden verringert. Trotzdem ist auch hier das Schaltvermögen kleiner, weil sich die Schaltstrecke nicht schnell genug verfestigen kann.

Die Magnet- und Motorantriebe der Schaltgeräte werden standardmäßig für 50 Hz oder 60 Hz oder für Gleichstrom angeboten. Benötigt man eine Betätigung bei anderen Frequenzen als 50 Hz oder 60 Hz, ist es am einfachsten, die Steuerspannung gleichzurichten und Geräte mit Gleichstrombetätigung zu verwenden.

Die Belastbarkeit von Stromschienen und Leitungen ist bei Gleichstrom am höchsten. Hier wird der Querschnitt des Leiters gleichmäßig vom Strom durchflossen. Bei Wechselstrom nimmt die Stromdichte von der Oberfläche nach innen hin ab, und zwar umso mehr, je höher die Frequenz ist. Bei sehr hohen Frequenzen fließt der Strom nur noch in einer dünnen Schicht an der Leiteroberfläche. Diese Erscheinung nennt man Skineffekt. Je nach Leiterform und Anordnung kann die Belastbarkeit bei Gleichstrom oder sehr kleinen Frequenzen wie $16^2/_3$ Hz bis zu 25 % höher sein als bei 50 Hz. **Bild 4.8** zeigt die Verhältnisse, wie sie sich aus DIN 43671 Tabelle 1 für Cu-Leiter ergeben.

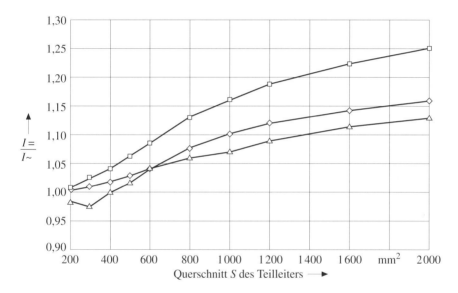

Bild 4.8   Verhältnis der Schienenbelastbarkeit bei Gleichstrom und bei 50/60 Hz

Für Frequenzen über 50 Hz kann die Belastbarkeit von Schienen nach folgender Beziehung näherungsweise beurteilt werden. Zur genauen Ermittlung ist meist eine entsprechende Prüfung erforderlich.

$$I_e(f_x) = I_{e(50Hz)} \cdot \sqrt{\frac{50}{f_x}}$$

Den Verlauf dieser Abhängigkeit im Bereich bis 2000 Hz zeigt **Bild 4.9**.

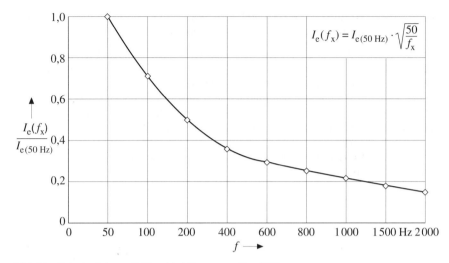

$$I_e(f_x) = I_{e(50\,\text{Hz})} \cdot \sqrt{\frac{50}{f_x}}$$

Bild 4.9 Belastbarkeit von Schienen bei Frequenzen über 50 Hz

Aus dem Bild entnimmt man, dass die Belastbarkeit bei 400 Hz nur noch 35 % und bei 1000 Hz nur noch 22 % beträgt.

Ausführliche Angaben zur Verwendung von Schaltgeräten bei unterschiedlichen Frequenzen sind den Katalogen oder Projektierungshinweisen der Schaltgerätehersteller zu entnehmen.

Bei der Prüfung der Schaltgeräte darf nach VDE 0660 Teil 100 Tabelle 8 die Frequenz um ± 5 % vom Bemessungswert abweichen. Die in der Anmerkung zu Abschnitt 4.8 der hier besprochenen Norm genannte Toleranz von ± 2 % liegt also auf der sicheren Seite.

Zu 5   Angaben zur Schaltgerätekombination

Eine Schaltgerätekombination erfüllt nur dann ihre Aufgabe zufriedenstellend, wenn sie ordnungsgemäß transportiert, aufgestellt, angeschlossen, betrieben, gewartet und gegebenenfalls repariert wird.

Da Bauformen, Aufgabenstellung und Einsatzgebiet in weiten Grenzen variieren, müssen die benötigten Informationen und Randbedingungen für das Ausführen dieser Tätigkeiten genannt werden. Die Norm macht unmissverständlich klar, dass der Hersteller dafür verantwortlich ist, diese Informationen bereitzustellen.

Zu 5.1   Aufschriften

Jede Schaltgerätekombination muss eine Aufschrift haben, aus der hervorgeht, wer der Hersteller ist. Da es in der Vergangenheit immer wieder Missverständnisse mit dem Text der Norm gab, wurde von IEC 17D eine neue Formulierung gewählt. Es wird nun ausgesagt, dass als Hersteller die Firma gilt, die die Verantwortung für die betriebsfertig zusammengebaute Schaltgerätekombination übernimmt. Es wird damit der Praxis Rechnung getragen, dass Firmen oft einen Teil der Fertigung, z. B. den Zusammenbau und die Verdrahtung, an einen Subunternehmer delegieren, ohne dem Abnehmer gegenüber aus ihrer Verantwortung zurückzutreten. Bei Firmen mit mehreren Fertigungsstandorten und Vertriebsstellen empfiehlt es sich, zusätzlich zum Firmennamen auch noch den Fertigungsort oder die als Hersteller auftretende Organisationseinheit mit anzugeben. Damit kann bei Rückfragen sofort die richtige, zuständige Stelle angesprochen werden.

Neben der Herstellerangabe benötigt man zur genauen Identifizierung einer Schaltgerätekombination eine Typbezeichnung, eine Kenn-Nummer oder eine andere Kennzeichnung, aufgrund deren man vom Hersteller alle Informationen anfordern kann, die unter Umständen nicht aus den mitgelieferten Schaltungsunterlagen und Betriebsanleitungen entnommen werden können. Eine Typbezeichnung alleine wird jedoch nur bei sehr einfachen, in Serie gefertigten Schaltgerätekombinationen ausreichend sein. Meist braucht man zusätzlich eine Fertigungs- oder Zeichnungsnummer. Nur so können alle Details einer für einen bestimmten Zweck projektierten und gefertigten Schaltgerätekombination beim Hersteller gefunden werden. Auch die Angabe der Typbezeichnung oder der Fertigungsnummer muss immer an der Schaltgerätekombination angebracht sein.

Ob die unter c) bis t) genannten Angaben in das Typschild aufgenommen werden oder in den Schaltungsunterlagen, Betriebsanleitungen oder Katalogen niedergelegt werden, ist dem Hersteller überlassen. Wichtig ist, dass bei Bedarf **alle** Angaben vom Hersteller zur Verfügung gestellt werden **müssen.** Früher hieß es in der Norm an dieser Stelle »dürfen«. Daraus konnte man den Schluss ziehen, dass nicht alle Angaben gebraucht und vom Hersteller auch genannt werden müssten.

Neu ist auch unter f) die Angabe der Bemessungsstoßspannungsfestigkeit, die dann angegeben werden muss, wenn der Hersteller nach den Regeln der Isolationskoordination dimensioniert hat.

In der vorliegenden Norm wurde die Aufzählung ergänzt um die Punkte:

r Form der inneren Unterteilung

s Arten der elektrischen Verbindungen der Funktionseinheiten

t (EMV-)Umgebung 1 oder 2

An welcher Stelle der Hersteller die Aufschriften anbringt, ist ihm freigestellt. Es ist jedoch sicherzustellen, dass die Aufschriften bei angeschlossener Schaltgerätekombination lesbar sind und dass die Schilder, auf denen die Aufschriften enthalten sind, dauerhaft befestigt sind.

Bei Schaltgerätekombinationen, die aus mehreren Feldern bestehen, empfiehlt es sich, in einer internen Richtlinie festzulegen, wo das Typschild angebracht werden muss, z. B. im linken Abschlussfeld links oben.

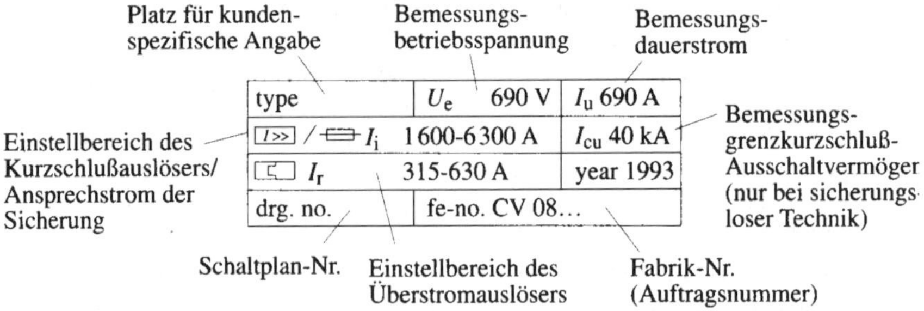

SIEMENS

TSK VDE 0660-500/ TTA IEC 439-1		

Typ / Type	SIVACON	Baujahr / Year	1995

| Nr. / No. | 765007 | | |

Felderzahl / No. of sections	6	Schutzart / Enclosure	IP40

| Nennspannung / Rated Voltage | 400 | V Freq. | 50 | Hz c/s |
| | | V Freq. | | |

MADE IN GERMANY

Platz für kundenspezifische Angabe   Bemessungsbetriebsspannung   Bemessungsdauerstrom

type	U_e	690 V	I_u 690 A
$I\gg$ / ⊏⊐ I_i	1 600-6 300 A		I_{cu} 40 kA
⊏⊐ I_r	315-630 A		year 1993
drg. no.		fe-no. CV 08...	

Einstellbereich des Kurzschlußauslösers/ Ansprechstrom der Sicherung

BemessungsgrenzkurzschlußAusschaltvermöger (nur bei sicherungsloser Technik)

Schaltplan-Nr.   Einstellbereich des Überstromauslösers   Fabrik-Nr. (Auftragsnummer)

Bild 5.1 Beispiele von Typschildern

Auf gleichartigen, vertauschbaren oder auswechselbaren Konstruktionsteilen wie Türen, Deckeln oder Verkleidungen sollten keine Typschilder angebracht werden. Bei Montage- oder Instandsetzungsarbeiten könnten sonst die Schilder verwechselt werden oder z. B. beim Austausch einer auf dem Transport verbeulten Tür ganz abhanden kommen. Beispiele von Typschildern zeigt **Bild 5.1.**

Obwohl das in der Norm nicht gefordert wird, sollten auch alle austauschbaren Teile – meist werden das Einschübe sein – mindestens die Herstellerangabe und eine Typbezeichnung oder Fertigungsnummer tragen, die ihre Zugehörigkeit zu einer bestimmten Schaltgerätekombination zweifelsfrei belegt. Im Falle einer Störung muss oft in großer Eile auf einen Ersatzeinschub aus dem Ersatzteillager zurückgegriffen werden. Wenn dann wegen unklarer Aufschriften wertvolle Zeit für die Klärung verloren geht, ist das zumindest sehr ärgerlich und kann im Falle eines Irrtums auch gefährlich sein.

Die Bedeutung der einzelnen Begriffe wird unter den jeweiligen Abschnitten ausführlich behandelt, nähere Erläuterungen an dieser Stelle sind damit nicht erforderlich.

Zu 5.2 Kennzeichnungen

Wenn die Schaltgerätekombination so einfach und übersichtlich ist, dass die Funktion der einzelnen Stromkreise und ihrer Kurzschlussschutzeinrichtungen eindeutig, sozusagen nach Augenschein beurteilt werden kann, brauchen in der Schaltgerätekombination keine besonderen Kennzeichnungen angebracht zu werden.

Üblicherweise wird die Funktion jedoch nur zusammen mit einem Schaltplan zu erkennen und zu verstehen sein. Als Verbindungsglied zwischen Schaltplan und Stromkreis dienen dann die Betriebsmittel-Kennzeichnungen. Nach der hier besprochenen Norm müssen diese Kennzeichnungen immer nach IEC 60750 (DIN 40719 Teil 2) ausgeführt werden.

Dass die Kennzeichnungen der Betriebsmittel mit den Angaben im Schaltplan übereinstimmen müssen, ist eine Selbstverständlichkeit. Das Kennzeichnungssystem nach IEC 60750 unterscheidet vier Kennzeichnungsblöcke, die durch unterschiedliche Vorzeichen unterschieden werden.

Block	Vorzeichen	Bedeutung	Beispiel
1	=	Übergeordnete Zuordnung	= T2
2	+	Ort	+ D10
3	–	Art, Zählnummer	– K2
4	:	Anschluss	: 13

Die vollständige Kennzeichnung für den Anschluss am Schütz würde dann im Schaltplan lauten:

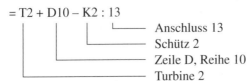

= T2 + D10 – K2 : 13

Anschluss 13
Schütz 2
Zeile D, Reihe 10
Turbine 2

Die Ortskennzeichen werden meist aufsteigend von links nach rechts und von oben nach unten gezählt.

Für die wichtigsten Betriebsmittel sind in der Norm Kennbuchstaben festgelegt, z. B.:

F → Schutzeinrichtungen

K → Schütze und Relais

Q → Leistungsschalter, Trennschalter

In der Nähe oder am Betriebsmittel selbst ist nur dieser Kennbuchstabe zusammen mit einer Zählnummer anzubringen. Auf das Vorzeichen »–« darf nur verzichtet werden, wenn nur ein Kennzeichnungsblock zur Anwendung kommt. Die Anschlussbezeichnung ist am Gerät immer vorhanden und der Einbauort ergibt sich aus den entsprechenden Kennzeichnungen des Schaltschrankes.

Oft stellt sich die Frage, ob das Betriebsmittelkennzeichen auf dem Gerät oder neben dem Gerät angebracht werden soll. Da die Kennzeichnung auch während des Betriebes sichtbar sein soll, hat sich in der letzten Zeit wegen der immer engeren Bauweisen die Kennzeichnung auf der Frontseite des Gerätes durchgesetzt. Damit die Kennzeichnung bei einem Austausch des Gerätes nicht verloren geht, wird die Kennzeichnung oft steckbar ausgeführt. So kann sie leicht auf das neue Gerät übernommen werden **(Bild 5.2)**.

Generell sollten diese Kennzeichnungsschilder nicht aus Metall bestehen, damit keine Betriebsstörungen zu erwarten sind, wenn sich ein Schild einmal lösen sollte.

Bild 5.2   Gerätekennzeichnung

Zu 5.3 Aufstellungs-, Betriebs- und Wartungsanweisungen

Aufstellen, Betrieb und Wartung von Schaltgerätekombinationen dürfen nur von Elektrofachkräften oder unter deren Leitung und Aufsicht ausgeführt werden. Es kann deshalb vorausgesetzt werden, dass die Anforderungen der einschlägigen Normen (z. B. VDE 0100 Teil 729, VDE 0105 Teil 1, VDE 0106 Teil 1 und die VBG 4) dem Fachmann bekannt sind und vom Hersteller in seinen Begleitunterlagen zu einer Schaltgerätekombination nicht wiederholt werden müssen.

Problem		Angaben erforderlich zu:
• Transport	→	Erschütterungen, Feuchtigkeitsschutz, Staubschutz, Bewegen mit Kran oder Stapler
• Aufstellen, Anschließen	→	Bewegen mit Kran oder Stapler, Was gehört wohin?, Sammelschienen-Verbindung, Kabelanschluss, Abdichtungen, Schutzart
• Inbetriebnahme	→	Funktion, Schaltungsunterlagen, Beschreibungen
• Betreiben, Warten	→	Betrieb der Anlage, Wartung von Geräten, Überwachen der Funktion, Auswechseln von Teilen

Tabelle 5.1   Angaben für Aufstellen, Betrieb und Wartung

Vor dem Aufstellen kommt der Transport. Hierfür können Angaben über die zulässige Beanspruchung durch Stöße oder Erschütterungen, über Transportsicherungen oder das Ausbauen schwerer oder besonders empfindlicher Geräte gebraucht werden. Ebenso können für den Transport und die Lagerung andere Umgebungstemperaturen oder Feuchtigkeitswerte gelten als im späteren Betrieb. Für den Versand per Schiff in tropische Länder muss die Schaltgerätekombination oft mit speziellen Trocknungsmitteln (z. B. Silicagel) gegen Feuchtigkeit geschützt werden.

Für das Aufstellen werden Fundamentangaben benötigt, Hinweise über Boden- und Wandbefestigung, Deckendurchbrüche für die Kabelverlegung und eventuell Angaben, wie die Schaltgerätekombination zum Boden hin abzudichten ist, damit die gewünschte Schutzart oder Feuersicherheit erreicht wird. Anschlusspläne mit Angabe der Anschlusspunkte für die äußeren Verbindungen.

Bei Schaltgerätekombinationen, die in Transporteinheiten geliefert werden, muss der Hersteller angeben, wie die Felder und Sammelschienen zusammengefügt werden müssen, damit die vorgesehene Schutzart und Kurzschlussfestigkeit erreicht wird. Alle wichtigen Angaben für die Inbetriebnahme und den Betrieb liefern die Schaltungsunterlagen und die Betriebsanleitungen für die Schaltgerätekombination und, was oft noch wichtiger ist, für die eingebauten Betriebsmittel. Aus den Betriebsanleitungen müssen auch Umfang und Zeitintervalle für das Warten von Geräten (Kontrolle von Verschleißteilen bei hoher Schalthäufigkeit) oder das Überwachen und Auswechseln von Teilen z. B. nach schweren Kurzschlüssen entnommen werden können.

Zu 6 Betriebsbedingungen

Bevor auf die Angaben eingegangen wird, die in der besprochenen Norm enthalten sind, sollen zunächst einige Grundbegriffe geklärt und erläutert werden, wie eine Schaltgerätekombination von ihrer Umgebung beansprucht wird.

Die Klimabegriffe für technische Anwendungen sind in DIN 50010 Teil 1 erläutert. **Bild 6.1** veranschaulicht die wesentlichen Zusammenhänge.

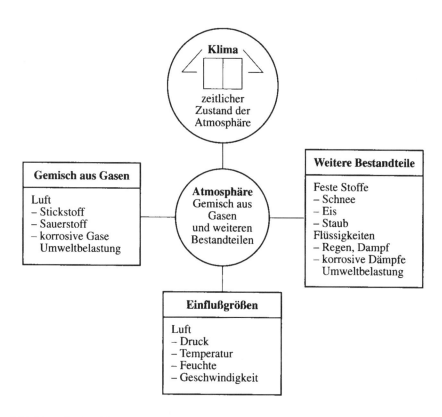

Bild 6.1   Klimabegriffe

Alle technischen Erzeugnisse sind von einem Klima umgeben und sind dessen Einflüssen ausgesetzt. DIN 50010 Teil 1 definiert:

Klima	Charakteristischer, zeitlicher Ablauf von Zuständen der Atmosphäre an einem Ort einschließlich der zu erwartenden Extreme
Atmosphäre	Gemisch aus Gasen und weiteren Bestandteilen, das ein Objekt umgibt

Der Zustand der Atmosphäre wird immer durch Lufttemperatur, Luftdruck, Luftfeuchte und Luftgeschwindigkeit bestimmt. Neben diesen klimatischen und thermodynamischen Größen sind gasförmige, feste oder flüssige Verunreinigungen der Erdatmospäre zu berücksichtigen. Häufig werden diese Umweltbelastungen von Industrie oder Verkehr verursacht oder sie sind durch die geographische Lage gegeben (z. B. Wüsten- oder Meeresklima).

Wichtig für die Belastbarkeit eines Betriebsmittels mit den vorgesehenen Spannungen und Strömen ist ausschließlich das Klima, welches das Betriebsmittel unmittelbar umgibt; also das Klima im Schrank und die Mikroumgebung der Luftstrecken und Kriechstrecken. Je nach Ausführung der Kapselung kann dieses Klima von dem Raumklima, in dem sich die Schaltgerätekombination befindet, mehr oder weniger stark abweichen.

Während eine Kapselung mit hoher Schutzart Feuchtigkeit und Staub von den eingebauten Betriebsmitteln fernhält und damit ihre Einsatzbedingungen verbessert, verschlechtert sich gleichzeitig die Kühlung und damit reduziert sich die Strombelastbarkeit.

Es muss deshalb zwischen Schutzart und Erwärmung ein vernünftiger Kompromiss gesucht werden. Am einfachsten für die Schaltgerätekombination ist es, wenn bereits der gesamte Raum, in dem sie aufgestellt wird, so klimatisiert und frei von Staub gehalten wird, dass die Schutzart der Schaltgerätekombination auf das für den Berührungsschutz notwendige Maß, z. B. IP 2X, reduziert werden kann. Ob das möglich ist, hängt natürlich von vielen Gegebenheiten ab und kann nicht allein aus Sicht der Schaltgerätekombination beurteilt werden.

Hinsichtlich des Aufstellungsortes unterscheidet DIN 50010 Teil 1 zwischen:

● Freiluftklima	Klima, das im Freien auf Objekte einwirkt.
● Raumklima	Klima, bei dem Objekte teilweise oder ganz der unmittelbaren Einwirkung des Freiluftklimas entzogen sind.
– Außenraumklima	Klima in Räumen, die so gestaltet sind, dass Objekte gegen unmittelbare Sonneneinstrahlung und Niederschläge sowie gegebenenfalls Wind geschützt sind, im Übrigen aber einem Freiluftklima ausgesetzt sind.
– Innenraumklima	Klima in Räumen, die so gestaltet sind, dass Objekte der unmittelbaren Einwirkung eines Freiluftklimas weitgehend entzogen sind.

Zu 6.1 Übliche Betriebsbedingungen

Die Verwendungsmöglichkeit einer Schaltgerätekombination wird im Wesentlichen von Temperatur, Feuchtigkeit, Verschmutzungsgefahr und der Höhenlage des Aufstellungsortes bestimmt. Damit nicht für jeden Einzelfall eine aufwendige Klärung dieser Parameter erforderlich ist, sind in der Norm für die typischen Aufstellungsbedingungen sehr weit gefasste Randbedingungen vorgegeben.

Es wird unterschieden zwischen Innenraum- und Freiluftaufstellung. Die Außenraumaufstellung ist in der Norm nicht erwähnt, sie soll aber trotzdem besprochen werden, da sie vor allem für Kastenverteiler in den Herstellerkatalogen häufig angegeben wird.

Innenraumaufstellung

Die Schaltgerätekombination ist allen Einflüssen der Witterung entzogen. Die Raumtemperaturen liegen zwischen −5 °C und +40 °C, Mittelwert über 24 Stunden +35 °C, die relative Luftfeuchte liegt mit 50 % bei +40 °C oder 90 % bei +20 °C in Grenzen, die bei den langsamen Temperaturänderungen im Innenraum nur gelegentlich zu einer Kondenswasserbildung führt. Für industriellen Einsatz wird der Verschmutzungsgrad 3 angenommen. Die Höhe des Aufstellungsorts liegt nicht höher als 2000 m über N.N. (**Bild 6.1.1**)

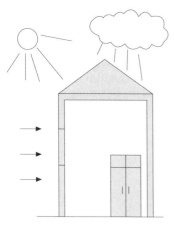

Bild 6.1.1 Innenraumaufstellung

Außenraumaufstellung

Hier ist die Schaltgerätekombination zwar vor der direkten Sonneneinstrahlung und vor Niederschlägen geschützt, Temperatur und Luftfeuchte entsprechen aber völlig der Freiluftaufstellung. Es werden dabei Umgebungstemperaturen zwischen −25 °C und +40 °C angenommen. Diese Bedingungen entsprechen unserem gemäßigten mitteleuropäischen Klima. Für arktisches Klima muss mit −50 °C gerechnet werden. Die Luftfeuchte kann bei +25 °C gelegentlich bis 100 % ansteigen.

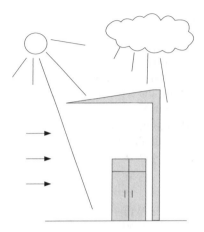

Bild 6.1.2 Außenraumaufstellung

Bei den raschen Temperaturwechseln im Freien muss deshalb mit häufiger Betauung gerechnet werden. Wegen einer möglichen Staubbelastung ist für das Gehäuse eine hohe Schutzart zu wählen.

Für die Betriebsmittel im Inneren der Kapselung genügt dann wieder der Verschmutzungsgrad 3. Der Aufstellungsort liegt nicht höher als 2000 m über N.N. **(Bild 6.1.2)**

Freiluftaufstellung

Temperaturbelastung und Feuchtebeanspruchung sind die gleichen wie bei der Außenraumaufstellung (−25 °C bis +40 °C; relative Luftfeuchte 100 % bei +25 °C). Erschwerend kommt die direkte Sonneneinstrahlung und die Belastung mit Nieder-

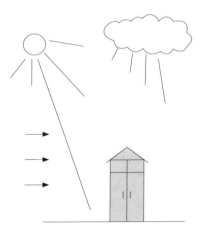

Bild 6.1.3 Freiluftaufstellung

schlägen hinzu. Übliche Pulver- und Nasslackierungen, die für den Innenraum bestens geeignet sind, versagen im Freien oft völlig. Es müssen spezielle UV-beständige Lacke verwendet werden. Oft ist es am einfachsten, die Schaltgerätekombination in ein geeignetes Zusatzgehäuse einzubauen. Man hat dann für die Schaltanlage wieder die Bedingungen der Außenraumaufstellung.

Der Verschmutzungsgrad wird auch hier mit 3 angenommen. Eine Ausnahme könnte notwendig werden für Isolatoren, die ständig Staub, Schnee und Regen ausgesetzt werden. Für sie wäre der Verschmutzungsgrad 4 zu wählen. Der Aufstellungsort liegt nicht über 2000 m über N.N. **(Bild 6.1.3)**

Zu 6.1.1   Umgebungstemperatur

Bei der Verteilung und Anwendung elektrischer Energie entsteht immer Verlustwärme. Diese Wärme muss vom Ort ihrer Entstehung (Strombahnen, Spulen) an die Umgebung abgeführt werden. Nur wenn Verlustleistung und Wärmeabfuhr im Gleichgewicht sind, ist die Voraussetzung für einen ungestörten Dauerbetrieb gegeben. Die Wärmemenge, die aus einem Schrank abgeführt werden kann, ist von der Differenz der Temperatur im Innern des Gehäuses zu der Umgebung abhängig.

$$P_\mathrm{V} = k \cdot \Delta\vartheta$$

Darin bedeuten:

P_V abführbare Verlustleistung

k Gehäusekonstante

$\Delta\vartheta$ Temperaturdifferenz zwischen Innen- und Außentemperatur

Die Umgebungstemperatur einer Schaltgerätekombination ist die Temperatur der Luft, die sie am Aufstellungsort unmittelbar umgibt. Je nach Schutzart des Gehäuses und der Höhe der Verlustleistung, die in der Schaltgerätekombination entsteht, ist die Lufttemperatur im Innern des Gehäuses um einige Grad höher als die Umgebungstemperatur. Im Allgemeinen geht man von $\Delta\vartheta = 20$ K aus; d. h., die Umgebungstemperatur, unter der die Betriebsmittel im Innern des Gehäuses arbeiten müssen, beträgt $T = 35\ ^\circ\mathrm{C} + 20\ \mathrm{K} = 55\ ^\circ\mathrm{C}$.

Leider werden auch heute noch die Schaltgeräte für eine mittlere Umgebungstemperatur von 35 °C dimensioniert. Häufig muss deshalb beim Einsatz in einer geschlossenen Schaltgerätekombination – was sicher die Regel ist – eine Reduzierung der Stromtragfähigkeit in Kauf genommen werden. Wenn die Einhaltung der Erwärmungsgrenzen nicht wie bei TSK durch eine Prüfung nachgewiesen wird, muss die Belastbarkeit der Schaltgeräte bei 55 °C rechtzeitig mit dem Gerätehersteller geklärt werden. In diesem Zusammenhang ist es auch wichtig, mit welchen Leiterquerschnitten das Gerät verdrahtet werden muss, damit der angegebene Strom geführt werden kann.

Aus dem bisher Gesagten versteht sich von selbst, dass Schaltgerätekombinationen für eine Umgebungstemperatur von +40 °C oder +50 °C, wie das für den Einsatz in heißen Zonen gelegentlich gefordert wird, nur offen (IP 00), zwangsbelüftet oder mit Kühlgeräten ausgeführt werden können.

Niedrige Umgebungstemperaturen bis −25 °C machen meist wenig Probleme, weil die Schaltgerätekombination im Betrieb schnell normale Bedingungen im Innern erreicht. Vorsicht ist geboten bei noch tieferen Temperaturen im arktischen Klima. Bei Temperaturen von z. B. −50 °C kann sich die mechanische Festigkeit von Isolierstoffen verschlechtern und Öle und Schmiermittel verändern ihre Viskosität, so dass unter Umständen Leistungsschalter und Überlastrelais in ihrer Funktion gestört werden können. Meist müssen Schaltgerätekombinationen bei so extremen Temperaturen zumindest im Stillstand beheizt werden, damit ein problemloses »Anfahren« möglich ist.

Zu 6.1.2   Atmosphärische Bedingungen

Der Zustand der Atmosphäre, die die Schaltgerätekombination und im Besonderen die eingebauten Betriebsmittel umgibt, hat großen Einfluss auf die Isolationsfestigkeit der Kriechstrecken, die Korrosion von Metallteilen und die Beanspruchung anderer Werkstoffe. Die wichtigsten Einflussgrößen sind neben der Temperatur Luftfeuchte, aggressive Gase, Staub und Schmutz.

Solange die relative Luftfeuchte kleiner als 100 % ist, stellt sie für die Schaltgerätekombination keine besondere Belastung dar. Die Werkstoffe (meist Isolierstoffe), die bei Schaltgeräten und Schaltgerätekombinationen verwendet werden, sind so wenig hygroskopisch, dass sich ihre Eigenschaften bei unterschiedlicher Luftfeuchte praktisch nicht ändern. Kritisch wird es erst, wenn z. B. durch einen schnellen Temperaturrückgang die relative Luftfeuchte stark ansteigt. Dann bildet sich auf den Oberflächen Kondenswasser.

Wie groß die Abkühlung sein darf, bis eine Kondenswasserbildung auftritt, hängt ab von der Ausgangstemperatur und der Anfangsluftfeuchte.

In DIN 50010 Teil 2 findet man folgende Beziehung

$$U_W = \left(\frac{e}{e_W} \right)_{p,t} \cdot 100$$

Darin bedeuten:

U_W relative Luftfeuchte

e herrschender Wasserdampfdruck

e_W Wasserdampfsättigungsdruck

Stellt man die Gleichung nach e um, so erhält man

$$e = \frac{U_W \cdot e_W}{100}$$

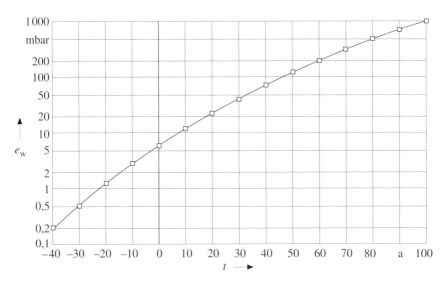

Bild 6.2 Wasserdampfsättigungsdruck als Funktion der Temperatur

Die Abhängigkeit des Wasserdampfsättigungsdruckes von der Temperatur zeigt **Bild 6.2.**

Für die in der Norm genannte Feuchte von 50 % bei +40 °C erhält man für den herrschenden Dampfdruck

$$e = \frac{50 \cdot 73{,}773 \text{ mbar}}{100} = 36{,}9 \text{ mbar}$$

Der Taupunkt ist dann erreicht, wenn der herrschende Dampfdruck gleich dem Wasserdampfsättigungsdruck wird. Aus Bild 6.2 entnimmt man ein e_{w} von 37 mbar bei etwa 28 °C.

Eine Betauung tritt also erst ein, wenn sich bei gleichem Druck die Temperatur um 12 K ändert. Hätte die Luftfeuchte bei +40 °C unzulässigerweise 90 % betragen, müsste man bereits bei einem Temperaturrückgang von nur 4 K mit Kondenswasserbildung rechnen. Ein solcher Einsatzfall müßte deshalb als besondere Betriebsbedingung zwischen Hersteller und Anwender vereinbart werden.

Die Norm geht davon aus, dass die Umgebungsluft im Normalfall kaum mit Schadgasen (z. B. Schwefelwasserstoff, Schwefeldioxid, Chlor, Ammoniak, Stickoxide) verunreinigt ist. Grenzwerte für Schadstoffkonzentrationen und Prüfverfahren zum Nachweis der Beständigkeit der Geräte und Anlagen wurden bisher nicht festgelegt. Wenn aufgrund der Einsatzbedingungen erhöhte Schadgaskonzentrationen zu

85

erwarten sind (z. B. chemische Industrie, Papierindustrie), muss eine Abstimmung mit dem Hersteller erfolgen.

Eine Verschmutzung der Betriebsmittel beeinträchtigt vor allem die Isolationsfestigkeit der Kriechstrecken. Ein Einfluss auf die Luftstrecken ist nur bei sehr kleinen Bemessungsstoßspannungsfestigkeiten von $U_{imp} \leq 2,5$ kV, entsprechend einem $U_i = 150$ V gegen Erde für Luftstrecken unter 1 mm feststellbar (Tabelle 14 dieser Norm).

Mit zunehmender Verschmutzung müssen die Kriechstrecken vergrößert werden, damit bei der gewünschten Betriebsspannung eine ausreichende Sicherheit gegen Überschläge oder Kriechströme vorhanden ist. Die Abhängigkeit der Kriechstrecken von der Bemessungsisolationsspannung, dem Verschmutzungsgrad und der Kriechstromfestigkeit des Werkstoffes ist in Tabelle 16 angegeben. **Bild 6.3** zeigt die Werte für die Werkstoffgruppe IIIa und die Bemessungsisolationsspannungen für 230/400-V- und 400/690-V-Netze.

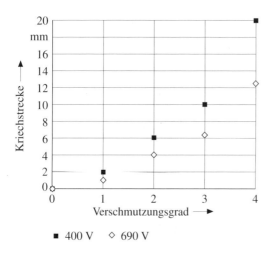

Bild 6.3 Kriechstrecken

Um den Einfluss der Verschmutzung auf die Isoliereigenschaften der verschiedenen Werkstoffe zu ermitteln, wurden in vielen Ländern Versuche an den typischen Einsatzorten in der Industrie und in Zweckbauten durchgeführt. Als Ergebnis stellte sich heraus, dass es genügt, vier Verschmutzungsgrade zu unterscheiden, gestaffelt nach der Leitfähigkeit der Verschmutzung und nach der zu erwartenden Feuchtigkeitsbelastung. Wie schon erwähnt, geht es dabei immer um den Zustand der Luft- und Kriechstrecken der Betriebsmittel selbst, also um die Mikroumgebung. Bei entsprechender Kapselung kann diese viel sauberer sein als die Umgebung außerhalb der Schaltgerätekombination. Es war sicher keine große Überraschung, dass die Feldversuche die seit vielen Jahren angewendeten Erfahrungswerte bestätigten. Nur für Leiterplatten elektronischer Geräte konnten kleinere Werte zugestanden werden als man sie früher aus der klassischen Starkstromtechnik abgeleitet hatte.

Für industriellen Einsatz gilt für Schaltgerätekombinationen generell der Verschmutzungsgrad 3: »leitende oder trockene nicht leitende Verschmutzung, die bei Betauung leitfähig wird«. Soll in Ausnahmefällen ein Betriebsmittel eingesetzt werden, dessen Isolation nur für Verschmutzungsgrad 2 oder 1 dimensioniert ist, so kann z. B. durch eine zusätzliche Kapselung im Innern des Gehäuses die erforderliche saubere Mikroumgebung geschaffen werden.

Zu 6.1.3 Höhenlage

Mit zunehmender Höhe nimmt der Luftdruck in der Erdatmosphäre nach einer bekannten Gesetzmäßigkeit ab (**Bild 6.4**).

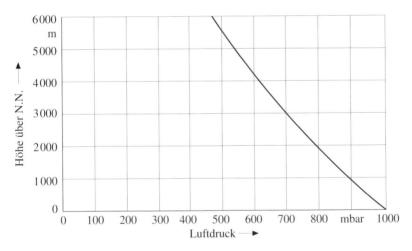

Bild 6.4 Luftdruck

Genaue Zahlenwerte sind in DIN ISO 2533 zu finden. Dort rechnet man bei N.N. mit 1013 mbar. In 2000 m Höhe hat sich der Luftdruck bereits auf 795 mbar verringert und beträgt in 3000 m Höhe nur noch 700 mbar.

Bei Niederspannungs-Schaltgeräten und Schaltgerätekombinationen sind die Wärmeabfuhr, die Festigkeit der Luft- und Kriechstrecken und das Schaltvermögen vom Luftdruck abhängig. Üblicherweise wird angenommen, dass diese Abhängigkeiten linear sind. Es gelten damit folgende Gleichungen:

$$d_h = d_n \cdot \frac{P_n}{P_h} \quad \text{oder} \quad P_{vh} = P_{vn} \cdot \left(\frac{P_h}{P_n} \right)$$

da $P_v = k \cdot I^2$ ist, ergibt sich für den Strom $I_h = I_n \cdot \sqrt{\frac{P_h}{P_n}}$

Darin bedeuten:

d_n Luftstrecke bei 2000 m

d_h Luftstrecke bei der Höhe h

h Aufstellhöhe über N.N.

P_n Luftdruck bei 2000 m N.N.

P_h Luftdruck bei Höhe h

P_{vh} Verlustleistung bei Höhe h

P_{vn} Verlustleistung bei 2000 m N.N.

I_h Strom bei Höhe h

I_n Bemessungsbetriebsstrom bei Höhe h = 2000 m N.N.

In der Praxis können bei Aufstellungshöhen bis 4000 m die Einflüsse auf die Isolation und die Wärmeabfuhr im Allgemeinen vernachlässigt werden.

Nach Verschmutzungsgrad 3 dimensionierte Luft- und Kriechstrecken haben so große Reserven, dass diese in der mit Sicherheit reineren Luft in 3000 m oder 4000 m Höhe ausreichen.

Die geringere Kühlung wird durch die mit zunehmender Aufstellungshöhe abnehmende Umgebungstemperatur ausgeglichen, so dass aus diesem Grund keine Reduzierung der Strombelastung erforderlich ist.

Bleibt das Problem des Ausschaltvermögens. Hierzu empfiehlt sich immer eine Rückfrage beim Gerätehersteller, der die Reduktionsfaktoren verbindlich nennen kann. Übliche Faktoren gehen auch von einer linearen Abnahme des Schaltvermögens mit größerer Aufstellunghöhe aus. Damit ergeben sich:

bis 2000 m $1{,}00 \cdot I_{cu}$,

bis 2500 m $0{,}94 \cdot I_{cu}$,

bis 3000 m $0{,}88 \cdot I_{cu}$,

bis 3500 m $0{,}83 \cdot I_{cu}$,

bis 4000 m $0{,}75 \cdot I_{cu}$.

Zu 6.2   Besondere Betriebsbedingungen

Alle wichtigen Betriebseigenschaften einer Schaltgerätekombination werden von den darin eingebauten Schaltgeräten bestimmt. Niederspannungs-Schaltgeräte werden heute in großen Serien gefertigt. Alle Hersteller versuchen natürlich mit ihren Standardausführungen einen möglichst weiten Anwendungsbereich abzudecken ohne auf der anderen Seite dafür unnötige Kosten aufzuwenden. Es werden deshalb für die Auswahl der Werkstoffe, Dimensionierung der Luftstrecken und Kriechstrecken und für die Beurteilung des Korrosionsschutzes die normalen Betriebsbedingungen für einen Verschmutzungsgrad 3 zugrunde gelegt, wie sie in VDE 0660 Teil 100 beschrieben sind. Andere Geräte sind deshalb nicht lieferbar, von wirklich extremen Einsatzgebieten wie Explosionsschutz, Schlagwetterschutz usw. einmal abgesehen.

Für den Hersteller einer Schaltgerätekombination heißt das aber, dass er den Geräten im Innern der Schaltgerätekombination immer übliche Betriebsbedingungen schaffen muss, auch wenn außen wesentlich andere, schlechtere Bedingungen vor-

	Problem	Lösung
6.2.1	Temperatur, Feuchte, Höhenlage	geringere Ausnutzung der Schaltgeräte
6.2.2	schnelle Temperatur- und Feuchteänderungen, Betauung	Gehäuse klimatisieren, Stillstandsheizung
6.2.3	Staub, Rauch, korrosive Dämpfe, Salze	Gehäuse mit hoher Schutzart (IP 54 oder IP 65), Belüftung mit sauberer Luft, wenn vorhanden
6.2.4	starke elektrische und magnetische Felder	EMV-dichte Gehäuse und Leitungseinführungen
6.2.5	Hitze, Sonneneinstrahlung, Öfen	anderer Aufstellungsort, Schutzdach, Klimatisierung des Gehäuses
6.2.6	Pilze, Kleintiere, Insekten	Kapselung mit genügend hoher Schutzart, Beheizung, Klimatisierung
6.2.7	feuergefährdete Betriebsstätten	beachten von VDE 0100 Teil 720
6.2.7	explosionsgefährdete Bereiche	beachten von VDE 0105 Teil 9 VDE 0165 VDE 0170 und VDE 0171 Teile 1 bis 10
6.2.7	explosivstoffgefährdete Bereiche	beachten von VDE 0166
6.2.8	Erschütterungen, Stöße	wird im Anschluss ausführlich erläutert
6.2.9	Einbau in Nischen	Wärmeabfuhr sicherstellen, eventuell geringere Ausnutzung der Geräte
6.2.10	Elektrische- und Strahlungs-Störeinflüsse (andere als EMV) (EMV-Störungen in anderen Umgebungsbedingungen, als in 7.10.1 beschrieben)	Eignung beim Hersteller erfragen

herrschen. Nur eine zu hohe Umgebungstemperatur und die Aufstellunghöhe über 2000 m über N.N. kann durch eine geringere Ausnutzung der Schaltgeräte im Hinblick auf Betriebsstrom und Betriebsspannung ausgeglichen werden. Alle anderen Probleme müssen vom Gehäuse gelöst werden.

Entsprechend einfach sind die »Rezepte« für die Berücksichtigung der entsprechenden besonderen Bedingungen.

Zu 6.2.8   Erschütterungen und Stöße

Die Beanspruchung von Schaltgeräten und Schaltgerätekombinationen durch Erschütterungen und Stöße ist in den Normen bisher nicht enthalten. Trotzdem versuchen die Hersteller ihre Geräte so zu konstruieren, dass sie durch Stöße und Erschütterungen möglichst wenig beeinflusst werden. Denn auch dann, wenn die Schaltgerätekombination an einem ruhigen Ort aufgestellt ist, verursacht das Schalten großer Geräte wie Schütze und Leistungsschalter ganz erhebliche Erschütterungen, die von der Tragkonstruktion aufgenommen und gedämpft werden müssen. Benachbarte kleinere Betriebsmittel wie Relais und Steuerschütze dürfen durch diese Erschütterungen nicht in ihrer Funktion gestört werden. Zur schnellen Dämpfung dieser Stöße sind meist sehr starre Konstruktionen mit einer hohen Eigenfrequenz besser geeignet als z. B. eine Befestigung auf Schwingmetallen.

Schwieriger ist die Situation, wenn die Schaltgerätekombination ständigen Erschütterungen ausgesetzt wird, wie sie beim Einsatz auf Industriemaschinen, Kranen oder Schiffen auftreten.

Schwingungen werden durch ihre Frequenz f und die Amplitude A beschrieben. Es gilt die Beziehung:

$$f = \frac{1}{2\pi} \sqrt{\frac{a}{A}}$$

Darin bedeuten:

f Schwingungsfrequenz

a Beschleunigung

A Amplitude der Auslenkung

Angaben über die Rüttelsicherheit der Schaltgeräte werden getrennt für jede Hauptrichtung gemacht:

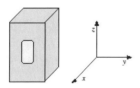

x   Richtung, horizontal senkrecht zur Montageebene

y   Richtung, horizontal

z   Richtung, vertikal

Meist werden die zulässige Beschleunigung als Vielfaches der Erdbeschleunigung g und zusätzlich die Frequenz oder die Schockdauer angegeben. Mit Hilfe dieser Angaben können die Geräte so eingebaut werden, dass ihre besonders empfindliche Achse nicht mit der Achse zusammenfällt, in der die größten Beanspruchungen zu erwarten sind.

Besonders belastet werden bei Rüttelbeanspruchung alle Schraubenverbindungen. Auf ihre Festigkeit und eine gute Schraubensicherung ist deshalb besonderer Wert zu legen.

Induzierte Erschütterungen sind stochastische Schwingungen, die durch Erdbeben, Flugzeugabsturz oder Explosionswellen hervorgerufen werden. Diese Schwingungen haben je nach Ereignis sehr unterschiedliche Frequenz- und Amplitudenspektren. Für Erdbeben (seismische Beanspruchungen) sind die Begriffe, typische Beanspruchungen und Hinweise für die Prüfung in DIN IEC 60068-3-3 enthalten. Bei der Übertragung der Erdstöße auf das Gebäude und die Schaltgerätekombination sind auch deren Schwingungseigenschaften zu berücksichtigen. Bei ungünstigen Verhältnissen können die Schwingungen dadurch noch verstärkt werden **(Bild 6.5)**.

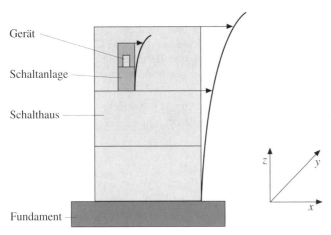

Bild 6.5   Seismische Beanspruchung

Wichtig ist letzten Endes, welchen Beanspruchungen die Schaltgerätekombination und die Geräte ausgesetzt werden. Für die Schaltgerätekombination ist nachzuweisen, dass sie ausreichend am Boden befestigt werden kann, um nicht umzufallen. Die Schaltgeräte dürfen während des Erdbebens unbeabsichtigte Schaltungen ausführen oder Kontaktunterbrechungen zeigen, wenn dadurch der Betrieb der Anlage nicht unzulässig gestört wird. Der Nachweis der Erdbebensicherheit kann durch eine Berechnung oder durch eine Schwingungsprüfung erbracht werden.

Zu 6.3 Bedingungen während des Transports, der Lagerung und der Aufstellung

In der Regel treten beim Transport im Inland keine nennenswerten Schwierigkeiten auf, da Transportmittel, Wege und Lagerung bekannt sind und die Beanspruchungen im gewohnten Rahmen bleiben.

Anders verhalten sich die Dinge beim weltweiten Export. Transportwege führen dabei oft durch mehrere Klimazonen, die Straßenverhältnisse sind unbekannt und oft ist eine längere Lagerung im Hafen oder in einem anderen Freilager nicht zu vermeiden.

Entsprechend den Transport- und Lagerbedingungen muss die Verpackung ausgeführt werden. Die Möglichkeiten reichen hier von der einfachen Befestigung auf einer Holzpalette mit anschließender Folienverpackung für einen Inlandstransport bis zur seemäßigen Verpackung, bei der die Schaltgerätekombination zunächst luftdicht in Folie eingeschweißt und dann in eine Holzkiste eingebracht wird. Um die Feuchtigkeit im Inneren der Verpackung gering zu halten, werden spezielle Trockenmittel in die Verpackung eingebracht. Bei längerem Transport und längerer Lagerung muss das Trockenmittel kontrolliert und wenn nötig erneuert werden können. Über die technischen Lieferbedingungen und die Berechnung der erforderlichen Mengen der Trockenmittel geben DIN 55473 und DIN 55474 Auskunft. Sind besondere Hilfsmittel bei Transport, Lagerung und Behandlung der ausgepackten Betriebsmittel beim Aufstellen erforderlich, müssen Informationen dazu rechtzeitig am richtigen Ort vorliegen.

Falls zur Lagertemperatur keine besonderen Angaben gemacht werden, geht die Norm von $-25\,°C$ bis $+55\,°C$ mit einem Maximum von $+70\,°C$ für eine Zeit von höchstens 24 h aus.

Zu 7   Bauanforderungen

Zu 7.1   Mechanischer Aufbau

Zu 7.1.1   Allgemeines

Mit Ausnahme der Sammelschienen und spezieller Steck- oder Klemmvorrichtungen werden alle elektrischen Funktionen einer Schaltgerätekombination von handelsüblichen Betriebsmitteln erfüllt. Die Aufgabe des Entwicklers einer Schaltgerätekombination ist es deshalb, vorwiegend

- Tragkonstruktionen
- innere Unterteilungen
- Abdeckungen
- Gehäuse
- Stecker und Klemmen
- Sammelschienen

zu entwickeln und alle Betriebsmittel so anzuordnen, dass sie gefahrlos bedient und gewartet werden können.

Ob ein Werkstoff für eine bestimmte Aufgabe geeignet ist, hängt neben den Werkstoffeigenschaften sehr stark von der Wandstärke und der Formgebung ab. Selbstverständlich muss auch berücksichtigt werden, wie sich der Werkstoff formen oder verarbeiten lässt und was schließlich ein fertiges Teil kostet.

Wegen des gestiegenen Umweltbewusstseins müssen heute noch weitere Kriterien berücksichtigt werden. Bei der Wahl des Werkstoffes und der Bearbeitungsverfahren ist darauf zu achten, dass möglichst geringe Belastungen für die Umwelt auftreten, wie z. B. zu hoher Energieverbrauch, Wasserverbrauch, giftige Chemikalien oder Luftverschmutzung.

Die fertigen Produkte werden in Zukunft auch danach beurteilt, ob sie ohne Probleme zerlegt und in ihre Bestandteile getrennt werden können. Die Rohstoffe sollen möglichst wieder verwendet oder zumindest verwertet und, wenn das nicht möglich ist, gefahrlos beseitigt werden können. Kunststoffe dürfen deshalb keine giftigen flammhemmenden Zusätze oder Weichmacher enthalten, sie müssen sortenrein sein und entsprechend z. B. nach DIN ISO 11469 gekennzeichnet sein, damit eine Wiederverwendung leichter möglich ist. Besonders kritisch sind alle Oberflächenbehandlungen wie Lacke oder Galvanik zu bewerten. Umweltfreundliche Lösungen sind in jedem Fall zu bevorzugen.

Teile aus Isolierstoff sind durch außergewöhnliche Wärme oder Feuer besonders gefährdet. Es ist deshalb der Nachweis zu erbringen, dass auch im Fehlerfall von der

Art der Beanspruchung	Ursache
mechanische Beanspruchung	• Eigengewicht der Betriebsmittel • Betätigung elektromechanischer Betriebsmittel • Kurzschlusskräfte • Schwingungen, Rütteln • Anschließen von Schienen und Leitungen • Erdbeben • Transportbeanspruchung
elektrische Beanspruchung	• Bemessungsbetriebsspannung • Schaltüberspannung • Blitzüberspannung • zeitweilige Spannungsüberhöhung
thermische Beanspruchung	• Erwärmung im Nennbetrieb • Überstrom oder Kurzschluss • erhöhte Umgebungstemperatur • Schaltlichtbögen (thermische Wirkung) • lose Klemmstellen
klimatische Beanspruchung	• Betauung bei schnellen Temperaturwechseln • Transport durch feuchte Klimate • Eindringen von Wasser • Schadgase

Tabelle 7.1 Ursachen für die Beanspruchung von Schaltgerätekombinationen

Schaltgerätekombination kein Brand ausgeht oder sich die Halterung stromführender Teile so verformt, dass ein Kurzschluss entsteht.

Alle Entwürfe müssen durch Rechnung und später wenn nötig durch Prüfung auf ihre Eignung für die zu erwartenden mechanischen, elektrischen, thermischen und klimatischen Beanspruchungen überprüft werden.

Welche Beanspruchungen auftreten und wie diese die Schaltgerätekombination belasten kommt ganz auf den Einzelfall an. Die erforderlichen Festigkeiten und Gebrauchseigenschaften müssen aus den Anforderungen an die Schaltgerätekombination abgeleitet werden.

Häufige Ursachen für die Belastungen siehe **Tabelle 7.1**.

Zu 7.1.2   Kriechstrecken, Luftstrecken und Trennstrecken

Zu 7.1.2.1 Kriechstrecken und Luftstrecken

Bevor auf die Dimensionierung der Kriechstrecken und Luftstrecken im Einzelnen eingegangen wird, erläutert die Norm einige Grundsätze für die Auswahl und den Einbau der Betriebsmittel. Es wird kein Unterschied mehr gemacht zwischen den Isolationseigenschaften der Betriebsmittel und der blanken Leiter in TSK oder PTSK.

Alle müssen für die gleiche Bemessungsspannung und Überspannungskategorie ausgelegt sein. Durch den Einbau der Geräte in die Schaltgerätekombination darf die Isolationsfestigkeit nicht nachteilig verändert werden. Auch nach außergewöhnlichen Ereignissen wie z. B. einem Kurzschluss dürfen keine bleibenden Verformungen auftreten, welche die Isolationsfestigkeit unter das zulässige Maß herabsetzen.

Zu 7.1.2.2 Trennstrecken von Einschüben

Für die Realisierung der Trennstellung von Einschüben können Trennschalter oder die Steckvorrichtungen verwendet werden, mit denen der Einschub mit der Einspeisung verbunden wird. Trennschalter werden nach DIN EN 60947-3 (**VDE 0660 Teil 107**) dimensioniert und geprüft. Damit die zur Schaltgerätekombination gehörenden speziellen Trennkontakte die gleiche Sicherheit bieten, müssen ihre Trennstrecken sinngemäß nach den gleichen Regeln dimensioniert und geprüft werden wie die Trennschalter.

Nach DIN EN 60947-3 (**VDE 0660 Teil 107**) wird für Trennschalter eine bis zu 30 % höhere Bemessungsstoßspannungsfestigkeit gefordert als für andere Schalter (siehe Tabelle 15 dieser Norm). Nach der Prüfung des Betriebsverhaltens dürfen Leertrenner nur einen Ableitstrom (siehe VDE 0100 Teil 200, Abschnitt 2.3.8) von 0,5 mA/Pol aufweisen, für Lasttrennschalter sind 2 mA/Pol zugelassen.

Zu 7.1.2.3 Isolationseigenschaften

Das Prinzip der Isolationskoordination (siehe Abschnitt 2.9.14) soll in Zukunft bevorzugt angewendet werden, weil in diesem Verfahren die neuesten wissenschaftlichen Erkenntnisse umgesetzt sind. Das Neue ist, dass in Abhängigkeit von der gewünschten Bemessungsbetriebsspannung und der Überspannungskategorie eine Bemessungsstoßspannungsfestigkeit festgelegt und geprüft wird. Nur in den Fällen, in denen die Bemessungsstoßspannungsfestigkeit der Betriebsmittel noch nicht bekannt ist, darf der Nachweis der Isolationsfestigkeit noch durch die früher übliche 1-min-Prüfung mit einer Prüfwechselspannung nach Tabelle 10 der Norm erbracht werden.

Aber auch in diesem Fall müssen die Luftstrecken und Kriechstrecken nach den Regeln der Isolationskoordination ermittelt werden.

Zu 7.1.2.3.1 Allgemeines (zur Isolationskoordination)

Zur Dimensionierung der Isolation der Haupt- und Hilfsstromkreise nach den Grundsätzen der Isolationskoordination wird als Erstes ermittelt, welche Bemessungsstoßspannungsfestigkeit für den vorliegenden Anwendungsfall benötigt wird. Die Erfahrungen der umfangreichen Feldversuche wurden in die Tabelle G1 des normativen Anhangs G eingearbeitet. Ausgehend von der Form des speisenden Netzes findet man in Abhängigkeit von der Überspannungskategorie den Wert der Bemessungsstoßspannungsfestigkeit. Für ein im Sternpunkt geerdetes Netz von 400/690 V mit der Überspannungskategorie III ergibt sich z. B. $U_{imp} = 6\,kV$ aus der Tabelle G1.

Zu 7.1.2.3.2 und 7.1.2.3.3 Stoßspannungsfestigkeit des Hauptstromkreises und der Hilfsstromkreise

Mit der Bemessungsstoßspannungsfestigkeit findet man in Tabelle 13 der Norm die Prüfspannungen, die je nach Lage des Prüfortes über dem Meeresspiegel anzuwenden sind. Im Beispiel ergibt sich bei N.N. und U_{imp} = 6 kV eine Prüfspannung von 7,4 kV (1,2/50 µs). Diese Prüfspannung müssen alle Luftstrecken und festen Isolierungen zwischen aktiven Leitern und Erde und zwischen den aktiven Leitern bestehen.

Über den offenen Trennkontakten von Einschüben müssen nach Tabelle 15 der Norm im Beispiel 9,8 kV (1,2/50 µs) gehalten werden.

Sind Hilfsstromkreise direkt an den Hauptstromkreis mit dessen Bemessungs-betriebsspannung angeschlossen, gelten die gleichen Regeln auch für diese. Wird für Hilfsstromkreise eine eigene Spannungsversorgung vorgesehen, so wird die Prüfspannung aus den Daten dieser Stromversorgung abgeleitet. Beispiel: 220 V, 50 Hz. Aus G1 ergibt sich U_{imp} = 2,5 kV bei Überspannungskategorie II. Prüf-spannung aus Tabelle 13 der Norm bei N.N. 2,9 kV (1,2/50 µs).

Übersicht Beispiel: Prüfspannungen

	U_e	Über-spannungs-kategorie	U_{imp}	Prüfspannung bei N.N.
	V	kategorie	kV	kV
Hauptstromkreis	400/690	III	6	7,6
Hilfsstromkreis	220	II	2,5	2,9

Zu 7.1.2.3.4 Luftstrecken

Der nächste Schritt ist die Ermittlung der Luftstrecken, die mindestens erforderlich sind, um eine Prüfung für die vorgesehene Bemessungsstoßspannungsfestigkeit zu bestehen. Den Zusammenhang zwischen U_{imp} und den Mindestluftstrecken zeigt Tabelle 14 der Norm. Es werden Werte für ein inhomogenes Feld (Fall A) und für ein homogenes Feld (Fall B) angegeben. Für Schaltgerätekombinationen kommt praktisch nur Fall A in Betracht.

Mit U_{imp} = 6 kV findet man bei Verschmutzungsgrad 3 eine Mindestluftstrecke von 5,5 mm. Für den Steuerstromkreis ergeben sich mit U_{imp} = 2,5 kV 1,5 mm als Min-destluftstrecke.

Wählt man für die praktische Ausführung die Luftstrecken etwas größer als die Min-destwerte, ist kein Nachweis für die Eignung durch eine Spannungsprüfung erfor-derlich, sondern der Nachweis kann durch Messung erbracht werden, wobei die Regeln des Anhangs F zu beachten sind.

Wie bereits erwähnt, dürfen die Mindestluftstrecken im Betrieb nicht unterschritten werden. Es empfiehlt sich deshalb bei der Entwicklung einer Schaltgeräte-kombination, von deutlich größeren Werten auszugehen, damit genügend Reserve bleibt für Fertigungstoleranzen bei der Anordnung der Betriebsmittel, beim Anschluss von Kabeln und Leitungen, beim Abgriff von Schienen, für unterschiedliche Schraubenlängen und Abmessungen von Kabelschuhen oder für die Durchbiegung von großflächigen Türen beim Anlehnen von Personen und für die Verformungen durch Kurzschlusskräfte.

Zu 7.1.2.3.5 Kriechstrecken

Kriechstrecken haben im Allgemeinen eine geringere Überschlagsfestigkeit als die zugehörigen Luftstrecken. Sie müssen deshalb meist größer ausgelegt werden als die Luftstrecken. Nur bei anorganischen Isolierstoffen wie Glas oder Keramik, die keine Kriechwege bilden, kann man in Sonderfällen die Kriechstrecken gleich groß ausführen wie die Luftstrecken.

Für Schaltgerätekombinationen wird üblicherweise der Verschmutzungsgrad 3 angenommen. Damit ist die kleinste zulässige Kriechstrecke nach Absatz a) gleich der Luftstrecke, die sich für Fall A (inhomogenes Feld) ergibt. Da auch bei der Dimensionierung der Luftstrecke in der Regel von einem inhomogenen Feld ausgegangen wird, ist diese Forderung keine Erschwernis.

Für einen Hauptstromkreis für 400/690 V findet man in Tabelle 16 der Norm bei der passenden Bemessungsisolationsspannung von 630 V bei Verschmutzungsgrad 3 für kriechstromfesten Werkstoff der Gruppe I eine Kriechstrecke von 8 mm und für den Werkstoff der Gruppe IIIb einen Wert von 10 mm, weil nach Fußnote 5 in der Tabelle 16 der Norm auch für 690 V der Wert für 630 V angewendet werden darf.

Für den Hilfsstromkreis aus unserem Beispiel benötigen wir eine Bemessungsisolationsspannung von 250 V. Damit finden wir in Tabelle 16 der Norm mit den gleichen Randbedingungen wie für den Hauptstromkreis 3,2 mm bis 4 mm Kriechstrecken.

Übersicht Beispiel: Luftstrecken und Kriechstrecken

	U_i	Luftstrecke Verschmutzgrad 3 Fall A	Kriechstrecke Verschmutzgrad 3 Werkstoffgruppe IIIb
	V	mm	mm
Hauptstromkreis	630	5,5	10
Hilfsstromkreis	250	1,5	4

Die Spannungsfestigkeit einer Kriechstrecke kann durch Rippen erheblich verbessert werden, da sich auf den Rippen zum einen weniger Schmutz absetzen kann und die Rippen zum anderen auch schneller abtrocknen. Dieser Effekt tritt jedoch nur ein, wenn die Rippen mindestens 2 mm hoch sind.

Ist das der Fall, darf der geforderte Wert auf 80 % des Wertes ohne Rippen verringert werden. Diese Erleichterung darf jedoch nur einmal in Anspruch genommen wer-

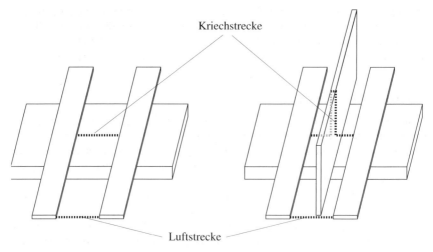

Kriechstrecke

Luftstrecke

Bild 7.1 Luftstrecken und Kriechstrecken an einem Sammelschienenhalter

den, auch wenn mehrere Rippen vorhanden sind. Die tatsächliche Kriechstrecke wird selbstverständlich durch jede Rippe verlängert. Für die Dimensionierung z. B. eines Sammelschienenhalters gibt es nun zwei Möglichkeiten **(Bild 7.1)**:

Bei einer Kriechstrecke ohne Rippen, wie das die linke Skizze zeigt, kann die minimal zulässige Luftstrecke nicht ausgenutzt werden, weil die Luftstrecke immer so groß ist wie die Kriechstrecke.

Die Verwendung einer 2 mm hohen Rippe bringt zwei Vorteile. Erstens werden nur noch 80 % von 10 mm, also 8 mm, Kriechstrecke gefordert, die durch die Rippe bereits gegeben sind und zweitens können die Sammelschienen bis auf die Mindestluftstrecke von 5,5 mm zusammengerückt werden.

Für Stromkreise, bei denen ein Isolationsfehler besonders schwere Folgen hat, ist die Bemessungsisolationsspannung eine Stufe höher zu wählen, als nach der Bemessungsbetriebsspannung gefordert.

Solche Anwendungen können sein z. B. Notstromversorgungen oder kurzschlusssichere Stromkreise, die aus betriebsbedingten Gründen nicht ausreichend gegen Kurzschluss geschützt werden können.

Zu 7.1.2.3.6 Abstände zwischen unterschiedlichen Stromkreisen

Für die Dimensionierung der Luft- und Kriechstrecken und der festen Isolierung zur Isolation von Stromkreisen mit unterschiedlichen Bemessungsspannungen ist immer die höchste Bemessungsspannung zugrunde zu legen, für die einer der Stromkreise ausgelegt ist.

Zu 7.1.3 Anschlüsse für von außen eingeführte Leiter

Für den Anschluss der von außen eingeführten Leiter gibt es drei Möglichkeiten:

- Anschluss an die Klemmen der eingebauten Geräte

  Diese Anschlussmöglichkeit ist die preiswerteste Ausführung, weil jedes Gerät Anschlussklemmen hat, die auf seinen Nennstrom und seine Kurzschlussfestigkeit abgestimmt und typgeprüft sind.

  Nach VDE 0660 Teil 100 müssen die Geräteanschlüsse mindestens die Leiterquerschnitte aufnehmen können, die für die Erwärmungsprüfung vorgeschrieben sind. Häufig wird mit Rücksicht auf zu erwartenden Spannungsfälle auf den Zuleitungen, die eine Querschnittsvergrößerung erfordern, der größte anschließbare Querschnitt um eine Stufe größer gewählt. Der kleinste anschließbare Querschnitt muss um zwei Größen unter dem Prüfquerschnitt liegen.

  Einzelheiten über gebräuchliche Ausführungen von Anschlüssen elektrischer Betriebsmittel können DIN 46206 Teil 1 und 2 sowie DIN 46289 Teil 1 »Klemmen für die Elektrotechnik« entnommen werden. Auch VDE 0660 Teil 100 gibt im Anhang D eine Übersicht über Anschlussklemmen von Schaltgeräten.

- Zwischenklemmen

  Besondere Anschlussklemmen (Reihenklemmen, Blockklemmen) werden eingesetzt, wenn die Klemmen der Geräte die erforderlichen Querschnitte der von außen eingeführten Leiter nicht aufnehmen können oder wenn alle Anschlussstellen für diese Leiter an einer gut zugänglichen Stelle des Schaltschrankes zusammengestellt werden sollen.

  Da auch diese Klemmen als typgeprüfte Betriebsmittel erhältlich sind, können die erforderlichen technischen Daten den Betriebsanleitungen oder Katalogen der Hersteller entnommen werden.

- Anschluss an Sammelschienen oder Verteilschienen

  Die Gestaltung und Dimensionierung der Verschraubungen wird vom Hersteller selbstverantwortlich vorgenommen und ihre Eignung im Rahmen der Typprüfung nachgewiesen.

  Anhaltswerte sind in DIN 43673, DIN 43670 und DIN 43671 zu finden.

  Für den Anschluss von Kabeln oder Schienen direkt an die Sammelschienen oder Verteilschienen werden entweder Bohrungen mit einem Lochbild nach DIN 43673 vorgesehen oder Anschlussklemmen verwendet, welche die Verbindung zu einer ungelochten Schiene herstellen können. Beispiele siehe **Bild 7.2.**

Wenn zwischen Hersteller und Anwender keine Vereinbarungen über die anschließbaren Leiterquerschnitte getroffen wurden, gelten die Werte des Anhanges A dieser Norm. Sollen die Leiter direkt an die Schaltgeräte angeschlossen werden, gelten die Aussagen in den Schaltgerätenormen. Es empfiehlt sich, dass der Anwender in jedem Einzelfall überprüft, ob diese Querschnitte für die Kabel und Leitungen, die er auf Grund seiner Dimensionierung nach VDE 0100 Teil 430 und Teil 520 im Hinblick auf Spannungsfall, Strombelastbarkeit, Umgebungstemperatur und Verlegungsart ausgewählt hat, auch wirklich anschließbar sind. Wenn das nicht der Fall

Bild 7.2   Anschlussklemmen für Stromschienen

ist, müssen rechtzeitig geeignete Abhilfemaßnahmen, wie z. B. Zwischenklemmen oder größere Geräte, vereinbart werden.

Für den Anschluss von elektronischen Stromkreisen mit Strömen von weniger als 1 A und Spannungen bis 50 V Wechselspannung oder 120 V Gleichspannung gilt Anhang A nicht. Für den Anschluss dieser Stromkreise muss immer eine Vereinbarung zwischen Hersteller und Anwender getroffen werden.

Zu 7.1.3.3   [Anschlussraum][1]

Der Wunsch nach immer kompakteren Bauformen, optimaler Nutzung vorgegebener Räume oder Flächen verführt allzu leicht dazu, den Anschlussraum so stark zu verkleinern, dass eine reibungslose Aufstellung und Inbetriebnahme oft kaum noch möglich sind. Der Hersteller kann sich dadurch vielleicht in dem einen oder anderen Fall die Verwendung des nächstgrößeren Gehäuses ersparen, er verlagert damit jedoch seine Probleme auf den Anwender.

Das Anschließen einer Schaltgerätekombination mit ungenügendem Anschlussraum erfordert nicht nur großen Zeitaufwand, es kann auch durch zu große Packungsdichte und zu enge Biegeradien zu einer Verminderung der Gebrauchsdauer der Leitungen führen. Eine Festlegung von Mindestmaßen für den Anschlussraum ist wegen der vielfältigen Einflussgrößen nicht möglich.

Zu berücksichtigen sind:

- Querschnitte und Bauart der Leiter (eindrähtig oder mehrdrähtig),
- Art und Lage der Anschlüsse (längs oder quer),
- Art und Ausführung verwendeter Kabelschuhe,
- Lage der Anschlüsse im Bezug auf die Eintrittsstelle des Kabels oder der Leitung und die dadurch notwendigen Biegungen der Anschlussadern im Anschlussraum.

In jedem Fall ist darauf zu achten, dass die zulässigen Biegeradien nach VDE 0298 Teil 3 nicht unterschritten werden müssen. Mit einem Biegeradius von mindestens

---

[1]   Um die Übersichtlichkeit der erläuterten Abschnitte zu erhöhen, wird auch den Abschnitten eine Überschrift hinzugefügt, bei denen in der Norm (VDE-Bestimmung) nur die Abschnittsnummer steht. Zur Unterscheidung wird die Überschrift in eckige Klammern gesetzt.

viermal dem Außendurchmesser der Leitung liegt man auf der sicheren Seite. Weiter ist darauf zu achten, dass Zugentlastungen und Befestigungen vorgesehen werden, welche die Leiterisolation nicht beschädigen.

Zu 7.1.3.4 [Anschlussquerschnitte für Neutralleiter]

In symmetrisch belasteten Drehstromnetzen muss der Neutralleiter nur den meist geringen Unsymmetriestrom aufnehmen. Sein Querschnitt kann deshalb im Allgemeinen kleiner gewählt werden als der Außenleiter. Auf diese Tatsache beziehen sich die Anforderungen an die Klemmenquerschnitte für von außen eingeführte Neutralleiter (**Bild 7.3**).

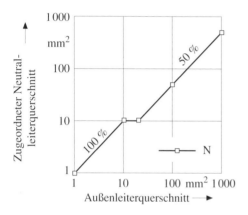

Bild 7.3   Abhängigkeit der Anschlüsse für Neutralleiter in Abhängigkeit vom Außenleiter

Wenn in Sonderfällen im Netz mit größeren Strömen im Neutralleiter gerechnet werden muss, wie z. B. bei unterschiedlich genutzten Einphasenverbrauchern oder großen Beleuchtungsanlagen mit Leuchtstofflampen, die den Neutralleiter mit 150-Hz-Oberschwingungen belasten, können Neutralleiter erforderlich werden, deren Strombelastbarkeit gleich groß ist, wie die der Außenleiter. Die benötigten Anschlussmittel sind dann zwischen Hersteller und Anwender zu vereinbaren.

Zu 7.1.3.5 [Lage der Anschlüsse für Neutralleiter, Schutzleiter und PEN-Leiter]

Die Forderung nach Anordnung der ankommenden und abgehenden Neutralleiter, Schutzleiter und PEN-Leiter in der Nähe der zugehörigen Außenleiter hat zwei Gründe:

- Wenn alle vier oder fünf Leiter in einem gemeinsamen Kabel zugeführt werden, ist es vorteilhaft, wenn die Anschlüssen möglichst eng beieinander liegen, damit die einzelnen Adern nicht unterschiedlich abgesetzt werden müssen.

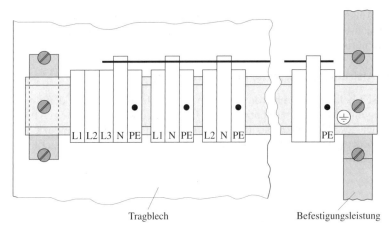

Tragblech   Befestigungsleistung

Bild 7.4 Zuordnung von Neutralleiter- und Schutzleiteranschlüssen in der Nähe der zugehörigen Außenleiteranschlüsse

- Noch wichtiger ist es jedoch, dass die zu einem Stromkreis gehörenden Leiter eindeutig identifiziert werden können, damit es nicht zu Verwechslungen kommt. Werden für den Leiteranschluss handelsübliche Reihenklemmen verwendet, so bietet sich eine Anordnung an, wie sie **Bild 7.4** zeigt.

Ist die Verwendung von Reihenklemmen nicht sinnvoll, weil die Neutralleiter und Schutzleiter an Schienen angeschlossen werden sollen, so sollte die Leitungsführung so übersichtlich sein, dass die Zusammengehörigkeit der Leiter zweifelsfrei erkennbar ist **(Bild 7.5)**, oder sie müssen entsprechend gekennzeichnet werden.

Von außen eingeführte Schutzleiter oder PEN-Leiter verschiedener Stromkreise müssen sich einzeln anschließen lassen, damit nicht beim Lösen eines Leiters versehentlich die Schutzmaßnahme eines anderen Stromkreises, dessen Hauptleiter noch unter Spannung stehen, unwirksam wird.

Zu 7.1.3.6 [Kabel- und Leitungseinführungen]

Obwohl das Einbringen der Kabel und Leitungen zum Anschluss der Schaltgerätekombination an das Netz und zur Verbindung mit den Verbrauchern erst am Aufstellungsort erfolgen kann, muss sich der Hersteller auch um dieses Detail kümmern.

Kabeleinführungen, Flanschplatten oder Bodenbleche zur Kabeleinführung gehören zum normalen Lieferumfang. In diese können Kabel und Leitungen mit handelsüblichen PG-Verschraubungen eingeführt und abgedichtet werden. Zum leichteren Bohren haben Flanschplatten und Bodenbleche zweckmäßigerweise Vorprägungen. Für das Einführen größerer Kabel haben sich geteilte Kabeleinführungen und Bodenbleche bewährt **(Bild 7.6)**.

102

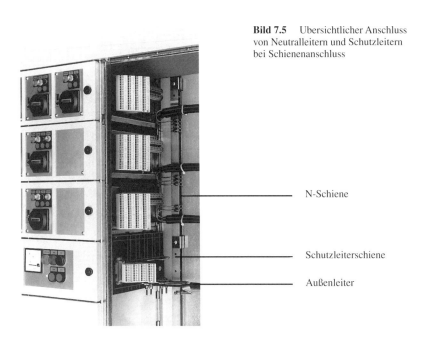

Bild 7.5 Ubersichtlicher Anschluss von Neutralleitern und Schutzleitern bei Schienenanschluss

N-Schiene

Schutzleiterschiene

Außenleiter

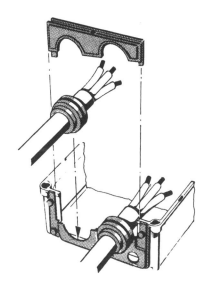

Bild 7.6 Hilfsmittel für die Kabeleinführung in Gehäuse

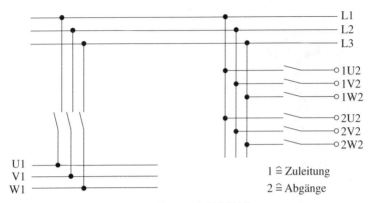

L1
L2
L3
○ 1U2
○ 1V2
○ 1W2
○ 2U2
○ 2V2
○ 2W2

U1
V1
W1

1 ≙ Zuleitung
2 ≙ Abgänge

Bild 7.7   Kennzeichnung der Anschlüsse nach IEC 60445

Zu 7.1.3.7   Kennzeichnung der Anschlüsse (Bild 7.7)

IEC 445/EN 60445 nennt vier Kennzeichnungsverfahren:

- Räumliche Anordnung,
- Farbkennzeichnung,
- Kennzeichnung mit Bildzeichen und
- Alphanumerische Kennzeichnung.

Um Verwechslungen zu vermeiden, sollte in einer Schaltgerätekombination nur jeweils ein Verfahren angewendet werden. Für Niederspannungs-Schaltgerätekombinationen hat sich die alphanumerische Kennzeichnung durchgesetzt. Diese hat den Vorteil, dass die Bezeichnungen auch ohne Schwierigkeiten mit DV-Programmen bearbeitet werden können.

Die hier angesprochenen Anschlüsse sind die Eingangs- und Ausgangsklemmen des Betriebsmittels »Schaltgerätekombination«. Das können bei großen Geräten spezielle Anschlüsse für das Auflegen von mehreren Parallelkabeln sein oder bei kleinen Geräten die Anschlüsse der Geräte selbst.

Die Anschlussbezeichnungen müssen mit den Angaben in den Schaltungsunterlagen übereinstimmen. Sie sind auf den Anschlüssen oder in ihrer unmittelbaren Nähe unverwechselbar anzubringen.

Schutzleiteranschlüsse dürfen wahlweise mit PE oder dem **Bildzeichen** ⊕ Nr. 5019 nach IEC 60417 (DIN 40101-1) gekennzeichnet werden.

Zu 7.2   Gehäuse und IP-Schutzart

Zu 7.2.1   IP-Schutzart

Ein Gehäuse hat zwei sehr unterschiedliche Aufgaben zu erfüllen. Auf der einen Seite soll es die eingebauten Betriebsmittel vor den Einflüssen der Umwelt schützen, zum anderen soll es Personen von gefährlichen sich bewegenden Teilen oder von berührungsgefährlichen aktiven Teilen fernhalten. Bei der früher üblichen Kennzeichnung mit nur zwei Ziffern war es nicht möglich, zwischen dem Fremdkörperschutz für das Betriebsmittel und dem Berührungsschutz zu unterscheiden. In EN 60529, die DIN 40050 abgelöst hat, wurde deshalb noch ein zusätzlicher Buchstabe eingeführt, mit dem der Grad des Berührungsschutzes gekennzeichnet werden kann.

Damit ist es nun auch möglich, für Betriebsmittel, die in sauberen Räumen aufgestellt werden und zur Wärmeabfuhr große Belüftungsöffnungen benötigen, den gewünschten Berührungsschutz unabhängig vom Fremdkörperschutz zu beschreiben und nachzuweisen.

Bestandteil	Ziffern oder Buchstaben	Bedeutung für den Schutz des Betriebsmittels	Bedeutung für den Schutz von Personen
Code-Buchstaben	IP	–	
Erste Kennziffer		Gegen Eindringen von festen Fremdkörpern	Gegen Zugang zu gefährlichen Teilen mit
	0	(nicht geschützt)	(nicht geschützt)
	1	≥ 50 mm Durchmesser	Handrücken
	2	≥ 12,5 mm Durchmesser	Finger
	3	≥ 2,5 mm Durchmesser	Werkzeug
	4	≥ 1,0 mm Durchmesser	Draht
	5	staubgeschützt	Draht
	6	staubdicht	Draht
Zweite Kennziffer		Gegen schädliches Eindringen von Wasser	
	0	(Nicht geschützt)	
	1	senkrechtes Tropfen	
	2	Tropfen (15° Neigung)	
	3	Sprühwasser	
	4	Spritzwasser	
	5	Strahlwasser	
	6	starkes Strahlwasser	
	7	zeitweiliges Untertauchen	
	8	dauerndes Untertauchen	
Zusätzlicher Buchstabe (fakultativ)			Gegen Zugang zu gefährlichen Teilen mit
	A		Handrücken
	B		Finger
	C		Werkzeug
	D		Draht

Tabelle 7.2   Bestandteile des IP-Codes

Bei der Prüfung für den zusätzlichen Buchstaben dürfen die Prüfsonden (Kugel, gegliederter Prüffinger, Prüfstab 2,5 mm oder Prüfdraht 1 mm) zwar auf ihrer ganzen Länge eindringen, durch Abdeckungen oder Abstände im Inneren des Gehäuses kann trotzdem verhindert werden, dass gefährliche Teile berührt werden können.

Die Bestandteile des IP-Codes und ihre Bedeutung zeigt in kurz gefasster Form **Tabelle 7.2.**

Die unter 7.2.1.1 in Tabelle 2 genannten Vorzugsschutzarten sind entfallen. Jede Kombination darf im Einzelfall angewendet werden, wenn sich daraus Vorteile für die Auslegung der Schaltgerätekombination ergeben. Bei ihren Serienfertigungen schränken viele Hersteller jedoch aus Kostengründen die Variantenzahl stark ein, z. B.

| Kastenverteiler | IP65 |
| Schrankbauweisen | IP42 oder IP54 |

Geschlossene Bauformen müssen nach Aufstellung und Anschluss aller Kabel und Leitungen mindestens eine Schutzart von IP2X haben.

Schaltgerätekombinationen für Freiluftaufstellung benötigen einen Mindestwasserschutz von IPX3.

Generell beziehen sich die Schutzarten immer auf den betriebsfertigen Zustand der Schaltgerätekombination. Wenn verschiedenen Teile der Schaltgerätekombination unterschiedliche Schutzarten haben, muss das angegeben werden,

z. B. IP00, Bedienungsfront IP20

Darüber hinaus müssen auch die Schutzarten (gegen direktes Berühren, Eindringen fester Fremdkörper und Eindringen von Flüssigkeiten) von inneren Teilen der Schaltgerätekombination angegeben werden, zu denen berechtigte Personen während des Betriebs Zugang haben (siehe 7.4.6 und 7.6.4.3).

Der Nachweis der IP-Schutzart muss **immer** durch eine Typprüfung erbracht werden. Bei PTSK bleibt deshalb nur die Möglichkeit, typgeprüfte Gehäuse einzusetzen, wenn eine Schutzart angegeben werden soll, die größer als IP00 ist.

Einzelheiten zur Prüfung der IP-Schutzart siehe Abschnitt 8.2.7

Zu 7.2.2   Berücksichtigung der Luftfeuchte

Die häufig geäußerte Ansicht, schädliche Kondenswasserbildung in Schaltgerätekombinationen sei durch Gehäuse mit hoher Schutzart zu verhindern, ist nicht richtig. Im Gegenteil, auch in ein gut abgedichtetes Gehäuse kann bei entsprechenden physikalischen Randbedingungen feuchte Luft eindringen. Bei schneller Änderung der Umgebungstemperatur kann sich dann Kondenswasser bilden und in solcher Menge im Gehäuse ansammeln, dass die Funktion der eingebauten Betriebsmittel beeinträchtigt wird.

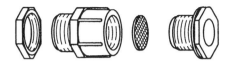

Bild 7.8 Klimastutzen

Als Abhilfe gegen Betauung haben sich folgende Maßnahmen als wirksam erwiesen.

- Innenbeheizung des Gehäuses mit Heizwiderständen geringer Leistung, je nach Betriebs- und Umgebungsbedingungen
  - dauernd
  - thermostatgesteuert oder
  - während des Stillstands, d. h. bei fehlender Beheizung durch die Verlustleistung der Betriebsmittel
- zusätzliche Anordnung so genannter Klimastutzen vorwiegend bei Kastenbauformen. Sie ermöglichen einen Luftaustausch mit der Umgebung und verhindern damit die Kondenswasserbildung (**Bild 7.8**).
- am besten ist eine gute Durchlüftung des Gehäuses, wenn die Betriebsbedingungen das erlauben.

Zu 7.3 Erwärmung

Alle elektrischen Betriebsmittel erzeugen während des Betriebes Verlustwärme. Durch die immer kompakteren Bauweisen, den Wunsch nach Gehäusen mit hoher Schutzart, die keine natürliche Belüftung mehr zulässt und nicht zuletzt durch die immer größere Ausnutzung der Schaltgeräte wird die Frage, wie man die entstehende Wärme abführen und die Erwärmung im Gehäuse auf die zulässigen Werte begrenzen kann, immer wichtiger.

Grundsätzlich benötigt man für die Wärmeabfuhr aus einem geschlossenen Gehäuse eine Temperaturdifferenz zwischen der Luft im Gehäuse und der Umgebungstemperatur. Je höher diese Temperaturdifferenz ist, umso mehr Wärme kann abgegeben werden.

$$P = k \cdot (\vartheta_i - \vartheta_a)$$

Darin bedeuten:

P abführbare Verlustleistung

ϑ_i Innentemperatur °C

ϑ_a Umgebungstemperatur °C

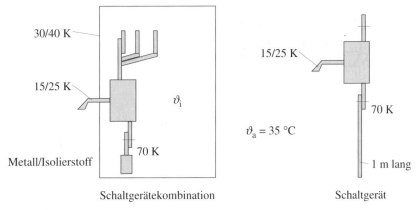

Bild 7.9   Grenzerwärmungen von Schaltgerätekombinationen und Schaltgeräten

Die Betriebsmittel innerhalb der Schaltgerätekombination benötigen zur Wärmeabgabe ebenfalls eine Übertemperatur gegenüber der sie direkt umgebenden Luft, die bereits gegenüber der Außentemperatur erwärmt ist. Als typische Erwärmung der Luft im Gehäuse rechnet man mit $\Delta T = 20$ K. Daraus ergibt sich bei der mittleren Umgebungstemperatur von 35 °C nach Abschnitt 6.1.1 eine Lufttemperatur im Gehäuse von +55 °C.

Unter gewissen Voraussetzungen können jedoch auch deutlich höhere Lufttemperaturen im Gehäuse zugestanden werden, was unter anderem durch die Grenztemperatur für berührbare Außenflächen zum Ausdruck kommt. In diesen Fällen ist eine besonders intensive Abstimmung mit dem Gerätehersteller unerlässlich.

Die Grenzerwärmungen für die einzelnen Teile einer Schaltgerätekombination, die bei der Typprüfung nach Abschnitt 8.2.1 nicht überschritten werden dürfen, sind in Tabelle 2 dieser Norm angegeben. **Bild 7.9** veranschaulicht diese Angaben und stellt sie den Grenzwerten gegenüber, die bei der Typprüfung der Schaltgeräte eingehalten werden müssen.

Grenzübertemperatur von Betriebsmitteln

Der Vergleich beider Darstellungen im Bild 7.9 zeigt, dass die übliche Typprüfung der Schaltgeräte für die Beurteilung der Erwärmung in einer geschlossenen Schaltgerätekombination nicht sehr hilfreich ist, da auch die Schaltgeräte ihre Erwärmung auf eine Umgebungstemperatur von +35 °C beziehen und nicht wie für den Einbau in ein Gehäuse erforderlich auf +55 °C. Die zulässigen Grenzwerte bei +55 °C, eventuell auch darüber, und bei den in Schaltgerätekombinationen üblichen Leitungslängen müssen beim Gerätehersteller erfragt werden. Wenn die Schaltgeräte nicht über entsprechende thermische Reserven verfügen, muss ihr Bemessungsbetriebsstrom so weit gesenkt werden, dass die zulässigen Grenzerwärmungen nicht überschritten werden.

Anschlüsse für von außen eingeführte Leiter

Leiter dürfen eine Grenzübertemperatur von 70 K, also eine Temperatur von 105 °C, annehmen. Obwohl PVC-Leitungen nur für eine Betriebstemperatur von 70 °C ausgelegt sind, gestattet man den Anschluss an diese 105 °C warmen Anschlüsse. Die Erfahrung hat gezeigt, dass die höhere Temperatur an den Geräteanschlüssen schon nach wenigen cm auf die Betriebstemperatur der Leitung abgeklungen ist, so dass die Leitung keinen Schaden leidet.

Stromschienen und Leiter im Innern der Schaltgerätekombination

sind in ihrer Erwärmung nur durch ihre eigene mechanische Festigkeit und den Einfluss auf benachbarte Betriebsmittel und Isolierstoffe, z. B. Sammelschienenhalter, begrenzt. Bei entsprechender Auswahl und Anordnung können Sammelschienen für Temperaturen bis 130 °C ausgelegt werden. Für die Schienen, mit denen Geräte an Sammelschienen angeschlossen werden, ist jedoch die höchstzulässige Anschlusserwärmung der Geräte zu beachten. Meist sind das auch 70 K. Daraus ergibt sich für diese Schienen, ähnlich wie für die PVC-Leitungen, eine Anschlusstemperatur von 105 °C.

Grenzübertemperaturen für Bedienteile

liegen 15 K niedriger als berührbare Außenflächen. Die Gründe dafür sind:

● Bedienteile müssen mehrere Sekunden lang fest mit der Hand umfasst werden.

● Bei berührbaren Oberflächen kann die Hand schnell zurückgezogen werden, wenn die Temperatur unangenehm ist.

Ebenso ist die Temperaturempfindung bei gut wärmeleitenden Teilen aus Metall intensiver als bei Kunststoffteilen. Die zulässigen Temperaturen für Metallteile wurden deshalb 10 K niedriger angesetzt als die für Teile aus Kunststoff. Hierzu liegen Untersuchungen des Institutes für Arbeitssicherheit der Berufsgenossenschaft vor, die die Werte dieser Norm als ungefährlich bestätigen.

Für PTSK darf die Erwärmung durch eine Rechnung nach VDE 0660 Teil 507 nachgewiesen werden. Ausgehend von der Verlustleistung der eingebauten Betriebsmittel bei der geforderten Belastung und den Abmessungen und der Aufstellungsart der Gehäuse liefert die Rechnung die zu erwartende Übertemperatur der Luft im Gehäuse und erlaubt so eine Beurteilung, ob die Betriebsmittel thermisch nicht überlastet werden.

Ist die ermittelte Lufttemperatur zu hoch, sind die Belastungen der Betriebsmittel zu reduzieren oder die Abmessungen oder Kühlverhältnisse des Gehäuses zu verändern, so dass keine Übererwärmung mehr auftritt. Eine ausführliche Beschreibung des Rechenverfahrens findet sich im Anhang dieses Buches.

Ein frei stehender Schaltschrank mit den Abmessungen 2200 mm × 600 mm × 600 mm kann bei einer Übertemperatur von 20 K (oben im Schrank) etwa 260 W Verlustleistung abführen. Reicht das nicht aus, müssen Maßnahmen zur verstärkten Wärme-

	Nicht geschlossener Schrank	Geschlossener Schrank				
Ausführung	mit Lüftungsöffnungen	allseitig geschlossen	allseitig geschlossen mit Etagenlüfter	Wärmeaustauscher mit getrenntem Innen- und Außenkreislauf	Durchzugsbelüftung mit Filterlüfter	Kühlgerät mit getrenntem Innen- und Außenkreislauf
Prinzipskizze (Die Darstellung ist für die Ausführung nicht verbindlich)						
Wärmeabführung vorwiegend ohne Strahlung	Eigenkonvektion durch Lüftungsöffnungen	Wärmeleitung	Wärmeleitung (Zwangsumwälzung verhindert Wärmestaus)	Wärmeaustausch von erwärmter Innenluft und kühler Außenluft	Zwangsabführung der erwärmten Innenluft mit Lüfter und Ansaugen kalter Außenluft	Kühlung der Innenluft durch Kühlgerät nach Kühlschrankprinzip
Verlustleistung P • bei einer Schrankabmessung von 600 mm × 2200 mm × 600 mm • bei Einzelaufstellung sind abführbar	bis etwa 700 W	bis etwa 260 W	bis etwa 360 W	bis etwa 1700 W	bis etwa 2700 W (etwa 1400 W mit Feinstfilter)	bis etwa 4000 W

Tabelle 7.3 Übersicht über die Arten der Wärmeabfuhr aus Schaltschränken

Verwendbarkeit	Nicht geschlossener Schrank		Geschlossener Schrank		
bei aggressiver Luft	nein	ja	ja	nein	ja
bei Staub	nein	ja	ja	nur, wenn Filtermatten überwacht werden	ja
bei Feuchtigkeit	nein	ja	ja	nein	ja
Schutzart	bis IP 20	bis IP 54	bis IP 54	bis IP 54	bis IP 54

Tabelle 7.3 (Fortsetzung) Übersicht über die Arten der Wärmeabfuhr aus Schaltschränken

abfuhr angewendet werden. Die Möglichkeiten hierzu reichen von einer Belüftung mit Lüftungsschlitzen und Dachöffnungen über Wärmeaustauscher bis zu Kühlgeräten, mit denen die Schrankinnentemperatur sogar unter die Raumtemperatur abgesenkt werden kann.

Soll die Schaltgerätekombination bei höheren Umgebungstemperaturen als 35 °C eingesetzt werden, verkleinert sich die zur Verfügung stehende maximale Temperaturdifferenz entsprechend. Auch in diesem Fall muss entweder die Verlustleistung im Schrank durch eine Reduzierung der Ströme in den Betriebsmitteln oder durch eine Verteilung auf mehrere Schränke reduziert werden.Wenn das nicht erwünscht ist, helfen nur Maßnahmen für eine verstärkte Wärmeabfuhr. Eine Übersicht über die Möglichkeiten zur Wärmeabfuhr aus Schaltschränken zeigt **Tabelle 7.3**.

Zu 7.4   Schutz gegen elektrischen Schlag

Die allgemein gültigen Schutzmaßnahmen sind in IEC 60364-4-41 beschrieben. In der vorliegenden Norm wurden deshalb nur die Anforderungen aufgenommen, die direkte Auswirkungen auf die Schaltgerätekombination haben. Auch die Gliederung des Abschnitts 7.4 wurde von IEC 60364-4-41 übernommen.

Prinzipiell ist zum Schutz gegen elektrischen Schlag immer ein Schutz gegen direktes Berühren (Abschnitt 2.6.8) und bei indirektem Berühren (Abschnitt 2.6.9) erforderlich. Ausnahmen können nur gemacht werden, wenn die Höhe der Versorgungsspannung bei Berührung keine gefährlichen Körperströme erwarten lässt.

IEC 60364-4-41 unterscheidet zwei Fälle (**Tabelle 7.4**).

Fall	Bedingung	Schutz gegen direktes Berühren erforderlich	Schutz bei indirektem Berühren erforderlich
1	U_e: AC ≤ 25 V; DC ≤ 60 V		
	– SELV	nein	–
	– PELV	ja	
	– FELV	ja	
2	AC: 25 V < U_e ≤ 50 V; DC: 60 < U_e ≤ 120 V		
	– SELV	ja	nein
	– PELV	ja	nein
	– FELV	ja	ja
darin bedeuten nach IEC 60364-4-41:			
SELV	safety extra low voltage	(Schutzkleinspannung)	
PELV	protective extra low voltage	(Funktionskleinspannung mit sicherer Trennung)	
FELV	functional extra low voltage	(Funktionskleinspannung ohne sichere Trennung)	

Tabelle 7.4   Erforderliche Schutzmaßnahmen bei Niederspannung

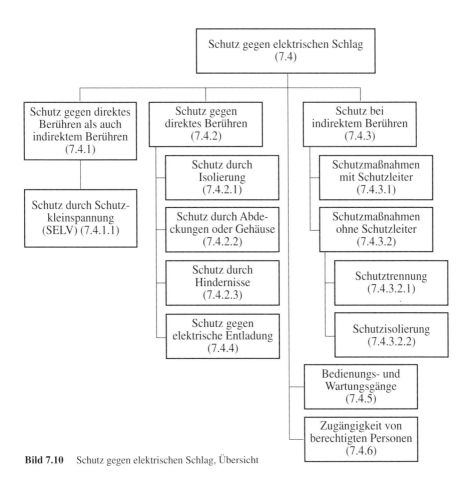

Bild 7.10 Schutz gegen elektrischen Schlag, Übersicht

Für die Ausführung des Schutzes gegen direktes Berühren oder bei indirektem Berühren gibt es mehrere Möglichkeiten, die in den Abschnitten 7.4.2 bis 7.4.6 behandelt werden **(Bild 7.10)**.

Zu 7.4.1 Schutz gegen direktes Berühren als auch bei indirektem Berühren

Zu 7.4.1.1 Schutz durch Schutzkleinspannung (SELV)
(safety extra low voltage)

Die Erleichterungen für den Berührungsschutz bei Schutzkleinspannung (oder Funktionskleinspannung) treffen in Schaltgerätekombinationen nur auf Hilfs-, Mess- und Regelkreise oder elektronische Automatisierungsgeräte zu.

113

Neben der Art (AC oder DC) und Höhe der Spannung ist auch die Erzeugung der Spannung und die Ausbildung der Stromkreise (mit oder ohne sichere Trennung) wichtig, um die Anforderungen an den Schutz gegen direktes Berühren oder bei indirektem Berühren richtig festzulegen. Die Einzelheiten dazu müssen IEC 60364-4-41 (**VDE 0100 Teil 410**) entnommen werden.

Zu 7.4.2 Schutz gegen direktes Berühren (siehe Abschnitt 2.6.8)

Der Abschnitt »Schutz gegen direktes Berühren« ist gegliedert nach den technischen Möglichkeiten, mit denen man einen Berührungsschutz erreichen kann. Damit erschließt sich die beabsichtigte Schutzphilosophie jedoch nur sehr schwer. Klarer werden die Zusammenhänge, wenn man untersucht, für wen der Schutz im Einzelfall gedacht ist.

Schutz für Laien und Fachkräfte

Elektrotechnische Anlagen können von Laien oder Fachkräften bedient werden. Für das Bedienen soll keine detaillierte Kenntnis der Gefahren nötig sein, die von einer Anlage ausgehen können. Der Bediener muss deshalb durch einen vollständigen Berührungsschutz vor Schaden bewahrt werden.

Einen vollständigen Berührungsschutz kann man erreichen durch Isolierung der aktiven Teile (Abschnitt 7.4.2.1) oder durch Abdeckungen oder Gehäuse (Abschnitte 7.4.2.2.1, 7.4.2.2.2, 7.4.2.2.3 b)).

Schutz ausschließlich für Elektrofachkräfte oder elektrotechnisch unterwiesene Personen

Während des Betriebes müssen Elektrofachkräfte oder elektrotechnisch unterwiesene Personen Gehäuse öffnen oder Abdeckungen entfernen können, um Messungen durchzuführen, den Zustand der Betriebsmittel zu beobachten, Einstellungen und Rückstellungen vorzunehmen oder defekte Lampen oder Sicherungen auszutauschen.

Damit nur der wirklich berechtigte Personenkreis diese Tätigkeiten ausführen kann, lassen sich Türen nur mit einem Schlüssel öffnen und Abdeckungen nur mit Werkzeug entfernen. Da die Elektrofachkraft und die unterwiesene Person sich über die Folgen und Gefahren ihrer Handlungen an einer spannungsführenden Anlage bewusst sind, genügt es, für diese Tätigkeiten einen teilweisen Berührungsschutz vorzusehen, der ein zufälliges, unbeabsichtigtes Berühren verhindert, nicht aber das bewusste Umgehen oder Umgreifen des Schutzes.

Als teilweisen Schutz gegen das direkte Berühren setzt man Hindernisse ein oder sieht Sicherheitsabstände vor (Abschnitte 7.4.2.2.3 a), 7.4.2.2.3 c) und 7.4.2.3).

Die Formulierungen in Abschnitt 7.4.2.2.3 d) über den Berührungsschutz beim Bedienen oder Arbeiten an einer geöffneten Anlage können sehr unterschiedlich ausgelegt werden. In Deutschland wurde deshalb auf Anregung der Berufsgenossenschaft Feinmechanik und Elektrotechnik die Norm VDE 0106 Teil 100 »Schutz gegen elektrischen Schlag, Anordnung von Betätigungselementen in der Nähe berührungsgefährlicher Teile« ausgearbeitet. Im Auftrag von CENELEC wird zur Zeit in einer Arbeitsgruppe unter deutscher Federführung der Inhalt dieser Norm zur Veröffentlichung als EN-Norm vorbereitet. Es ist anzunehmen, dass diese EN-Norm in einem zweiten Schritt auch von IEC übernommen wird. Bis zum Vorliegen der CENELEC-Anforderungen bleiben wie bisher nationale Normen und damit für Deutschland DIN VDE 0106 Teil 100 gültig (siehe auch Abschnitt 7.4.6.1).

Zu 7.4.2.1   Schutz durch Isolierung aktiver Teile

Wenn man den Berührungsschutz durch Isolierung der aktiven Teile erreichen will, müssen diese Teile vollständig von einer Isolierhülle umkleidet sein, die sich nur durch Zerstören entfernen lässt. Da die Isolierung praktisch ein Teil des Betriebsmittels wird, vor dessen Berührung sie schützen soll, hat man darauf verzichtet, die Qualität dieser Isolierung in der vorliegenden Norm näher zu beschreiben. Beispiele für die hier angesprochene Isolierung sind isolierte Aderleitungen, z. B. HO7, oder vergossene Stromschienen. Farbanstriche, Emaillierungen, Oxidschichten und dergleichen gelten im Allgemeinen nicht als Isolierung zum Schutz gegen elektrischen Schlag. Das schließt aber nicht aus, dass diese Oberflächenbeschichtungen in besonderen Fällen als Isolation verwendet werden können, wenn ihre Wirksamkeit und Haltbarkeit für den vorgesehenen Einsatzfall nachgewiesen werden.

Zu 7.4.2.2   Schutz durch Abdeckungen oder Gehäuse

Wenn der Schutz nicht Teil des Betriebsmittels wird, sondern getrennt beurteilt werden kann, spricht man von einem Schutz durch Abdeckungen oder Gehäuse.

Zu 7.4.2.2.1 und 7.4.2.2.2   [Anforderungen an Gehäuse und Abdeckungen zum Schutz von Laien und Fachkräften]

Wie bereits erwähnt, wird zum Schutz der Laien gegen direktes Berühren gefährlicher aktiver Teile ein vollständiger Berührungsschutz gefordert. Diese Bedingung ist erfüllt, wenn alle Außenflächen mindestens die Schutzart IP2X oder IPXXB aufweisen, d. h. also eine Berührung mit dem Finger ausgeschlossen ist. Größere Öffnungen, die beim Auswechseln von Lampen oder Sicherungen kurzzeitig entstehen, bleiben bei der Beurteilung der Schutzart unberücksichtigt. Es darf sich hierbei jedoch nur um solche Betriebsmittel handeln, die auch von Laien gefahrlos ausgewechselt werden können. Nach VDE 0105 Teil 1 sind das Schraubsicherungen des Typs D0 oder D bei Spannungen bis AC 400 V, 63 A oder DC 24 V sowie Lampen bis 250 V, 200 W.

Wenn die Gehäuse und Abdeckungen aus Metall bestehen, dürfen bei den im üblichen Gebrauch entstehenden Belastungen die Mindestkriechstrecken und Mindestluftstrecken nicht unterschritten werden. Großflächige Türen und Verkleidungen können sich schon bei geringen Kräften mehrere mm durchbiegen. Bei der Beurteilung des Abstandes zu aktiven Teilen muss das berücksichtigt werden.

Zu 7.4.2.2.3 [Anforderungen an Türen, Klappen und Verkleidungen, die ausschließlich dem Schutz von Elektrofachkräften und elektrotechnisch unterwiesenen Personen dienen]

Die Abschnitte a) bis d) geben verschiedene Beispiele, wie eine Elektrofachkraft beim Umgang mit der Schaltgerätekombination vor Schaden bewahrt werden kann. Der Fachmann muss sich zunächst in einer bewussten Handlung Zugang zu der Anlage verschaffen. Dazu muss er einen Schlüssel oder ein Werkzeug verwenden.

a) Besteht keine Gefahr, dass spannungsführende Teile berührt werden können, weil zum Beispiel nur der Zustand der Betriebsmittel beobachtet werden soll, sind keine weiteren Maßnahmen erforderlich.

   Sollen dagegen andere Handlungen an der geöffneten Schaltgerätekombination durchgeführt werden, ist Abschnitt 7.4.6.1 zu beachten.

b) Wenn es der Betrieb erlaubt, werden alle aktiven Teile, die nach dem Öffnen der Tür zufällig berührt werden könnten, spannungslos gemacht, bevor die Tür geöffnet werden kann.

   In TN-C-Systemen darf der PEN-Leiter nicht getrennt oder geschaltet werden, da sonst die Verbindung mit dem Schutzleiter unterbrochen würde.

   In TN-S-Systemen braucht der Neutralleiter nicht getrennt oder geschaltet zu werden. Gefährliche Berührungsspannungen können im Neutralleiter nur während einer Kurzschlussabschaltung auftreten. Dass ausgerechnet in diesem Augenblick die Anlage geöffnet und der Neutralleiter berührt wird, ist sehr unwahrscheinlich.

   Soll die Tür geöffnet werden, während die aktiven Teile unter Spannung stehen, muss zunächst eine Verriegelung überlistet werden, die nur der Elektrofachkraft bekannt ist. Diese Verriegelung muss automatisch wieder wirksam werden, wenn die Tür geschlossen wird.

c) Eine andere Möglichkeit besteht darin, Hindernisse oder Verschlussschieber vorzusehen, die bei offener Tür vor zufälligem Berühren aktiver Teile schützen, wobei entweder die Anforderungen in Abschnitt 7.4.2.1 oder die nachstehenden Forderungen unter d) zu erfüllen sind.

d) Sehr häufig muss die Elektrofachkraft im Betrieb Zugang zur Schaltgerätekombination haben, um Sicherungen auszuwechseln, Relais einzustellen, Sperren nach dem Ansprechen einer Schutzeinrichtung wieder aufzuheben oder eine defekte Meldeleuchte zu ersetzen. Damit dies gefahrlos möglich ist, müssen aktive Teile entweder so weit entfernt sein oder so durch ein Hindernis geschützt sein, dass ein zufälliges Berühren verhindert wird (siehe Abschnitt 7.4.6.1).

Zu 7.4.2.3 Schutz durch Hindernisse

Der alleinige Schutz durch Hindernisse bietet nur einen teilweisen Schutz gegen unbeabsichtigtes Berühren von spannungsführenden Teilen. Er ist deshalb nur dort anwendbar, wo Laien, für die ein vollständiger Berührungsschutz vorhanden sein muss, von der Schaltgerätekombination ferngehalten werden, z. B. durch Aufstellung in einem abgeschlossenen Betriebsraum. Es versteht sich von selbst, dass ein Schutz durch Hindernisse sich nur auf offene Schaltgerätekombinationen beziehen kann, da geschlossene Schaltgerätekombinationen nach Definition immer eine Mindestschutzart von IP2X und damit einen vollständigen Schutz gegen direktes Berühren bieten.

Die vorliegende Norm verzichtet deshalb auf weitere Einzelheiten und verweist auf IEC 60364-4-41 d. h. bis zum Vorliegen der harmonisierten Fassung dieser Norm auf VDE 0100 Teil 410 »Schutz gegen gefährliche Körperströme« und Teil 731 »Elektrische Betriebsstätten«.

Zu 7.4.3   Schutz bei indirektem Berühren (siehe Abschnitt 2.6.9)

Wie die Definition dieses Begriffs im Abschnitt 2.6.9 bereits aussagt, versteht man darunter Maßnahmen zum Schutz von Personen vor Gefahren, die sich im Fehlerfall aus einer Berührung mit Körpern elektrischer Betriebsmittel ergeben. Die Schutzmaßnahmen können jedoch nur wirksam werden, wenn alle Teile einer elektrischen Anlage (Schaltgerätekombination, Kabel und Leitungen, Verbraucher und die Netzform) richtig aufeinander abgestimmt sind. Die vorliegende Norm verweist an dieser Stelle auf IEC 60364-4-41, in der die Anforderungen an die komplette elektrische Anlage enthalten sind.

Für die Auslegung der Schaltgerätekombination muss bekannt sein, welche Schutzmaßnahme in dem Netz angewendet wird, für das die Schaltgerätekombination vorgesehen ist. Besonders wichtig ist zunächst die Unterscheidung zwischen Schutzmaßnahmen mit Schutzleiter und Schutzmaßnahmen ohne Schutzleiter.

Zu 7.4.3.1   Schutzmaßnahmen mit Schutzleiter

Die Schutzmaßnahmen mit Schutzleiter zielen darauf ab, eine gefährliche Berührungsspannung durch automatische Abschaltung der Stromversorgung zu beseitigen. Die Auswahl der passenden Schutzgeräte und die Auslegung der Schutzleiter ist abhängig von der Netzform. IEC 364-4-41 macht dazu in Abschnitt 413.1 folgende Aussagen:

TN- System

● Alle berührbaren leitfähigen Teile werden über Schutzleiter mit dem geerdeten Punkt (meist ist das der Sternpunkt) des Netzes verbunden.

● In festen elektrischen Anlagen darf die Funktion des Schutzleiters (PE) und des Neutralleiters (N) in einem gemeinsamen PEN-Leiter zusammengefasst werden.

● Als Schutzgeräte eignen sich Überstromschutzeinrichtungen und Fehlerstromschutzschalter.

● Nach einem Fehlerstromschutzschalter ist kein gemeinsamer PEN-Leiter mehr erlaubt, sondern nur getrennte PE- und N-Leiter.

● Die Ausschaltzeiten dürfen beim Strom, der das automatische Abschalten bewirkt, nach VDE 0100 Teil 410

- in Stromkreisen bis 35 A Bemessungsstrom mit Steckdosen höchstens 0,4 s, (Die Abschaltzeit 0,4 s gilt nur für Nennspannungen $U_0 = 230$ V).
- in allen anderen Stromkreisen höchstens 5 s

betragen.

Für andere Spannungen U_0 gelten die Werte der nachstehenden Tabelle.

U_0 V	Abschaltzeit s
120	0,8
230	0,4
277	0,4
400	0,2
> 400	0,1

Die Abschaltbedingung lautet: $Z_s \cdot I_a < U_0$

Darin bedeuten:

Z_s Impedanz der gesamten Fehlerschleife

I_a Strom, der das Abschalten in der erforderlichen Zeit bewirkt

U_0 Nennspannung gegen Erde

- Unter bestimmten Bedingungen darf die Abschaltzeit für Verteilerstromkreise größer sein, aber 5 s nicht überschreiten.
- Die Ausschaltbedingungen können nur mit der Impedanz der gesamten Fehlerschleife beurteilt werden. Dazu müssen entsprechende Angaben vom Anwender vorliegen.

TT-System

- Alle Körper, die durch eine Schutzeinrichtung gemeinsam geschützt sind, werden durch Schutzleiter an einen gemeinsamen Erder angeschlossen.
- Der Sternpunkt des Netzes ist getrennt geerdet am Transformator oder Generator.
- Die Schutzeinrichtungen müssen auslösen bei: $R_A \cdot I_a \leq 50$ V
  Darin bedeuten:
  R_A Summe der Widerstände des Erders und des Schutzleiters der Körper
  I_a Strom, der das Ausschalten der Schutzeinrichtung bewirkt
- Es dürfen Überstromschutzeinrichtungen und Fehlerstromschutzeinrichtungen eingesetzt werden.
- Bei Schaltern mit einer Stromzeitkennlinie muss die Abschaltung bei I_a mindestens in 5 s erfolgen.

a) TN-C-System

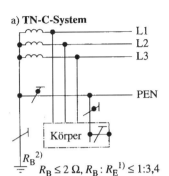

$R_B \leq 2\ \Omega,\ R_B : R_E{}^{1)} \leq 1{:}3{,}4$

(C Neutral- und Schutzleiter im ganzen Verlauf gemeinsam als PEN verlegt.)

b) TN-C-S-System

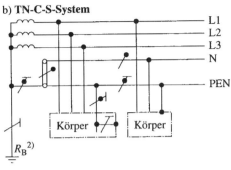

(C-S Neutral- und Schutzleiter zum Teil gemeinsam, als PEN-Leiter, zum Teil getrennt verlegt.)

c) TN-S-System

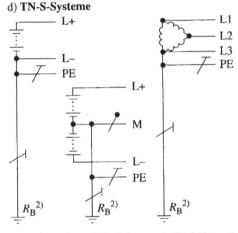

(S Neutral- und Schutzleiter im ganzen Verlauf getrennt verlegt.)

d) TN-S-Systeme

(Bei geerdetem Außenleiter nur ein TN-S-Netz möglich. Ein geerdeter Außenleiter darf nicht als PEN-Leiter verwendet werden, d. h., im ganzen Verlauf getrennter Außen- und Schutzleiter erforderlich.)

[1] R_A Übergangswiderstand der Körpererdung   [2] R_B Betriebserdungswiderstand

Erster Buchstabe **T** (Terre):	bezieht sich auf die Erdungsverhältnisse der Stromquelle: direkte Erdung eines Netzpunkts erforderlich.
Zweiter Buchstabe **N** (Neutral):	bezieht sich auf die Behandlung der Körper: Körper direkt geerdet (bei Schutz durch Meldung zusätzlicher Potentialausgleich im Handbereich erforderlich).
Dritter Buchstabe **C**	common
C-S	common-separate
S	separate

Bild 7.11   TN-System

119

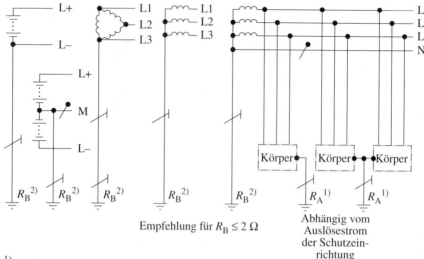

Empfehlung für $R_B \leq 2\ \Omega$

Abhängig vom
Auslösestrom
der Schutzein-
richtung

[1] R_A Übergangswiderstand der Körpererdung
[2] R_B Betriebserdungswiderstand

Achtung bei Verwendung von Neutralleitern!

Bei »Schutz durch Abschaltung mit Überstromschutzeinrichtungen« ist auch eine Überstromerfassung im Neutralleiter erforderlich.

Der Neutralleiter darf nicht vor den Außenleitern ab- bzw. zugeschaltet werden.

Ohne Schutz im Neutralleiter: Abschaltung der Außenleiter in $\leq 0{,}2$ s erforderlich.

Erster Buchstabe **T** (Terre):	bezieht sich auf die Erdungsverhältnisse der Stromquelle: direkte Erdung eines Netzpunkts erforderlich.
Zweiter Buchstabe **T** (Terre):	bezieht sich auf die Behandlung der Körper: Körper direkt geerdet (unter Umständen zusätzlicher Potentialausgleich erforderlich).

Bild 7.12   TT-System

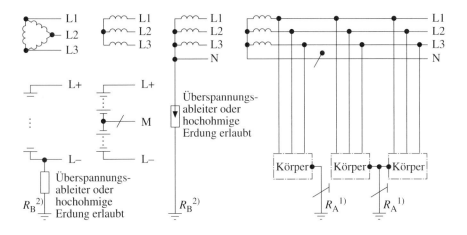

$^{1)}$ R_A Übergangswiderstand der Körpererdung
$^{2)}$ R_B Betriebserdungswiderstand

Achtung bei Verwendung von Neutralleitern!

Isolationsfestigkeit der verwendeten Betriebsmittel beachten!

Überstromerfassung im Neutralleiter erforderlich,. muss die Abschaltung aller Außenleiter einschließlich des Neutralleiters bewirken.

Der Neutralleiter darf nicht vor den Außenleitern ab- bzw. zugeschaltet werden.

Erster Buchstabe **I** (Isolation):	bezieht sich auf die Erdungsverhältnisse der Stromquelle: **keine** direkte Erdung eines Netzpunktes.
Zweiter Buchstabe **T** (Terre):	bezieht sich auf die Behandlung der Körper: Körper direkt geerdet (bei Schutz durch Meldung zusätzlicher Potentialausgleich im Handbereich erforderlich).

Bild 7.13 IT-System

IT-System

- Das Netz ist von der Erde getrennt oder hochohmig geerdet.

- Körper elektrischer Betriebsmittel werden einzeln oder in Gruppen über einen Schutzleiter mit einem Erder verbunden.

- Auslösebedingung: $R_A \cdot I_d < 50$ V

  Darin bedeuten:

  R_A Erderwiderstand für Körper

  I_d Fehlerstrom im Falle eines ersten Erdschlusses

- Isolationsüberwachung vorsehen. Beim ersten Fehler nur Meldung auslösen.

- Beim zweiten Fehler Abschaltung wie im TT-System, wenn die Körper einzeln oder in Gruppen geerdet wurden, oder wie im TN-System, wenn die Körper gemeinsam geerdet wurden.

- Abschaltzeit im IT-System beim zweiten Fehler, wenn nach dem ersten Fehler ein TN-System entsteht.

Nennspannung der Anlage U_0 / U V	Abschaltzeit Netze ohne Neutralleiter s	Abschaltzeit Netze mit Neutralleiter s
120/240	0,8	5
230/400	0,4	0,8
400/690	0,2	0,4
580/1000	0,1	0,2

Auch für die Beurteilung dieser Abschaltbedingungen ist die Kenntnis der gesamten Fehlerschleife erforderlich. Dazu müssen die Angaben vom Anwender vorliegen.

Folgerungen für die Auslegung von Schaltgerätekombinationen

Für den Hersteller von Schaltgerätekombinationen ergeben sich aus der Betrachtung der verschiedenen Netzformen folgende Erkenntnisse:

- In allen Netzen werden neben den Außenleitern meist ein Neutralleiter und ein Schutzleiter benötigt.

- Nur im TN-C und TN-C-S System gibt es die Zusammenfassung von N- und PE-Leiter zu einem PEN-Leiter

- Ein Fehler kann innerhalb der Schaltgerätekombination auftreten. Hierbei werden vor allem die Verbindungen der Konstruktionsteile untereinander und mit dem Schutzleiter beansprucht. Probleme mit dem Ansprechen der Schutzeinrichtungen gibt es dabei nicht.

122

Für die Beurteilung der Kurzschlussfestigkeit ist der wahrscheinliche Fehlerstrom zugrunde zu legen, der deutlich niedriger sein kann als der Kurzschlussstrom an der Einbaustelle der Schaltgerätekombination.

- Liegt der Fehler außerhalb der Schaltgerätekombination, ist für die Beurteilung der Abschaltbedingung immer die Kenntnis der gesamten Fehlerschleife erforderlich. Die Angaben dazu muss der Anwender bereitstellen.

Für die konstruktive Ausführung des Schutzleiters – gemeint ist in diesem Zusammenhang die »Schutzleitersammelschiene« und nicht einzelne Schutzverbindungen, wie sie in Abschnitt 7.4.3.1.10 beschrieben werden – gibt es folgende Möglichkeiten:

- den gesonderten Schutzleiter.
  Er muss als solcher gekennzeichnet sein und nach Abschnitt 7.4.3.1.7 bemessen werden. Für PTSK ist das die einzig zugelassene Lösung.
- den Schutzleiter, der aus leitfähigen Konstruktionsteilen besteht, die untereinander leitend verbunden sind.
  Der Querschnitt muss den in Abschnitt 7.4.3.1.7 geforderten Querschnitten gleichwertig sein. Die Eignung der benutzten Konstruktionsteile und Verbindungen muss immer durch eine Typprüfung nachgewiesen werden.
- den Schutzleiter, der aus der Kombination eines gesonderten Schutzleiters und den mit ihm verbundenen leitfähigen Konstruktionsteilen besteht.
  Diese Ausführung dürfte bei den meisten Schaltgerätekombinationen anzutreffen sein. Ihre Eignung muss immer in einer Typprüfung nachgewiesen werden.

Zu 7.4.3.1.1 [Verbindung mit dem Schutzleiter]

Die durchgehende Verbindung aller berührbaren inaktiven Metallteile untereinander und mit dem Schutzleiter muss durch konstruktive Maßnahmen sichergestellt werden. Mit anderen Worten bedeutet das, dass alle Verschraubungen innerhalb einer Schaltgerätekombination auf ihre dauerhafte Leitfähigkeit und auf ihre Stromtragfähigkeit beurteilt und geprüft werden müssen (Details siehe Abschnitte 7.4.3.1.5 und 7.4.3.1.6). Will man das umgehen, weil man z. B. für eine PTSK diesen Aufwand scheut, sind immer ein gesonderter Schutzleiter und gesonderte Schutzverbindungen nach Abschnitt 7.4.3.1.10 einzusetzen. Der gesonderte Schutzleiter ist in diesem Fall so anzuordnen, dass der Einfluss der elektromechanischen Kräfte der Sammelschienen im Fehlerfall vernachlässigbar ist, z. B. Einbau der Sammelschienen oben im Feld und Schutzleiter unten.

Zu 7.4.3.1.2 [Teile, die nicht mit dem Schutzleiter verbunden werden müssen]

Die Gefahr eines elektrischen Schlags ist dann besonders groß, wenn Teile großflächig berührt oder gar mit der Hand umfasst werden können. Für kleine Teile wie Schrauben, Nieten oder nicht zugängliche Teile wie Magneten von Schützen trifft dies nicht zu. Diese Teile müssen deshalb nicht mit dem Schutzleiter verbunden werden. Die gleiche Erleichterung gilt für Teile, bei denen ein Übertritt der Spannung von aktiven Teilen durch konstruktive Maßnahmen ausgeschlossen ist.

Zu 7.4.3.1.3 Bedienteile (Griffe, Handräder usw.)

Bedienteile stellen immer eine besondere Gefahr dar, wenn sie im Fehlerfall eine gefährliche Spannung führen können. Es wird deshalb in der vorliegenden Norm nachdrücklich empfohlen, diese Teile aus Isolierstoff herzustellen oder sie zumindest mit einer Isolation zu überziehen, die für die größte Isolationsspannung des zugehörigen Gerätes geeignet ist. Die Norm empfiehlt also für diese Teile den Schutz durch Isolierung und nicht durch Abschaltung.

Wenn das nicht möglich ist, weil z. B. die Kräfte, die übertragen werden müssen, einen Einsatz von Isolierstoff verbieten und die Bedienteile aus Metall hergestellt werden müssen, muss eine dauerhafte Verbindung mit dem Schutzleiter sichergestellt sein.

Zu 7.4.3.1.4 [Lackierte und emaillierte Metallteile]

Lackierte und emaillierte Metallteile müssen wie alle anderen Metallteile mit einem Schutzleiter verbunden werden, damit sie in die Schutzmaßnahme »Schutz durch Abschaltung« einbezogen werden können.Die Isoliereigenschaften moderner Pulverbeschichtungen oder gesinterter Oberflächen können in Sonderfällen auch als geeignete Isolierung für den Personenschutz angesehen werden. Die Qualität und die Eignung für den vorgesehenen Einsatzfall ist dann jedoch besonders nachzuweisen. Nähere Einzelheiten hierzu unter Abschnitt 7.4.3.2.2 Schutzisolierung.

Zu 7.4.3.1.5 [Durchgehende Schutzleiterverbindung]

Dieser Abschnitt behandelt konstruktive Details für die Gestaltung und Dimensionierung der durchgehenden Schutzleiterverbindung. Obwohl die vorliegende Norm diese Unterscheidung nicht so konsequent macht, sollte der Begriff **Schutzleiterverbindung** immer dann gebraucht werden, wenn Fehlerströme aufgrund von Fehlern außerhalb der Schaltgerätekombination zu erwarten sind.

Von **Schutzverbindung** sollte man sprechen, wenn der Fehler innerhalb der Schaltgerätekombination liegt und deshalb meist erheblich kleinere Fehlerströme auftreten, weil Fehler eher in den oft sehr umfangreichen Steuerstromkreisen zu erwarten sind als in den mit großen Querschnitten ausgeführten Hauptstromkreisen.

Zu 7.4.3.1.5 a) [Entfernbare Teile]

Wenn es notwendig ist, Teile einer Schaltgerätekombination für Wartungszwecke zu entfernen, darf dabei die Schutzleiterverbindung zu anderen Teilen der Schaltgerätekombination nicht unterbrochen werden. Das heißt man darf nur solche Teile des Gerüstes oder der Tragkonstruktion in die Dimensionierung der Schutzleiterstrombahn einbeziehen, die später nicht mehr entfernt werden müssen. Die ausreichende Stromtragfähigkeit der Verbindungen kann nur durch eine Typprüfung nachgewiesen werden. Als möglicher Erdschluss ist dabei der Anteil des Kurzschlussstroms anzusetzen, der im Nebenschlussstrom zu einem gesonderten Schutzleiter vom Gerüst übernommen wird, auch wenn das nicht beabsichtigt sein sollte. Häufig teilen sich viele parallele Schraubstellen den Strom, so dass sich die Belastung für die einzelne Verschraubung in Grenzen hält. Wenn lackierte Teile mit Schrauben miteinander verbunden werden sollen, muss eine leitfähige Verbindung durch besondere Maßnahmen sichergestellt werden. Als sehr zuverlässig haben sich für diesen Zweck gezahnte Kontaktscheiben erwiesen (**Bild 7.14**), die neben der Herstellung einer leitfähigen Verbindung auch für die Schraubensicherung sorgen. Zusammen mit Schrauben entsprechender Festigkeit, die mit dem notwendigen Drehmoment angezogen werden, ermöglicht die gezahnte Kontaktscheibe:

- die Aufrechterhaltung einer genügenden Vorspannkraft, um das Selbstlockern der Schraubenverbindung zu verhindern
- das Durchdringen von nicht leitenden Beschichtungen oder Verunreinigungen durch die am Rand der Scheibe angeordneten Zähne. Dies gilt auch für harte Pulverbeschichtungen bis zu Dicken von 200 µm

Werden zum mechanischen Schutz von isolierten Leitungen Metallschläuche verwendet, dürfen diese nicht als Schutzverbindungen verwendet werden. Sie müssen aber durch Verbindung mit dem Schutzleiter in die zur Anwendung kommende Schutzmaßnahme einbezogen werden.

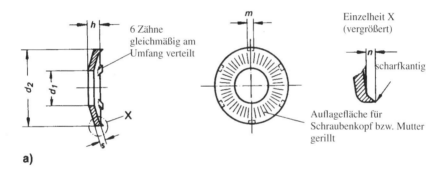

a)

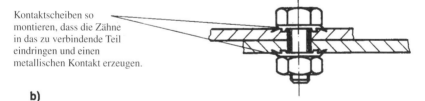

b)

Bild 7.14 Gezahnte Kontaktscheibe. Modernes Element zur Herstellung einer dauernd gut gleitfähigen Verbindung, z. B. zwischen farbbeschichteten Blechen und zur Aufrechterhaltung der Vorspannkraft einer Schraubenverbindung (Federelement)

a) Ansicht

b) Anwendung bei Verbindung von zwei oberflächenbeschichteten Blechen

Zu 7.4.3.1.5 b) [Tragende Metallflächen]

Die Verbindung zwischen einem herausnehmbaren Teil oder einem Einschub mit dem Gerüst ist eine Schutzverbindung, die nur einen Fehler innerhalb der Schaltgerätekombination beherrschen muss. Tragende Metallflächen genügen meist diesen Bedingungen. In der vorliegenden Norm wird ausdrücklich erwähnt, dass diese Schutzverbindung in allen Stellungen des Einschubes bis hin zur Trennstellung aufrechterhalten werden muss.

Zu 7.4.3.1.5 c) [Deckel, Türen, Abschlussplatten]

Deckel, Türen oder Abschlussplatten, an denen keine Betriebsmittel befestigt sind, können nur dadurch spannungsführend werden, dass sich im Inneren der Schaltgerätekombination ein Draht löst und die Teile der Verkleidung berührt. Dieses Risiko ist nur bei kleinen Querschnitten bis etwa 10 mm^2 gegeben. Größere Querschnitte sind so steif, dass sie sich nur wenig bewegen, auch wenn sich eine Klemmstelle lockern sollte. Es sind also auch nur kleine Fehlerströme zu erwarten, die von den üblichen Befestigungsmitteln und Scharnieren geführt werden können. Wenn auf den Türen oder Verkleidungen Geräte mit einer berührungsgefährlichen Betriebsspannung eingebaut werden, fordert die vorliegende Norm eine gesonderte Schutzverbindung, deren Querschnitt dem größten Außenleiterquerschnitt zu dem Gerät entspricht. Besondere für diesen Zweck konstruierte elektrische Verbindungen, wie z. B. Schleifkontakte oder korrosionsgeschützte Scharniere, sind ebenfalls zugelassen.

Zu 7.4.3.1.5 d) [Thermische und dynamische Belastung]

Die höchsten Kurzschlussbeanspruchungen, die am Aufstellungsort der Schaltgerätekombination im Schutzleiter auftreten können, sind stark abhängig von der Netzform.

Im TN-Netz können im Schutzleiter etwa 50 % des dreipoligen Kurzschlussstromes fließen.

In IT-Netzen entsteht die kritischste Situation, wenn ein erster Erdschluss nicht beseitigt wurde und dann ein zweiter Erdschluss auftritt. In diesem Fall können dann etwa 85 % des dreipoligen Kurzschlusses auftreten.

Auch wenn ein gesonderter Schutzleiter vorgesehen wird, übernehmen die leitfähigen Teile der Gerüste oder Schränke in den meisten Fällen einen Teil des Kurzschlussstromes. Da die Widerstandsverhältnisse wegen der vielen parallel und in Reihe geschalteten Verbindungsstellen sich einer Rechnung entziehen, muss bei der Typprüfung nachgewiesen werden, dass der gesonderte Schutzleiter und vor allem die Übergangsstellen in Gerüst oder Schrank nicht unzulässig beansprucht werden. Details für diese Typprüfung finden sich in Abschnitt 8.2.4.

Zu 7.4.3.1.5 e) [Gehäuse als Teil des Schutzleiters]

Die alleinige Verwendung von Teilen des Gehäuses einer Schaltgerätekombination als Schutzleiter wird nur bei sehr kleinen Anlagen sinnvoll sein. Häufiger ist das Zusammenwirken mit einem gesonderten Schutzleiter. Bei der Querschnittsfestlegung können dann beide Teile des Schutzleiters gemeinsam betrachtet werden.

Zu 7.4.3.1.5 f und g) [Trennstellen im Schutzleiter]

Durchgehende Schutzleiterverbindungen dürfen prinzipiell nicht durch »einfach zu bedienende« Schaltgeräte unterbrochen werden. Trennlaschen sind jedoch zulässig, wenn sie nur mit Werkzeug entfernt werden können und nur für berechtigte Personen zugängig sind.

Zu 7.4.3.1.6 [Schutzleiteranschluss]

Bei Schaltgerätekombinationen ohne gesonderten Schutzleiter muss der von außen herangeführte Schutzleiter direkt mit dem Gehäuse verbunden werden. Da die Gehäuse meist auch innen lackiert sind, muss für den Anschluss des Schutzleiters eine eigene kontaktblanke Stelle geschaffen werden. Am häufigsten werden hierzu Kupfer-Erdungsbolzen aufgeschweißt. Für den Anschluss größerer Querschnitte werden spezielle Anschlussbleche geliefert, die leitfähig mit dem Gerüst verschraubt werden **(Bild 7.15)**.

Sollen die Erdungsflächen ohne diese Hilfsmittel an lackierten Stellen oder unebenen Gussflächen angearbeitet werden, ist dabei DIN 46008 zu beachten.

Für jeden abgehenden Stromkreis ist ein eigener Anschluss geeigneter Größe vorzusehen. Dieser Anschluss darf keine andere Funktion haben. Eine Kombination von mechanischer Befestigung eines Teiles und der elektrischen Verbindung mit den Teilen des Schutzleiters, wie das im Innern der Schaltgerätekombination üblich ist, ist für die von außen eingeführten Schutzleiter nicht erlaubt.

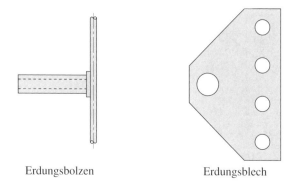

Erdungsbolzen   Erdungsblech

Bild 7.15   Erdungsbolzen und Erdungsblech

Zu 7.4.3.1.7 [Querschnitte für Schutzleiter (PE, PEN)]

Der Querschnitt des Schutzleiters darf nach Tabelle 3 dieser Norm oder durch Rechnung oder Prüfung bestimmt werden.

a) Schutzleiter in Abhängigkeit von den Außenleitern

Die Querschnitte nach Tabelle 3, wie sie **Bild 7.16** im Überblick zeigt, dürfen in allen Netzformen ohne Bedenken angewendet werden. Sie liegen weit auf der sicheren Seite. Das gilt auch für die neu hinzugekommenen Werte für Außenleiterquerschnitte über 400 mm^2. Wenn sich aus der Tabelle kein Normquerschnitt ergibt, muss der nächstgrößere Normquerschnitt verwendet werden. Falls der Schutzleiter aus einem anderen Material hergestellt werden soll als der Außenleiter, ist der Querschnitt so festzulegen, dass sich der gleiche Leitwert ergibt wie bei Anwendung der Tabelle 3 dieser Norm.

Für den PEN-Leiter gelten zusätzliche Anforderungen:

- der Querschnitt darf nicht kleiner sein als 10 mm^2 Cu oder 16 mm^2 Al;

- der PEN-Leiter braucht innerhalb der Schaltgerätekombination nicht isoliert zu sein;

- Konstruktionsteile dürfen nicht als PEN-Leiter verwendet werden.

  Tragschienen aus Kupfer oder Aluminium, wie sie oft für die Befestigung von Reihenklemmen oder kleinen Schaltgeräten verwendet werden, sind von dieser Regel ausgenommen. Sie dürfen als PEN-Leiter verwendet werden.

- für bestimmte Anwendungen, bei denen der Strom in PEN-Leitern hohe Werte erreichen kann, z. B. in elektrischen Anlagen mit einer großen Anzahl von Leuchtstoffröhren-Leuchten, kann es erforderlich sein, dass der PEN-Leiter dieselbe oder eine höhere Stromtragfähigkeit besitzt als der Außenleiter. Darüber ist eine Vereinbarung zwischen Hersteller und Anwender erforderlich.

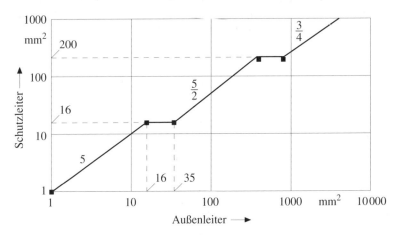

Bild 7.16   Schutzleiterquerschnitte

b) Berechnung oder Prüfung

Die Berechnung oder Prüfung soll nachweisen, dass der gewählte Querschnitt bei einem Erdschluss außerhalb der Schaltgerätekombination thermisch nicht überlastet wird. Dabei müssen in beiden Fällen die Impedanz der ungünstigsten Fehlerschleife und die Abschaltcharakteristik der in der Fehlerschleife liegenden Kurzschlussschutzeinrichtung berücksichtigt werden. Die Gleichung ist:

$$S_p = \sqrt{\frac{I^2 \cdot t}{k}}$$

darin bedeuten:

S_p Mindestquerschnitt in mm²

I Kurzschlusswechselstrom in A

t Ausschaltzeit in s

k Werkstofffaktor

Aus Anhang B geht davon aus, dass in der kurzen Zeit von 0,2 s bis 5 s, die bis zur Abschaltung vergeht, die gesamte Wärme, die durch den Fehlerstrom im Schutzleiter erzeugt wird, im Leiter gespeichert wird und diesen erwärmt. Als Grenztemperatur werden für blanke Leiter 250 °C, für PVC-isolierte Leiter 160 °C und für Isolierungen aus Butyl-Kautschuk 220 °C angenommen. Hat die Kurzschlussschutzeinrichtung strombegrenzende Eigenschaften, kann der $I^2 \cdot t$-Wert, den die Schutzeinrichtung bei der Abschaltung durchlässt, direkt aus den entsprechenden Herstellerunterlagen entnommen werden. In der vorliegenden Norm wird die Gültigkeit der Formel auf Werte zwischen 0,2 s bis 5 s eingegrenzt. Das ist etwas unverständlich, da in IEC 60364-5-54, auf die verwiesen wird, als Geltungsbereich alle Zeiten unter 5 s angegeben werden.

Es sei an dieser Stelle darauf hingewiesen, dass sich die vorstehenden Berechnungen nur auf die thermische Belastbarkeit des Schutzleiterstromkreises beziehen. Die dynamische Festigkeit kann bei der Prüfung der Hauptsammelschienen mit nachgewiesen werden. In allen anderen Fällen ist der Schutzleiter so anzuordnen, dass auf ihn keine nennenswerten Kräfte einwirken (siehe Abschnitt 7.4.3.1.1).

Zu 7.4.3.1.8 [Verlegung des Schutzleiters]

Im Allgemeinen muss der Schutzleiter nicht isoliert von leitfähigen Gehäusen oder Tragkonstruktionen verlegt werden. Da aber, wie bereits erläutert, im Falle eines Fehlers ein Teil des Erdschlussstromes über diese leitfähigen Teile fließen kann, sollten die Berührungspunkte zwischen dem Schutzleiter und diesen Teilen nicht dem Zufall überlassen werden, sondern ausreichend stromtragfähig ausgeführt werden. Wenn die Stromtragfähigkeit der Gehäuse und Tragkonstruktionen nicht bekannt oder für den vorliegenden Fall zu klein ist, kann es richtiger sein, nur einen Verbindungspunkt so vorzusehen, dass der unerwünschte Nebenschluss nicht zustande kommt.

Zu 7.4.3.1.9 [Zuleitung zu Schutzeinrichtungen]

Zuleitungen zu Fehlerspannungsschutzeinrichtungen und Hilfserdern sind Messleitungen, die sorgfältig isoliert sein müssen. Da diese Messeinrichtungen meist sehr hochohmig arbeiten, können noch weitere Maßnahmen erforderlich sein. Diese sind den zutreffenden Bestimmungen und Betriebsanleitungen zu entnehmen.

Zu 7.4.3.1.10 [Schutzverbindungen]

Die Körper elektrischer Betriebsmittel werden meist durch die Befestigung auf leitfähigen Tragblechen, Tragschienen oder Einschüben mit dem Schutzleiterstromkreis verbunden. Die Stromtragfähigkeit dieser Verbindungen wird im Rahmen der Typprüfung nachgewiesen (Abschnitt 8.2.4). Wenn die Betriebsmittel auf nichtleitenden Konstruktionsteilen befestigt werden müssen oder eine leitende Verbindung aus anderen Gründen über die Befestigung nicht zustande kommt, müssen die Körper über eine gesonderte Schutzverbindung mit dem Schutzleiterstromkreis verbunden werden.

Innerhalb der Schaltgerätekombination können Fehler gegen Erde nur durch lose Leitungen oder infolge eines Störlichtbogens auftreten. In beiden Fällen ist der zu erwartende Fehlerstrom wesentlich kleiner als der Kurzschlussstrom an der Einbaustelle. Für die Schutzverbindung werden deshalb die Querschnitte der Tabelle 3 ohne weiteren Nachweis als ausreichend angesehen.

Zu 7.4.3.2 Schutzmaßnahmen ohne Schutzleiter

Ohne Schutzleiter kann bei Schaltgerätekombinationen der Schutz bei indirektem Berühren durch

- Schutztrennung oder
- Schutzisolierung

erreicht werden.

Zu 7.4.3.2.1 Schutztrennung

Die Schutztrennung wird vor allem eingesetzt, um einzelne Arbeitsgeräte in kritischer Umgebung sicher betreiben zu können. Die Schaltgerätekombinationen sind nur insoweit betroffen, als unter Umständen von ihnen aus Stromkreise mit Schutztrennung versorgt werden müssen. In diesem Fall sind die Anforderungen aus IEC 60364-4-41 Abschnitt 413.5 zu beachten.

Ähnlich wie beim IT-System führt auch in einem Stromkreis mit Schutztrennung der erste Fehler noch nicht zu einer Gefährdung. Bei Schutztrennung mit mehreren Verbrauchern muss beim Auftreten von zwei Fehlern an unterschiedlichen Betriebsmitteln ein Potentialausgleichsleiter vorhanden sein, um eine automatische Abschaltung mindestens eines Fehlers innerhalb einer Zeit zu erfüllen, wie sie im TN-System vorgeschrieben ist (siehe Erläuterungen zu Abschnitt 7.4.3.1).

Zu 7.4.3.2.2 Schutz durch Schutzisolierung

Anders als bei Schutzmaßnahmen mit Schutzleiter, bei denen sichergestellt wird, dass eine gefährliche Berührungsspannung schnell abgeschaltet wird, kann bei schutzisolierten Schaltgerätekombinationen überhaupt keine gefährliche Berührungsspannung entstehen. Die Schutzisolierung ist also eine Schutzmaßnahme, die auch ohne Fehler wirksam ist. Ein weiterer Vorteil ist, dass Fehler in der Schutzisolierung in der Regel nur infolge erheblicher mechanischer Beschädigungen auftreten und damit auch von elektrotechnischen Laien erkannt werden können. Bei Schutzmaßnahmen mit Schutzleiter kann dagegen die Wirksamkeit der Schutzmaßnahme nur durch Messung durch eine Elektrofachkraft beurteilt werden.

Die Abschnitte a) bis f) bringen Aussagen zur konstruktiven Gestaltung von schutzisolierten Schaltgerätekombinationen

a) [Gehäuse und Kennzeichnung]

Das Gehäuse muss alle Betriebsmittel vollständig mit Isolierstoff umhüllen (Schutzart siehe d)). Es muss mit dem Bildzeichen ▣ Nr. 5172 nach IEC 60417 gekennzeichnet sein. Diese Kennzeichnung muss von außen gut sichtbar sein.

b) [Werkstoff des Gehäuses]

Mit modernen Formstoffen bereitet es keine Schwierigkeiten, die geforderten mechanischen und elektrischen Anforderungen zu erfüllen. Probleme bestehen unter Umständen bei der thermischen Beanspruchung und bei der Flammwidrigkeit. Die früher für diesen Zweck eingesetzten Halogenverbindungen sind heute wegen ihrer Giftigkeit im Falle eines Brandes und wegen der Probleme bei einer späteren Wiederverwendung oder Entsorgung nicht mehr erwünscht. Es müssen deshalb möglichst sortenreine Formstoffe verwendet werden, die bei einer Wiederverwendung oder Verbrennung keine Probleme bereiten.

c) [Isolation von Befestigungsteilen und Bedienteilen]

An keiner Stelle des Gehäuses darf die Möglichkeit bestehen, dass über leitfähige Teile eine Fehlerspannung nach außen verschleppt werden kann. Befestigungsstellen für die Gehäuse und Deckelverschlüsse müssen deshalb außerhalb des geschützten Raums angeordnet werden **(Bild 7.17)**.

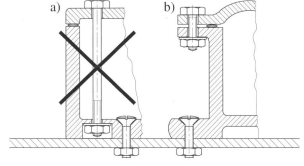

Bild 7.17 Befestigung und Deckelverschluss eines Isolierstoffgehäuses

a) Spannungsverschleppung im Fehlerfall möglich

b) richtige Befestigung

131

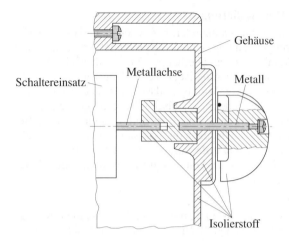

Bild 7.18
Schutzisoliertes Bedienteil

Eine Verwendung von Schrauben aus Isolierstoff wird für diesen Zweck meist abgelehnt, weil die Gefahr besteht, dass diese im Falle eines Verlustes durch Schrauben aus Metall ersetzt werden.

Antriebswellen aus Metall müssen innerhalb oder außerhalb des Gehäuses für die größte Bemessungsisolationsspannung oder Bemessungsstoßspannung isoliert werden, die für ein Betriebsmittel in der Schaltgerätekombination erforderlich ist. Das Gleiche gilt für Bedienteile aus Metall und für Bedienteile, die zwar aus Isolierstoff bestehen, aber im Inneren Metallteile enthalten, die bei einer Beschädigung des Bedienteiles berührt werden können. In der Praxis bedeutet das, dass nur eine innenliegende Isolation, die von einer Zerstörung durch äußere Gewalteinwirkung sicher ist, die geforderte Sicherheit bietet (**Bild 7.18**).

d) [Schutzart im betriebsfertigen Zustand, isolierter Schutzleiter]

Im betriebsfertigen Zustand, nach Anschluss an das Versorgungsnetz müssen alle aktiven Teile und berührbaren Körper elektrischer Betriebsmittel und die Teile eines eventuell vorhandenen Schutzleiterstromkreises vom Gehäuse mit einer Schutzart von mindestens IP3XD umschlossen sein. Das heißt beim Anschluss der Schaltgerätekombination an das Netz darf die Schutzisolierung nicht z. B. durch PG-Verschraubungen aus Metall oder durch Einführung von Stahlpanzerrohren zunichte gemacht werden.

Wenn für andere Anlagenteile ein Schutzleiter benötigt wird, darf dieser durch die schutzisolierte Schaltgerätekombination hindurchgeführt werden. Er muss dann aber wie ein aktiver Leiter isoliert werden und in geeigneter Weise gekennzeichnet werden (**Bild 7.19**).

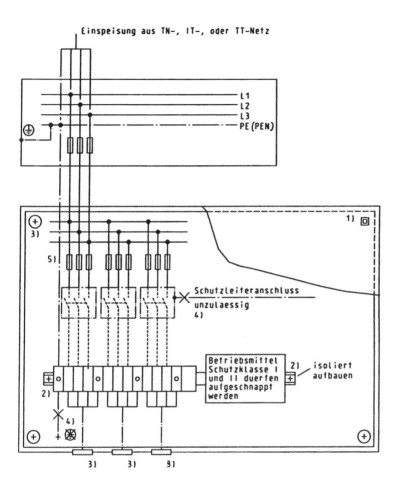

Anforderungen und Erläuterungen

1 Schutzisolierte Gehäuse nach VDE 0660 Teil 500 müssen mindestens der Schutzart IP4X entsprechen.

2 Werden Reihenklemmentragschienen zum Durchschleifen des Schutzleiters (PE) verwendet, dann müssen diese als Schutzleiter gekennzeichnet werden (mit »gnge« oder durch Bildzeichen »Schutzleiter« ⏚ nach DIN 40011)

3 Metall-PG-Verschraubungen, Befestigungsschrauben und andere Körper/Leitfähige Teile dürfen nicht durch Gehäuse/Umhüllungen ragen, es sei denn, sie sind gegen innere aktive Teile und Körper entsprechend den Anforderungen der Schutzklasse II isoliert.

4 Schutzleiteranschlüssse an Körpern (z. B. Gerätetragplatte) sind unzulässig.

Bild 7.19 Beispiel einer an ein Netz mit Schutzleiter angeschlossenen schutzisolierten Schaltgerätekombination

Die geforderte Schutzart bezieht sich auf die Teile einer Schaltgerätekombination, die üblicherweise auch von Laien gefahrlos berührt werden können. Auf Steckdosen oder Schraubsicherungen trifft das nicht zu. Diese Verbrauchsgeräte, die nach VDE 0105 auch von Laien benutzt und bedient werden dürfen, können auch in die Verkleidung schutzisolierter Schaltgerätekombinationen eingebaut werden, ohne dass die Kombination ihre Schutzart verliert. Selbstverständlich müssen dafür geeignete Isolierstoff-Einbau-Steckdosen oder Sicherungen verwendet werden, die das Risiko einer ungewollten Spannungsverschleppung ausschließen.

e) [Körper elektrischer Betriebsmittel]

Berührbare inaktive leitfähige Teile, so genannte Körper elektrischer Betriebsmittel, dürfen in einer schutzisolierten Schaltgerätekombination nicht mit dem Schutzleiter verbunden werden. Damit soll verhindert werden, dass beim Arbeiten unter Spannung ein abrutschendes Werkzeug einen Erdschluss verursacht.

Diese Forderung ist inzwischen stark umstritten. Bei einer Erdung aller leitfähigen Teile innerhalb der Schaltgerätekombination würde ein Fehler, hervorgerufen z. B. durch einen losen Draht, sofort erkannt und abgeschaltet. Im anderen Fall bleibt die gefährliche Spannung beliebig lange bestehen und gefährdet später Personen, die an der geöffneten Anlage arbeiten wollen.

Wenn aus bestimmten Gründen die Körper elektrischer Betriebsmittel doch mit dem Schutzleiter verbunden werden, wird die Schaltgerätekombination zu einem Betriebsmittel der Schutzklasse I nach VDE 0106 Teil 1. Das Bildzeichen »Doppelquadrat« ▢ des schutzisolierten Gehäuses, das zur Kennzeichnung eines Betriebsmittels der Schutzklasse II dient, ist dann zu entfernen oder unkenntlich zu machen. Der Schutzleiteranschluss ist in gewohnter Weise mit dem Bildzeichen »Schutzleiter« ⏚ zu kennzeichnen.

f) [Türen und Verkleidungen]

Türen oder Verkleidungen, die sich ohne Werkzeug oder Schlüssel öffnen lassen, sind üblicherweise auch für Laien zugängig. Man würde deshalb an dieser Stelle der Norm einen vollständigen Berührungsschutz erwarten, wie er durch Abdeckungen erreicht wird. Die vorliegende Norm begnügt sich aber mit Hindernissen, die nur einen Schutz gegen zufälliges Berühren bieten.

Zusätzliche Türen oder Verkleidungen aus Stahlblech oder anderen Werkstoffen, die aus optischen Gründen oder als mechanischer Schutz bei rauem Betrieb vorgesehen werden, sind nicht Bestandteil der schutzisolierten Schaltgerätekombination und verändern nicht deren Status als Betriebsmittel der Schutzklasse II. Sie gelten nicht als elektrische Betriebsmittel. Werden jedoch z. B. in eine Stahlblechtür Messgeräte oder Befehlsgeräte eingebaut, die mit der schutzisolierten Schaltgerätekombination zusammenwirken, so handelt es sich dabei um ein zusätzliches Betriebsmittel der Schutzklasse I, das nach den Regeln des Schutzes mit Schutzleiter nach Abschnitt 7.4.3.1 ausgeführt werden muss **(Bild 7.20)**.

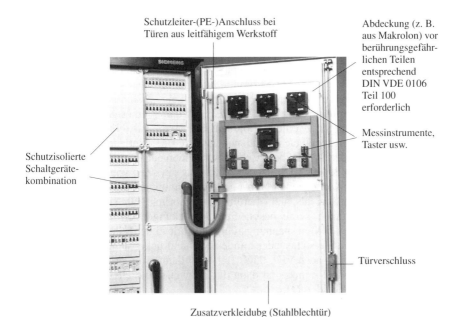

Schutzleiter-(PE-)Anschluss bei
Türen aus leitfähigem Werkstoff

Abdeckung (z. B.
aus Makrolon) vor
berührungsgefähr-
lichen Teilen
entsprechend
DIN VDE 0106
Teil 100
erforderlich

Messinstrumente,
Taster usw.

Schutzisolierte
Schaltgeräte-
kombination

Türverschluss

Zusatzverkleidubg (Stahlblechtür)

Bild 7.20   Schutzisolierter Verteiler mit zusätzlicher Tür in Schutzklasse I

Zu 7.4.4   Entladung elektrischer Ladungen

Kondensatoren und Batterien behalten auch nach dem Abschalten der Versorgungsspannung für eine mehr oder weniger lange Zeit ihre Ladung. Dadurch können Gefahren entstehen, wenn an einer Schaltgerätekombination gearbeitet wird, die nach
dem Abschalten der Einspeisung vermeintlich spannungsfrei ist. Für den Schutz gegen direktes Berühren und bei indirektem Berühren können die folgenden Betriebsmittel unterschieden werden:

● Batterien,

● Leistungskondensatoren und

● Beschaltungskondensatoren.

Batterien

Batterien mit Nennspannungen über 60 V sind mit einem Warnschild zu versehen,
das auf die gefährliche Berührungsspannung hinweist. Für den Schutz gegen direktes und den Schutz bei indirektem Berühren gelten die gleichen Bedingungen wie
für alle anderen Betriebsmittel.

135

Leistungskondensatoren

Leistungskondensatoren führen während des Betriebes die Spannung des versorgenden Netzes. Ihr Schutz gegen direktes Berühren und der Schutz bei indirektem Berühren unterscheiden sich deshalb zunächst nicht von den anderen Betriebsmitteln. Nach dem Abschalten im Stromnulldurchgang, wie das mit den üblichen Schaltgeräten erfolgt, liegt am Kondensator jedoch eine Spannung, die dem Scheitelwert der Netzspannung entspricht. Da das Einschalten eines geladenen Kondensators für die Schaltgeräte eine unzulässige Belastung darstellt, entlädt man die Kondensatoren über geeignete Entladewiderstände oder Entladedrosseln. Je nach erforderlicher Wiedereinschaltbereitschaft wählt man für eine Entladung auf eine Spannung von weniger als 10 % der Netzspannung eine Zeit von 5 s bis zu einigen Minuten. Nach der vorliegenden Norm gelten Spannungen, die in weniger als 5 s auf unter 120 V sinken, als nicht berührungsgefährlich. Für sie sind also keine Warnschilder und auch keine besonderen Abdeckungen erforderlich. Sind die Entladezeiten länger, sollten spannungsführende Teile in der Nähe von Bedienteilen je nach ihrer Lage fingersicher oder mindestens handrückensicher ausgeführt werden. Warnschilder sind nach VDE 0560 Teil 4 nur dann erforderlich, wenn die Entladezeit länger ist als 1 min. Es ist dann das Hinweisschild HS1 nach DIN 40008 Teil 6 anzubringen (**Bild 7.21**).

Beschaltungskondensatoren

Kondensatoren, wie sie z. B. für die Lichtbogenlöschung oder für das verzögerte Abfallen von Relais verwendet werden, werden oft so an die Schaltgeräte angebaut, dass

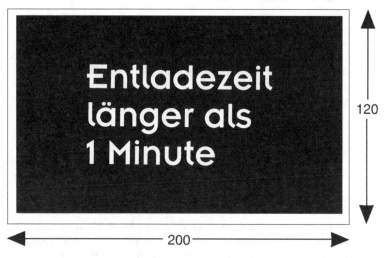

Bild 7.21   Hinweisschild HS1 nach DIN 40008 Teil 6

sie nicht unbeabsichtigt berührt werden können. In allen anderen Fällen hängt es von der gespeicherten Ladung und der Spannung ab, ob eine Berührung gefährlich ist. Von der Berufsgenossenschaft wird ein Energieinhalt ($C\,U^2/2$) von 350 mWs als ungefährlich angesehen. Die Grenze für die Wahrnehmbarkeit liegt jedoch wesentlich niedriger – bei etwa 3 mWs. Werte hierfür findet man im IEC-Report 1201 in Tabelle 2.

U V	C µF	$C\,U^2/2$ mWs [1]
100	0,58	2,9
150	0,17	1,9
200	0,09	1,8
250	0,06	1,9
300	0,04	1,8
400	0,03	2,4
500	0,02	2,5
700	0,01	2,5
[1] nicht in IEC enthalten		

Tabelle 7.5   Grenze für die Wahrnehmbarkeit beim Berühren geladener Kondensatoren nach IEC 1201

Das Berühren von Kondensatoren mit Ladungen etwas oberhalb der Wahrnehmbarkeitsgrenze stellt zwar noch keine tödliche Gefahr dar, es löst aber meist eine heftige Schreckreaktion aus, durch die dann unter Umständen andere, gefährlichere Teile berührt werden. Um das zu vermeiden, sollte man deshalb alle Kondensatoren größer als 0,01 µF gegen unbeabsichtigtes Berühren beim Arbeiten oder beim Betätigen von Bedienelementen schützen.

Zu 7.4.5   Bedienungs- und Wartungsgänge innerhalb von Schaltgerätekombinationen

Bei sehr umfangreichen Schaltgerätekombinationen kann es vorteilhaft sein, innerhalb der Schaltgerätekombination Gänge vorzusehen, von denen aus die Bedienelemente erreicht werden können und die leichten Zugang zu Anlagenteilen für Wartungsarbeiten ermöglichen. Die vorliegende Norm geht davon aus, dass diese Arbeiten und Bedientätigkeiten vor allem von Elektrofachkräften oder elektrotechnisch unterwiesenen Personen durchgeführt werden. Die Gänge müssen deshalb in abgeschlossenen elektrotechnischen Betriebsstätten liegen oder so verschlossen sein, dass sie nur mit einem Schlüssel geöffnet werden können. Unter diesen Voraussetzungen können die Gänge nach IEC 60364-4-481 dimensioniert werden. Dabei werden zwei Fälle unterschieden:

- die aktiven Teile sind durch Hindernisse gegen zufälliges Berühren geschützt,

- es ist kein Schutz gegen direktes Berühren vorgesehen.

Schutz durch Hindernisse

Zwischen Hindernissen oder zwischen Betätigungseinrichtungen oder zwischen diesen Elementen und Wänden ist ein Gang mit einer Breite von mindestens 700 mm vorzusehen. Dieses Maß gilt für Bedienungs- und für Wartungsgänge.

Die Durchgangshöhe unter Verkleidungen muss mindestens 2000 mm betragen. Übersicht dieser Festlegungen (**Bild 7.22**).

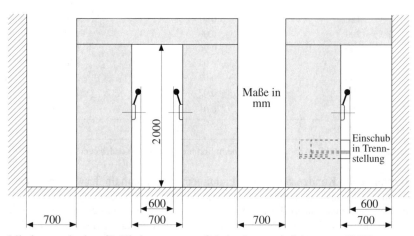

Mindestgangbreiten für Niederspannungs-Schaltanlagen mit Schutzart ≥ IP 2X nach DIN EN 60529 (VDE 0471 Teil 1)

Reduzierte Gangbreiten im Bereich offener Türen

Anmerkung! Bei gegeneinander aufgestellten Schrankreihen muss nicht mit gleichzeitig geöffneten Türen auf beiden Seiten gerechnet werden.

Bild 7.22   Gangbreiten bei geschlossenen Schaltgerätekombinationen

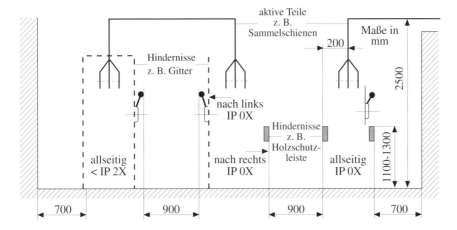

Mindestgangbreiten für Niederspannungs-Schaltanlagen mit Schutzarten < IP 2X (nur in elektrischen oder abgeschlossenen Betriebsstätten, nach DIN EN 60529 (VDE 0471 Teil 1))

Bild 7.23   Gangbreiten bei offenen Schaltgerätekombinationen

Kein Berührungsschutz vorgesehen

Wenn kein Berührungsschutz vorgesehen ist, die Sicherheit also nur durch Abstand erreicht werden muss, sind verständlicherweise größere Gangbreiten erforderlich. Es wird weiter angenommen, dass für Wartungsarbeiten spezielle Abdeckungen angebracht werden können, während das Bedienen ohne besondere Vorbereitungen erfolgen soll. Wartungsgänge mit Abdeckungen, die nach der Wartung wieder entfernt werden, dürfen daher 200 mm schmäler sein als Bedienungsgänge. Sollen für die Wartung keine Abdeckungen angebracht werden, sind generell 1500 mm breite Gänge vorgeschrieben. Kleinere Maße gelten, wenn nur an einer Seite ungeschützte gefährliche aktive Teile vorhanden sind und die andere Seite eine Wand oder ein Teil einer Schaltgerätekombination mit vollständigem Berührungsschutz (> IP20 oder > IPXXB) ist. Übersicht über diese Festlegungen **(Bild 7.23)**.

Es sei an dieser Stelle erwähnt, dass in der Umgebung von Bedienelementen aktive Teile je nach Lage fingersicher oder handrückensicher gestaltet werden müssen. Siehe Abschnitt 7.4.2.2.3 d).

Zu 7.4.6   Anforderungen an die Zugängigkeit für berechtigte Personen während des Betriebs

Alle Tätigkeiten, die von berechtigten Personen während des Betriebes ausgeführt werden sollen, müssen immer auch unter dem Gesichtspunkt der Unfallverhütung betrachtet werden. Sie berühren damit VDE 0105 »Betrieb von Starkstromanlagen«

und die Unfallverhütungsvorschrift »Elektrische Anlagen und Betriebsmittel VBG 4«. Damit bei der Auslegung dieser Normen keine Missverständnisse entstehen, werden die wichtigsten Begriffe nachstehend erläutert.

Berechtigte Person	Elektrofachkraft oder elektrotechnisch unterwiesene Person
Betrieb von Starkstromanlagen	Bedienen und Arbeiten
Bedienen elektrischer Betriebsmittel	Beobachten und Stellen (Schalten, Einstellen, Steuern)
Arbeiten an elektrischen Betriebsmitteln	Instandhalten (Reinigen, Warten, Beseitigen von Störungen, Auswechseln von Teilen, Probeläufe) Ändern Inbetriebnehmen
Betätigungselement	Stellteil (z. B. Drucktaster, Kipphebel) oder Wechselelement (z. B. Schraubsicherung, Meldelampe), die dazu dienen, die Funktion eines Betriebsmittels oder einer Anlage herzustellen, zu verändern oder anzuzeigen
Arbeiten in der Nähe unter Spannung stehender Teile	Tätigkeiten, bei denen sich eine Person mit Körperteilen oder Gegenständen an aktive Teile, gegen deren Berühren kein vollständiger Schutz vorhanden ist, auf eine Entfernung von weniger als 1 m annähern muss.

Die Anforderungen an die Zugängigkeit können je nach Bedeutung der Schaltgerätekombination für den von ihr beeinflussten Prozess sehr unterschiedlich sein. Sie müssen deshalb von Fall zu Fall zwischen Hersteller und Anwender vereinbart werden. In diesen Sinne sind die Abschnitte 7.4.6.1 bis 7.4.6.3 als Checklisten zu verstehen, die als Grundlage für eine solche Vereinbarung verwendet werden können. Bei TSK, die in Serie gefertigt werden, sind die entsprechenden Angaben über die Zugängigkeit während des Betriebes in den Katalogen oder Betriebsanleitungen der Hersteller enthalten. Diese Angaben machen damit eine besondere Vereinbarung überflüssig.

Zu 7.4.6.1 Anforderungen an die Zugängigkeit für Überwachung und ähnliche Handlungen

Alle Tätigkeiten, die hier aufgeführt sind, dürfen ohne Werkzeug oder nur mit einem Schraubendreher ausgeführt werden. Man ordnet sie deshalb dem Begriff »Bedienen« zu. Da nur berechtigte Personen z. B. nach dem Öffnen einer Tür mit einem Schlüssel diese Tätigkeiten ausführen sollen, muss kein vollständiger Berührungsschutz angeboten werden, sondern es genügt ein teilweiser Berührungsschutz, der ein zufälliges Berühren gefährlicher aktiver Teile verhindert. In der Nähe von Betätigungselementen sind dazu berührbare gefährliche aktive Teile je nach ihrer Lage fingersicher oder handrückensicher auszuführen und die erforderlichen Schutzräume von gefährlichen aktiven Teilen freizuhalten (siehe Abschnitt 7.4.2.2.3.d)).

Wie die Betätigungselemente in der Nähe berührungsgefährlicher Teile angeordnet werden können, ohne für die Elektrofachkraft eine Gefahr darzustellen, kann im

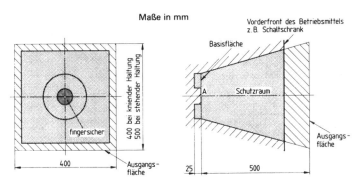

Bild 7.24 Schutzraum für einen Drucktaster (nach VDE 0106 Teil 100)

Einzelnen VDE 0106 Teil 100 entnommen werden. Diese Norm definiert zunächst einen Schutzraum, der das gefahrlose Hineingreifen in die Schaltgerätekombination und die Betätigung der Bedienelemente erlaubt. In diesen Schutzraum dürfen keine berührungsgefährlichen aktiven Teile hineinragen, es sei denn, sie sind handrückensicher abgedeckt. Der Schutzraum spannt sich auf zwischen einer Basisfläche, die die Umgebung des Bedienelementes beschreibt, und einer Ausgangsfläche, die praktisch am Körper des Bedienenden beginnt.

Die Basisfläche muss in einem Radius von 30 mm um das Betätigungselement herum fingersicher sein (IPXXB). Bei einem Drucktaster ergibt sich aus dieser Forderung ein Kreis **(Bild 7.24)**, bei einem Drehgriff eine entsprechende Hüllkurve **(Bild 7.25)**. Die Fläche bis zu einem Abstand von 100 mm vom Betätigungselement

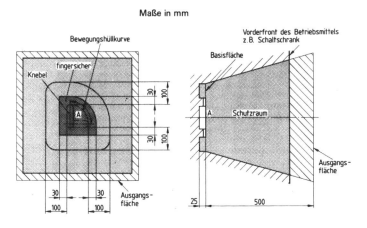

Bild 7.25 Schutzraum für einen Drehgriff (nach VDE 0106 Teil 100)

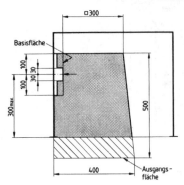

Bild 7.26 Schutzraum für ein Betätigungselement an der Schrankseite
(nach VDE 0106 Teil 100)

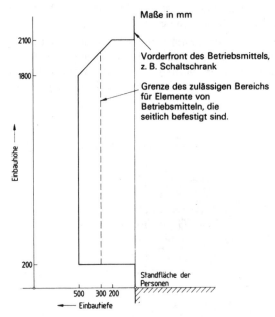

Bild 7.27 Zulässiger Bereich für die Anordnung von Betätigungselementen
(nach VDE 0106 Teil 100)

142

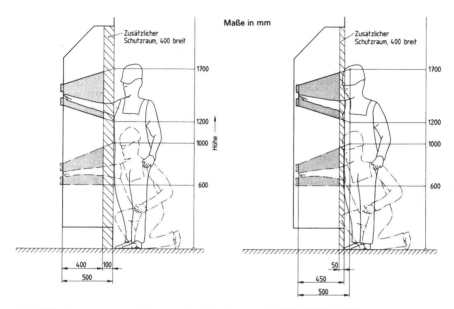

Bild 7.28 Schutzräume in Schaltgerätekombinationen (nach VDE 0106 Teil 100)

entfernt ist handrückensicher auszuführen. Dabei ist die Fläche zwischen 30 mm und 100 mm gegenüber dem fingersicheren Bereich um 25 mm nach hinten versetzt.

Die Ausgangsfläche ist immer ein Rechteck von 400 mm Breite und 400 mm Höhe bei kniender und 500 mm Höhe bei stehender Haltung des Bedienenden.

Bei Betätigungselementen an Betriebsmitteln, die von der Seite erreicht werden müssen, wird der Schutzraum an der Rückseite durch eine Fläche von 300 mm × 300 mm begrenzt **(Bild 7.26)**.

Die Betätigungselemente dürfen nur in einem Bereich bis 500 mm Einbautiefe angeordnet werden. Die genaue Definition des Einbauraumes zeigt **Bild 7.27**.

Werden Betätigungselemente in mehr als 400 mm Einbautiefe angeordnet, so ist entsprechend der größeren Einbautiefe ein zusätzlicher Raum von 400 mm Breite zu bilden.

Durch die Kombination der Schutzräume mit den zulässigen Einbaulagen und den Bedienstellungen lassen sich für alle denkbaren Situationen die Schutzräume definieren. Beispiele zeigt **Bild 7.28**.

Zu 7.4.6.2 Anforderungen an die Zugängigkeit für Wartungsarbeiten

Für Wartungsarbeiten soll meist nur der betroffene Teil der Schaltgerätekombination freigeschaltet werden, während die übrigen Teile unter Spannung in Betrieb bleiben.

Die vorliegende Norm empfiehlt je nach Art und Umfang der erforderlichen Wartungsarbeiten ausreichende Abstände vorzusehen oder die Schaltgerätekombination in geschützte Fächer oder Felder zu unterteilen, in denen dann nach Freischalten gefahrlos gearbeitet werden kann. Die erforderliche Schutzart der inneren Unterteilungen richtet sich ebenfalls nach der Art der Arbeit und nach den Werkzeugen, die dafür benötigt werden.

Muss nur mit größeren Werkzeugen gearbeitet werden, kann eine Schutzart von IPXXB bereits ausreichend sein, muss dagegen in dem Fach mit dünnen Drähten hantiert oder mit kleinen Werkzeugen gearbeitet werden, kann eine Schutzart von IPXXC oder IPXXD erforderlich werden.

Bei der Gestaltung der Bodenbleche ist besonders darauf zu achten, dass herabfallende Schrauben oder andere Kleinteile in dem darunter liegenden Fach nicht zu Störungen oder Kurzschlüssen führen können.

Zu 7.4.6.3 Anforderungen an die Zugängigkeit bei Erweiterungsarbeiten unter Spannung

Zusätzliche Funktionseinheiten dürfen nur dann in eine Schaltgerätekombination, die in Betrieb ist, eingebaut und die dazugehörenden Kabel angeschlossen werden, wenn die Schaltgerätekombination dafür eigens ausgelegt wurde. Meist erfordert das eine Einschubtechnik mit einer inneren Unterteilung nach Form 3b oder Form 4 (siehe Abschnitt 7.7). Für die Anforderungen an die Schutzart der inneren Unterteilung gelten die gleichen Überlegungen wie unter Abschnitt 7.4.6.2 bereits erläutert.

Zu 7.5 Kurzschlussschutz und Kurzschlussfestigkeit

Die Anmerkung ist so zu verstehen, dass die in diesem Abschnitt gestellten Forderungen aus Sicht der Wechselspannungs-Anwendung formuliert wurden und für die Gleichspannungs-Anwendung noch keine (erleichternden) Angaben festgelegt wurden. Wenn bei der Auswahl der Betriebsmittel für Gleichspannung die Angaben des Herstellers beachtet werden, ist Abschnitt 7.5 auch auf Gleichspannungsanlagen anwendbar. Abschnitt 7.5.3 »Zuordnung von Stoßstromfestigkeit zum Effektivwert des Kurzschlussstroms« trifft dann natürlich nicht zu. Die thermischen und dynamischen Wirkungen von Kurzschlüssen bei Gleichspannung sind unkritischer als die vergleichbaren Beanspruchungen bei Wechselspannung. Zum einen entfällt die Rüttelbeanspruchung durch Kräfte, die sich mit doppelter Netzfrequenz ändern, wie das bei Wechselspannung der Fall ist, zum anderen entfallen alle thermischen Belastungen durch Wirbelstrom- und Stromverdrängungseffekte.

Eine für Wechselspannung ausgelegte Schaltgerätekombination deckt also eine Gleichspannungsanwendung mit ab, wenn die Schaltgeräte für diese Anwendung sachkundig nach den Angaben des Herstellers ausgewählt wurden.

Zu 7.5.1   Allgemeines

Trotz aller Sorgfalt bei der Planung, Inbetriebsetzung und beim Betrieb elektrischer Anlagen können Kurzschlüsse nicht völlig ausgeschlossen werden. Der häufigste Fall ist ein Fehler außerhalb der Schaltgerätekombination im nachgeschalteten Verteilungsnetz oder an einem Verbraucher.

Um den Schaden möglichst klein zu halten, werden Kurzschlussschutzeinrichtungen vorgesehen, die den Kurzschlussstrom möglichst schnell abschalten und wenn möglich auch vorher schon in seiner Größe begrenzen. Ob die Kurzschlussschutzeinrichtung für die Schaltgerätekombination in der Schaltgerätekombination eingebaut ist oder außerhalb in der Einspeisung, d. h. in einer vorgeschalteten Hauptverteilung, ist dabei ohne Belang.

Der Kurzschlussschutz kommt natürlich auch der Schaltgerätekombination und den darin eingebauten Betriebsmitteln zugute. Den Belastungen durch die Kraftwirkung und die Erwärmung des so beeinflussten Kurzschlussstromes muss die Schaltgerätekombination standhalten.

Der bestimmende Wert für die Kraftwirkung ist der Scheitelwert des Stoßstroms. Die Festigkeit der Schaltgerätekombination hierfür wird durch die Bemessungsstoßstromfestigkeit (I_{pk}) angegeben (siehe Abschnitt 4.4).

Das Maß für die thermische Beanspruchung sind der Effektivwert und die Dauer des Kurzschlussstromes. Die Festigkeit der Schaltgerätekombination für die thermische Belastung wird durch den Bemessungskurzzeitstrom (I_{cw}) (siehe Abschnitt 4.3) angegeben.

Ein Fehler innerhalb der Schaltgerätekombination führt praktisch immer zu einem Störlichtbogen, dessen thermische Zerstörungen dann erheblich größer sind als die Beanspruchung der Leiter und Betriebsmittel durch einen nur durchfließenden Kurzschlussstrom. Der betroffene Anlagenteil wird meist völlig zerstört. Durch die Gestaltung der Türen und Verkleidungen ist dafür Sorge zu tragen, dass Bedienungspersonal, das zufällig vor der Anlage steht, nicht verletzt wird. Das wichtigste Ziel für die Gestaltung der Schaltgerätekombination ist es, das Risiko für die Entstehung von Störlichtbögen durch eine geeignete Bauweise zu vermindern.

Damit die Kurzschlussschutzeinrichtungen und die Festigkeit der Schaltgerätekombination richtig ausgewählt werden können, muss der Anwender die Kurzschlussverhältnisse d. h. die Nennspannung des Netzes und den Kurzschlussstrom I_k'' an der Einbaustelle angeben.

Die dynamische und thermische Festigkeit der Schaltgerätekombination für den vorgesehenen Einbauort wird bei TSK in der Typprüfung nachgewiesen.

Auch für PTSK gibt es nur die Möglichkeit typgeprüfte Baugruppen zu verwenden oder wenn nötig eine ähnliche typgeprüfte Baugruppe abzuwandeln und die Kurzschlussfestigkeit durch Interpolation von dieser Baugruppe, z. B. nach DIN IEC 61117 (**VDE 0660 Teil 509**), nachzuweisen.

Dieser Nachweis darf sich nicht auf die Sammelschienen beschränken, sondern muss auch die Zu- und Ableitungen zu den Sammelschienen und die dazu gehörenden Verschraubungen umfassen.

Für Stromkreise, die nur durch Kurzschlussströme von maximal 10 kA oder Durchlassströme von 17 kA belastet werden können, ist der Nachweis der Kurzschlussfestigkeit nicht erforderlich. Das Gleiche gilt für Hilfsstromkreise, die über Transformatoren versorgt werden, die maximal etwa 2000 A Kurzschlussstrom liefern können, wie sich aus den in Abschnitt 8.2.3.1.3 angegebenen Transformatordaten leicht ableiten lässt.

Zu 7.5.2   Angaben über die Kurzschlussfestigkeit

Die Angaben über die Kurzschlussfestigkeit der Schaltgerätekombination müssen eine richtige Abstimmung zwischen den Eigenschaften der Schaltgerätekombination, den Kurzschlussschutzeinrichtungen und dem unbeeinflussten Kurzschlussstrom an der vorgesehenen Einbaustelle ermöglichen. Dabei wird unterschieden zwischen den einfachen Problemen bei Schaltgerätekombinationen mit nur einer Einspeisung und den etwas komplexeren Verhältnissen bei Schaltgerätekombinationen mit mehreren Einspeisungen.

Zu 7.5.2.1   Schaltgerätekombinationen mit nur einer Einspeisung

Wenn die Schutzeinrichtung in die Einspeisung der Schaltgerätekombination bereits eingebaut ist, hat der Hersteller die Abstimmung der Kurzschlussschutzeinrichtung mit der Kurzschlussfestigkeit der Schaltgerätekombination bereits vorgenommen. Für die Abstimmung mit den Kurzschlussverhältnissen des Netzes genügt deshalb die Angabe des größtzulässigen unbeeinflussten Kurzschlussstroms am Einbauort an den Klemmen der Einspeisung. Für eine spätere Wartung oder einen eventuellen Ersatz von Sicherungen oder Leistungsschaltern müssen die Daten bekannt sein, die der Hersteller für den Schutz der Schaltgerätekombination zu Grunde gelegt hat.

Das sind:

- Bemessungsstrom,
- Ausschaltvermögen,
- Durchlassstrom,
- Durchlass-I^2t-Wert und
- bei Leistungsschaltern mit zeitverzögerten Auslösern die maximale Verzögerungszeit und den erforderlichen Einstellwert des Stromes.

Liefert der Hersteller die Schaltgerätekombination ohne eingebaute Kurzschlussschutzeinrichtung, benötigt der Anwender Angaben über die Bemessungskurzzeitstromfestigkeit zusammen mit der Zeitangabe und Angaben für die Bemessungsstoßstromfestigkeit. Der Anwender kann dann mit diesen Werten Leistungsschalter oder Sicherungen aussuchen, die ein ausreichendes Schaltvermögen haben, um an der vorgesehenen Einbaustelle eingesetzt werden zu können und die den unbeeinflussten Kurzschlussstrom an der Einbaustelle in der Zeit und wenn erforderlich auch in seiner Größe so begrenzen, dass die Schaltgerätekombination nicht überbeansprucht wird.

Im Bereich bis drei Sekunden darf die Kurzzeitstromfestigkeit nach der bekannten Gleichung

$$I^2 \cdot t = \text{konst.}$$

umgerechnet werden, vorausgesetzt, der Scheitelwert überschreitet nicht den Wert der Bemessungsstoßstromfestigkeit.

Es ist aber auch möglich, dass der Hersteller die Kenndaten der Leistungsschalter oder Sicherungen, die zum Schutz der Schaltgerätekombination erforderlich sind, bereits selbst festlegt und dem Anwender mitteilt. Für die Abstimmung mit den Anforderungen des Netzes genügt dann der bedingte Bemessungskurzschlussstrom oder der bedingte Bemessungskurzschlussstrom bei Schutz durch Sicherungen.

Zu 7.5.2.2 und 7.5.2.3 [Schaltgerätekombinationen mit mehreren Einspeisungen]

Zur Erhöhung der Versorgungssicherheit speist man gelegentlich Schaltgerätekombinationen aus verschiedenen Netzteilen oder man sieht eine Notversorgung vor. In diesen Fällen ist es nicht vorgesehen, die Einspeisungen gleichzeitig zu betreiben. Eine Überlappung könnte nur entstehen, wenn von einer Einspeisung auf die andere unterbrechungsfrei umgeschaltet werden soll. Da ein Kurzschluss während der kurzen Umschaltzeit sehr unwahrscheinlich ist, genügt es, die Kurzschlussfestigkeit für jede Einspeisung einzeln anzugeben.

Werden an einer Sammelschiene mehrere Einspeisungen parallel betrieben und sind große umlaufende Maschinen vorhanden, die im Falle eines Kurzschlusses auf die Fehlerstelle einspeisen, muss zwischen Hersteller und Anwender vereinbart werden, wie die unbeeinflussten Kurzschlussströme in den Einspeisungen und auf den Sammelschienen zu ermitteln sind, damit die Kurzschlussfestigkeit der Sammelschienen und der Schaltgeräte und deren Zuleitungen richtig dimensioniert werden können.

Synchronmotoren werden bei der Berechnung nach VDE 0102 Hauptabschnitt 2 immer berücksichtigt. Asynchronmotoren berücksichtigt man nur, wenn die Summe ihrer Bemessungsströme größer ist als 1 % des Anfangskurzschlusswechselstroms ohne Motoren.

Wie unterschiedlich die Verhältnisse in Abhängigkeit von dem Fehlerort sein können, zeigt **Bild 7.29.**

Während bei einem Kurzschluss an der Stelle 1 über jede Einspeisung der Kurzschlussstrom des zugehörigen Transformators fließt und am Kurzschlussort die Summe dieser Ströme auftritt, wird bei einem Kurzschluss an der Stelle 2 die Einspeisung Q1 auch noch mit dem Kurzschlussstrom der beiden anderen Transformatoren und dem Kurzschlussstrom des Motors belastet. Der Leistungsschalter Q4

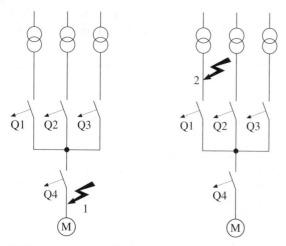

Bild 7.29 Kurzschlussströme bei mehreren Einspeisungen

muss im Fall 1 die Summe der Kurzschlussströme der drei Transformatoren und im Fall 2 nur den Kurzschlussstrom des Motors führen.

Wird die Sammelschiene wie das üblich ist noch durch Kuppelschalter unterbrochen, ändern sich die Verhältnisse je nach Schaltzustand der Kuppelschalter und der Fehlerorte. Wie bereits gesagt müssen die kritischen Schaltzustände zwischen Anwender und Hersteller geklärt und vereinbart werden, damit die richtige Auslegung der Schaltgerätekombination vorgenommen werden kann. Die einzelnen Angaben, die zur Beschreibung der Kurzschlussfestigkeit erforderlich sind, sind dann die gleichen wie bei Schaltgerätekombinationen mit nur einer Einspeisung.

Zu 7.5.3 Zuordnung von Stoßstromfestigkeit zum Effektivwert des Kurzschlussstroms

Wie unter 4.3 bis 4.6 bereits erläutert, ist dem Anfangskurzschlusswechselstrom je nach Schaltaugenblick und nach cos φ des Netzes ein Gleichstromglied überlagert, das nach einer e-Funktion abklingt.

Das Verhältnis des Stoßkurzschlussstroms i_p, der für die elektrodynamische Beanspruchung maßgeblich ist, zum Scheitelwert des eingeschwungenen Kurzschlussstroms $\sqrt{2} \cdot I_\mathrm{k}''$ nennt man den Stoßfaktor κ.

Es gilt dann die Formel $i_\mathrm{p} = \kappa \cdot 2 \cdot I_\mathrm{k}''$

Die Abhängigkeit des Faktors κ von dem Verhältnis R / X bzw. vom cos φ zeigt **Bild 7.30**.

Der Faktor n aus Tabelle 4 ist das Produkt $\kappa \cdot \sqrt{2}$.

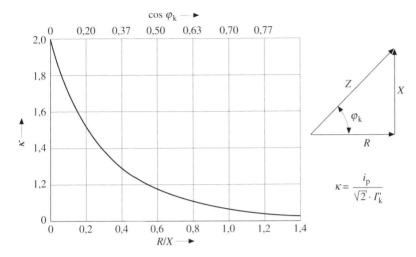

Bild 7.30 Faktor κ in Abhängigkeit von R/X bzw. vom cos φ

In Netzen mit hohen Kurzschlussströmen überwiegt beim Kurzschluss der induktive Widerstand der Transformatoren. Die Kurzschlussströme sind stark induktiv. Bei kleinen Kurzschlussströmen werden die Ströme durch die ohmschen Widerstände der Kabel- oder Schienensysteme begrenzt, sie sind deshalb stärker ohmsch.

Zu 7.5.4   Koordination von Kurzschlussschutzeinrichtungen

Im Falle eines Fehlers im Netz durchfließt der Kurzschlussstrom immer mehrere hintereinander geschaltete Anlagenteile und führt in den darin eingebauten Kurzschlussschutzeinrichtungen zu einer mehr oder weniger starken Anregung der Auslöser oder gar zu einer Auslösung. Damit das gewünschte Betriebsverhalten erreicht wird, müssen die Kurzschlussschutzeinrichtungen in ihren Schalteigenschaften und in ihren Auslösekennlinien sorgfältig aufeinander abgestimmt werden.

Dabei gibt es zwei Probleme:

- Erhöhung des Schaltvermögens und
- Selektivität.

Erhöhung des Schaltvermögens

Reicht das Schaltvermögen eines Leistungsschalters allein nicht aus, um den an der Einbaustelle zu erwartenden Kurzschlussstrom zu unterbrechen, muss dafür gesorgt werden, dass sich im kritischen Strombereich weitere Geräte an der Abschaltung beteiligen, die dann gemeinsam das erforderliche Schaltvermögen aufbringen.

Sicherung und Leistungsschalter

Die Sicherungskennlinie wird so gewählt, dass die Sicherung die Abschaltung übernimmt, wenn der Kurzschlussstrom größer ist als das Bemessungskurzschlussausschaltvermögen I_{cn} des Leistungsschalters (**Bild 7.31**).

Der Leistungsschalter wird bei der Abschaltung durch die Sicherung meist mit ausgelöst, beteiligt sich aber praktisch nicht an der Ausschaltung. Alle Ströme unterhalb des »Übernahmepunktes« schaltet der Leistungsschalter alleine ab, so dass die Sicherung nicht bei jeder Kurzschluss- oder Überlastabschaltung ersetzt werden muss. Häufig wird die Sicherung auch als Gruppensicherung für den Schutz mehrerer Abzweige eingesetzt.

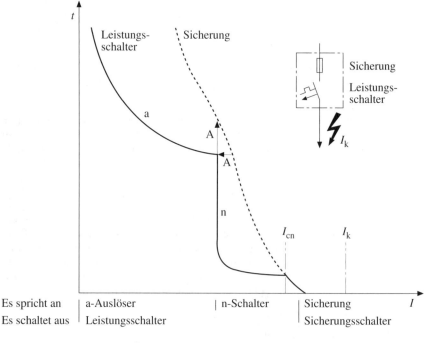

Es spricht an	a-Auslöser	n-Schalter	Sicherung
Es schaltet aus	Leistungsschalter		Sicherungsschalter

a Stromabhängig verzögerter Überlastauslöser
n Unverzögerter elektromagnetischer Kurzschlussauslöser
I_{cn} Bemessungs-Kurzschlussausschaltvermögen
I_k Dauerkurzschlussstrom an der Einbaustelle
A Kennlinienabstände

Bild 7.31   Sicherung und Leistungsschalter

Leistungsschalter in Kaskadenschaltung

Auch bei dieser Schaltung **(Bild 7.32)** stimmt man die Kennlinien des Gruppenschalters und des Abgangsschalters so aufeinander ab, dass der übergeordnete Schalter sich nur dann an der Abschaltung beteiligt, wenn der Abgangsschalter überfordert ist. Da beide Schalter meist ein sehr ähnliches Löschverhalten besitzen, beteiligt sich der Abgangsschalter in der Kaskade stärker am Ausschaltvorgang als beim Back-up-Schutz durch eine Sicherung.

Leistungsschalter und Schütz

Bei dieser sicherungslosen Abzweigkombination wird das Schaltvermögen des Leistungsschalters durch das nachgeschaltete Schütz verbessert. Bei hohen Strömen

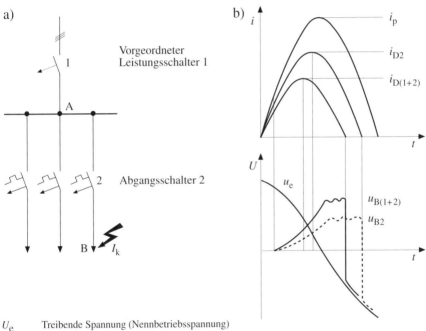

U_e	Treibende Spannung (Nennbetriebsspannung)
u_{B2}	Lichtbogenspannung des Abgangsschalters 2
I_{D2}	Durchlassstrom des Abgangsschalters 2
$u_{B(1+2)}$	Summe der Lichtbogenspannungen des vorgeordneten Schalters 1 und des Abgangsschalters 2
$i_{D(1+2)}$	Tatsächlich auftretender Durchlassstrom

Bild 7.32   Leistungsschalter in Kaskadenschaltung
a) Prinzip einer Back-up-Schutz-Schaltung (Kaskadenschaltung)
b) Lichtbogenspannung der Kaskade beim Ausschaltvorgang

151

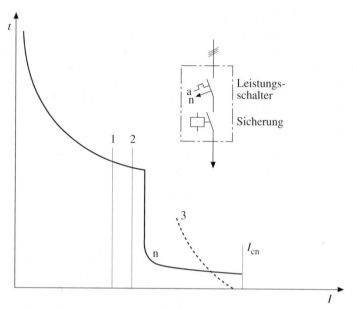

1 Ausschaltvermögen des Schützes
2 Einschaltvermögen des Schützes
3 Kennlinie des Schützes für leicht aufbrechbares Verschweißen der Schaltstücke
a Kennlinie des stromabhängig verzögerten Überlastauslösers
n Kennlinie des unverzögerten elektromagnetischen Kurzschlussauslösers
I_{cn} Nennkurzschluss-Ausschaltvermögen

Bild 7.33 Leistungsschalter und Schütz

öffnen die Schaltstücke des Schützes infolge der Stromkräfte und bilden je Strombahn eine zusätzliche Doppelunterbrechung. Der Kurzschlussstrom wird damit
durch die Lichtbogenspannung des Leistungsschalters und durch die zwei zusätzlichen Lichtbogenspannungen des Schützes gedämpft und abgeschaltet (**Bild 7.33**).

Die Kombination von Leistungsschaltern und Schützen zu zuverlässigen sicherungslosen Abzweigen kann nur von den Geräteherstellern durch Versuche ermittelt
werden. Aus einem theoretischen Kennlinienvergleich kann die tatsächlich eintre-
tende Erhöhung des Schaltvermögens und die Auswirkungen eines Kurzschlusses
auf das Schütz nicht entnommen werden.

Selektivität

Für eine ungestörte Energieversorgung ist es wichtig, dass ein Kurzschluss in
kürzester Zeit von der Kurzschlussschutzeinrichtung abgeschaltet wird, die dem

152

Fehler am nächsten liegt und die ungestörten Netzteile möglichst wenig beeinträchtigt werden. Unter Beachtung der entsprechenden Regeln können in Energierichtung in Reihe liegen:

- Sicherung mit nachgeordneter Sicherung,
- Leistungsschalter mit nachgeordnetem Leistungsschalter,
- Leistungsschalter mit nachgeordneter Sicherung,
- Sicherung mit nachgeordnetem Leistungsschalter,
- mehrere parallele Einspeisungen mit nachgeordnetem Leistungsschalter,
- HH-Sicherungen mit nachgeordneten NH-Sicherungen und
- HH-Sicherungen mit nachgeordnetem Leistungsschalter.

Die gewünschte Selektivität kann durch die Unterschiede in den Ansprechströmen (Stromselektivität), durch spezielle zeitverzögerte Auslöser (Zeitselektivität) oder durch logische Verknüpfung der Auslöser (logische Selektivität) erreicht werden.

Stromselektivität

Wenn die Kurzschlussströme an den Einbauorten der Leistungsschalter z. B. durch längere Kabelstrecken zwischen den Einbauorten der Leistungsschalter sehr unterschiedlich sind, kann eine Selektivität über die Staffelung der unverzögerten Über-

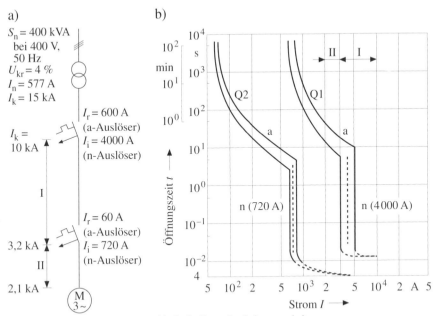

Bild 7.34 Stromselektivität von zwei in Reihe liegenden Leistungsschaltern
a) Übersichtsschaltplan   b) Auslösekennlinien

153

stromauslöser erreicht werden. Der Auslöser des übergeordneten Leistungsschalters wird so eingestellt, dass er über dem größtmöglichen Kurzschlussstrom an der Einbaustelle der nachgeordneten Schalter liegt (**Bild 7.34**).

Kurzschlüsse im Bereich II werden von Leistungsschalter Q2 und Kurzschlüsse im Bereich I von Leistungsschalter Q1 abgeschaltet.

Zeitselektivität

Sind die Kurzschlussströme an der Einbaustelle annähernd gleich groß, kann eine Selektivität durch kurzverzögerte Überstromauslöser erreicht werden (**Bild 7.35**).

Anhand des Staffeldiagramms wird kontrolliert, ob für alle denkbaren Fehler die gewünschte Selektivität erreicht wird. Dazu dürfen sich die Kennlinien einschließlich

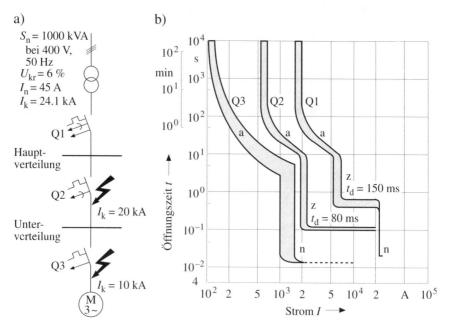

Q1 Leistungsschalter
Q2 Leistungsschalter für den Anlagenschutz
Q3 Leistungsschalter für den Motorschutz
a   Stromabhängig verzögerter Überlastauslöser
n   unverzögerter elektromagnetischer Überstromauslöser
z   Kurzverzögerter Überstromauslöser

Bild 7.35 Zeitselektivität von drei in Reihe liegenden Leistungsschaltern
a) Übersichtsschaltplan b) Staffeldiagramm

der Streubereiche nicht überschneiden. Um den nachgeordneten Schaltern genügend Zeit für die Abschaltung zu lassen, staffelt man die Verzögerungszeiten meist zwischen 70 ms bis 100 ms.

Logische Selektivität

Durch die Reihenschaltung der Verzögerungszeiten können sich unerwünscht lange Ausschaltzeiten ergeben, durch welche die Fehlerstelle und die Schaltgerätekombinationen thermisch stark belastet werden.

Um das zu vermeiden, wurden Auslöser entwickelt, die bei entsprechender Verknüpfung miteinander erkennen, wo der Fehler liegt und mit welchem Leistungsschalter er abgeschaltet werden muss. Damit dauert eine Ausschaltung auch in Netzen mit mehreren Staffelebenen nie länger als etwa 60 ms. Die Anlagenteile werden dadurch ganz erheblich thermisch entlastet ohne den Vorteil einer für alle Fälle sicheren Selektivität aufzugeben.

Zu 7.5.5   Stromkreise innerhalb von Schaltgerätekombinationen

Zu 7.5.5.1   Hauptstromkreise

Zu 7.5.5.1.1   [Sammelschienen]

Ein Fehler im Sammelschienensystem betrifft immer einen großen Teil der Anlage, die von der Schaltgerätekombination versorgt wird. Die vorliegende Norm fordert deshalb, dass Sammelschienen immer so angeordnet werden, dass ein Kurzschluss oder Erdschluss unter den bestimmungsgemäßen Betriebsbedingungen nicht zu erwarten ist.

Das ist gegeben, wenn die vorgeschriebenen Kriechstrecken und Luftstrecken eingehalten werden und wenn nötig durch eine innere Unterteilung auch das Risiko vermindert wird, beim Arbeiten an der Anlage einen Fehler an den Sammelschienen einzuleiten.

Die dynamische und thermische Kurzschlussfestigkeit muss mindestens so hoch sein, dass sie den Beanspruchungen standhält, welche durch den Kurzschlussstrom entstehen, den die vorgeschaltete Kurzschlussschutzeinrichtung durchlässt.

Zu 7.5.5.1.2   [Verteilschienen, Zuleitungen zu Funktionseinheiten]

Alle Verteilschienen oder anderen Zuleitungen zu Funktionseinheiten, die von der Hauptsammelschiene abzweigen, müssen meist für wesentlich kleinere Ströme bemessen werden als die Hauptsammelschiene. Es ist z. B. durchaus üblich, von einer Hauptsammelschiene mit einem Bemessungsstrom von 3000 A Verteilschienen von 1000 A bis hinunter zu 100 A zu versorgen oder auch einzelne Verbraucher direkt anzuschließen. Bei den kleinen Querschnitten, die aus Sicht der Erwärmung für die kleinen Ströme ausreichend sind, macht es keinen Sinn, die gleiche dynamische und thermische Kurzschlussfestigkeit anzustreben wie für die Hauptsammelschiene. Für Leiter innerhalb eines Feldes darf deshalb die Kurzschlussfestigkeit auf die Beanspruchung ausgelegt werden, die am Ausgang der Kurzschlussschutzeinrichtung zu erwarten ist, die in der nachgeschalteten Funktionseinheit enthalten ist.

Bei Verteilschienen, die Funktionseinheiten mit unterschiedlichen Bemessungsströmen und unterschiedlichen Abschalteigenschaften der Kurzschlussschutzeinrichtungen versorgen, ist für die Bemessung der Kurzschlussfestigkeit von dem Abzweig auszugehen, der im Fehlerfall die größte Kurzschlussbeanspruchung verursacht.

Vorraussetzung für die Inanspruchnahme dieser Erleichterung ist, dass auch diese Verteilschienen und Leiter so angeordnet werden, dass bei den bestimmungsgemäßen Betriebsbedingungen kein Kurzschluss oder Erdschluss zu erwarten ist (siehe 7.5.5.3).

Zu 7.5.5.2 Hilfsstromkreise

Die Steuerleitungen müssen oft aus der Schaltgerätekombination heraus zur Maschine oder zu Steuerpulten geführt werden. In den dort herrschenden rauen Betriebsbedingungen ist die Gefahr einer Beschädigung der Leitungen und damit die Gefahr von Erdschlüssen besonders hoch.

Hilfsstromkreise müssen deshalb so gestaltet werden, dass im Falle eines Erdschlusses kein gefährlicher Zustand entsteht, z. B. durch den unkontrollierten Anlauf einer Maschine.

Spulen von Schützen oder Relais werden dazu immer mit einem Anschluss direkt mit dem geerdeten Leiter des Steuerstromkreises verbunden (**Bild 7.36**, rechts).

Tritt bei dieser Schaltung ein Erdschluss am Befehlsgeber auf, spricht die Sicherung an. Eine Fehlfunktion findet nicht statt.

Würde man eine Schaltung wählen, wie sie im linken Teil von Bild 7.36 gezeigt wird, kann die Sicherung den Fehler nicht erkennen, weil die Spule des Schützes

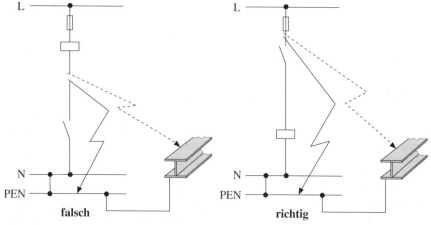

Bild 7.36 Ansteuerung von Schützen

156

einen Kurzschluss verhindert. Die Folge ist, dass das Schütz bei einem Erdschluss anzieht und damit z. B. die Maschine anlaufen lässt.

Wenn keine einseitig geerdete Steuerspannung vorhanden ist, wie z. B. beim Anschluss an zwei Außenleiter oder an Außenleiter und N-Leiter in IT-Netzen, muss die Steuerung zweipolig ausgeführt werden.

Bei nicht geerdeten Steuerstromkreisen mit Steuertransformatoren ist hinter dem Transformator eine Isolationsüberwachung vorzusehen, damit bereits der erste Fehler, der noch nicht zu einer Funktionsstörung führt, rechtzeitig erkannt wird und beseitigt werden kann. Damit sind in geerdeten und ungeerdeten Hilfsstromkreisen auch bei Spannungen ≤ 50 V bzw. ≤ 120 V Schutzleiter zu peripheren Gebern der Schutzklasse I erforderlich.

Hilfsstromkreise müssen grundsätzlich gegen die Auswirkungen von Kurzschlüssen geschützt werden. Bei der Auswahl der Kurzschlussschutzeinrichtungen ist nicht nur der Schutz der Leitungen innerhalb und außerhalb der Schaltgerätekombination maßgebend, sondern vor allem der Schutz der im Hilfsstromkreis liegenden Geräte zum Steuern, Melden und Messen. Die zulässigen Vorsicherungen für diese Geräte sind den Katalogen der Gerätehersteller zu entnehmen.

Bei langen Steuerleitungen ist besonders darauf zu achten, dass die Abschaltbedingungen für die Kurzschlussschutzeinrichtung gegeben sind.

Für den Kurzschlussschutz der Steuerstromkreise gibt es jedoch auch Ausnahmen:

- Die Kurzschlussschutzeinrichtung muss entfallen, wenn durch das Unterbrechen des Hilfsstromkreises eine Gefahr entstehen kann.

  Beispiele hierfür sind:

  – Erregerstromkreis eines Gleichstrommotors,

  – Stromkreise, durch deren Unterbrechung Istwert-Anzeigen ausbleiben und gefährliche Regelungsvorgänge eingeleitet werden können,

  – Sekundärkreise von Stromwandlern

- in Messstromkreisen darf nach VDE 0100 Teil 430 auf einen Kurzschlussschutz verzichtet werden.

Hilfsstromkreise, die nicht gegen Kurzschluss geschützt sind, müssen kurzschluss- und erdschlusssicher verlegt werden. Hierfür gelten die gleichen Regeln wie für die Hauptstromkreise (Abschnitt 7.5.5.1.2).

Die Anforderungen an Hilfsstromkreise werden in VDE 0100 Teil 725 und für Maschinen in DIN EN 60204-1 (**VDE 0113 Teil 1**) ausführlich behandelt.

7.5.5.3   Auswahl und Verlegung von nicht geschützten aktiven Leitern, um die Möglichkeit von Kurzschlüssen zu reduzieren

In der vorliegenden Norm wird bereits bisher in Abschnitt 7.5.5.1.2 erlaubt, Leiter innerhalb eines Feldes nur für die verminderte Kurzschlussbeanspruchung zu bemessen, die auf der Ausgangsseite der Kurzschlussschutzeinrichtung dieser Einheit auftritt, wenn die Leiter so ausgewählt und angeordnet werden, dass unter bestimmungsgemäßen Betriebsbedingungen zwischen den Außenleitern oder zwischen Außenleiter und Schutzleiter oder anderen damit verbundenen Konstruktionsteilen kein Kurzschluss zu erwarten ist.

Abschnitt 7.5.5.3 gibt in Tabelle 5 konkrete Beispiele, wie diese Forderung erfüllt werden kann. Andere Auslegungen und Anordnungen sind erlaubt, wenn sie eine vergleichbare oder höhere Sicherheit bieten

Blanke und isolierte Leiter, die nach diesen Angaben ausgewählt, verlegt und auf der Lastseite mit einer Kurzschlussschutzeinrichtung geschützt sind, dürfen höchstens 3 m lang sein..

Art des Leiters	Anforderungen
Blanke Leiter oder einadrige Leitungen mit Basisisolierung, z. B. Leitungen nach IEC 60227-3.	Gegenseitige Berührung oder Berührung mit leitfähigen Teilen muss verhindert sein, z. B. durch die Verwendung von Abstandshaltern
Einadrige Leitungen mit Basisisolierung und einer größten zulässigen Betriebstemperatur des Leiters von > 90 °C, z. B. Leitungen nach IEC 60245-3 oder wärmebeständige PVC-isolierte Leitungen nach IEC 60227-3.	Gegenseitige Berührung oder Berührung mit leitfähigen Teilen ist ohne äußere Druckeinwirkung zulässig. Berührung mit scharfen Kanten ist zu verhindern. Es darf keine Gefahr der mechanischen Beschädigung bestehen. Diese Leiter dürfen nur so belastet werden, dass eine Betriebstemperatur von 70 °C nicht überschritten wird.
Leitungen mit Basisisolierung, z. B. Leitungen nach IEC 60227-3, die eine zusätzliche zweite Isolierung haben, z. B. einzeln mit Isolierschlauch überzogen oder einzeln in Kunststoffrohren verlegt sind.	
Leitungen, die mit einem Werkstoff von sehr hoher mechanischer Festigkeit isoliert sind, z. B. EFTE*-Isolierung oder doppelt isolierte Leitungen mit einer zusätzlichen äußeren Umhüllung, bemessen für die Verwendung bis 3 kV, z. B. nach IEC 60502.	Keine zusätzlichen Anforderungen, wenn keine Gefahr einer mechanischen Beschädigung besteht.
Ein- oder mehradrige Kabel/Mantelleitungen z. B. nach IEC 60245-4 oder IEC 60227-4.	

---

* Zu IEC 60502 existiert zz. keine gültige europäische und deutsche Norm. Daher kann die bisher verwendete und bewährte Leitung NSGAFÖU nach DIN VDE 0250-602 (**VDE 0250 Teil 602**):1985-03 weiter angewendet werden. Für EFTE-isolierte Aderleitungen nach Tabelle 17 gilt in Deutschland DIN VDE 0250-106 (**VDE 0250 Teil 106**):1982-10, für Kabel NYY DIN VDE 0271 (**VDE 0250 Teil 204**): 1989-07.

Tabelle 5   Leiterauswahl und Verlegebedingungen

Abschnitt 7.5.5.3 liegen folgende Gedanken zu Grunde:

Am einfachsten wird die Forderung nach Kurzschluss- und Erdschlusssicherheit erfüllt, wenn – wie bei Sammelschienen – starre Leiter verwendet werden, die mit den erforderlichen Kriechstrecken und Luftstrecken auf Abstand verlegt werden.

Die Zuordnung von Leiterart und Anforderung an die Verlegung geht davon aus, dass die gewünschte Sicherheit entweder durch eine sehr hochwertige Isolierung ohne besondere Anforderungen an die Verlegung erreicht wird oder durch Leiter mit einer einfachen Isolierung, bei denen jeder Druck auf die Isolierung bei der Verlegung sorgfältig vermieden wird und zusätzlich die zulässige Betriebstemperatur der Leiter nicht voll ausgenutzt wird. Unter diesen Gesichtspunkten sind die Zuordnungen der Tabelle in etwa gleichwertig.

Selbstverständlich müssen die Leiter so befestigt werden, dass sie sich im Falle eines Kurzschlusses möglichst wenig bewegen und dadurch die Isolation und die Verbindungsstellen zu den Sammelschienen und zu den Betriebsmitteln vor Beschädigung bewahrt werden.

Zu 7.6 Betriebsmittel für den Einbau in Schaltgerätekombinationen

Zu 7.6.1 Auswahl der Betriebsmittel

Die Betriebsmittel müssen den für sie geltenden IEC-Normen entsprechen. Damit kann auf klar definierte Eigenschaften und Typprüfungen zurückgegriffen werden und der spätere Nachweis, dass die Schaltgerätekombination die vom Anwender benötigten Eigenschaften besitzt, wird wesentlich erleichtert.

Generell muss bei der Auswahl der Betriebsmittel sowohl der Normalbetrieb als auch die außergewöhnliche Belastung im Fehlerfall berücksichtigt werden. Dabei sind je nach Aufgabenstellung sehr unterschiedliche Kriterien zu berücksichtigen.

Als Beispiel zeigt **Tabelle 7.7** die wichtigsten Auswahlkriterien für Schaltgeräte.

Weil es für die Sicherheit der Schaltgerätekombination von besonderer Bedeutung ist, weist die Norm besonders darauf hin, dass alle Betriebsmittel ausreichend kurzschlussfest sein müssen bzw. ein Schaltvermögen besitzen müssen, das für die am Aufstellungsort zu erwartende Beanspruchung geeignet ist. Wenn das nicht der Fall ist, müssen durch Einsatz strombegrenzender Schutzeinrichtungen sichere Verhältnisse geschaffen werden (siehe Abschnitt 7.5.4).

Wenn für die Betriebsmittel eine Bemessungsstoßspannungsfestigkeit angegeben wird, ist darauf zu achten, dass die Schaltgeräte keine Schaltüberspannungen erzeugen, die größer sind als die Bemessungsstoßspannungsfestigkeit und dass sie auch keinen unzulässig hohen Schaltüberspannungen von anderen Geräten ausgesetzt

Normalbetrieb	außergewöhnliche Belastung

Schaltaufgabe
  – Trennen
  – Lastschalten
  – Motorschalten
  – Leistungschalten
  – Kondensatoren-Schalten
Betriebsart
  – Dauerbetrieb
  – Kurzzeitbetrieb
  – Aussetzbetrieb
Verbraucherdaten
  – Betriebsstrom
  – Schalthäufigkeit
  – Lebensdauer
Netzdaten
  – Betriebsspannung
  – Frequenz
Steuerung
  – Betätigungsspannung
  – Hilfsschalter
Umwelt
	Überlast
	
	Kurzschluss
	  – Schaltvermögen
	  – Selektivität
	
	Überspannungen
	  – transiente Netzüberspannungen
	  – Schaltüberspannungen
	
	EMV
	  – Störbeeinflussung (Immunität)
	  – Störaussendung (Emission)
	
	Umwelt
	  – Verschmutzung
	  – Wasserschutz
	  – Lagertemperatur
	  – Transporterschütterungen

Tabelle 7.7 Auswahlkriterien für Schaltgeräte

werden. Gegebenenfalls muss das Überspannungsniveau durch geeignete Überspannungsschutzeinrichtungen auf das zulässige Maß begrenzt werden.

Besondere Sorgfalt erfordert die Auswahl der Betriebsmittel für geschlossene Bauformen. Die Temperatur in diesen Schaltgerätekombinationen ist üblicherweise etwa 20 K und mehr höher als die Umgebungstemperatur. Dadurch verringert sich die Belastbarkeit oft erheblich. Wenn in den Katalogen der Hersteller keine Angaben z. B. für +55 °C enthalten sind, sind die zulässigen Belastungswerte durch Rückfrage zu klären.

Zu 7.6.2   Einbau der Betriebsmittel

Üblicherweise werden die elektrischen Betriebsmittel an einer senkrechten Fläche so befestigt, dass der Stromfluss von oben von den Sammelschienen nach unten zum Anschlussraum erfolgt. Sollen die Betriebsmittel z. B. um 90° gedreht oder auf einer waagerechten Fläche eingebaut werden, ist zu prüfen, ob die Betriebsmittel dafür geeignet sind.

Wärmeabfuhr, Schaltvermögen und Lebensdauer vor allem von klassischen Schaltgeräten sind oft stark von der Einbaulage abhängig, so dass die Herstellerangaben unbedingt eingehalten werden müssen.

160

Das Gleiche gilt für die notwendigen Lichtbogenausblasräume oder für die mechanische Befestigung. Wenn diese Herstellerangaben nicht eingehalten werden, verlieren die Werte, die der Hersteller bei der Typprüfung ermittelt hat, ihre Gültigkeit. Die Belastbarkeit der Betriebsmittel in der Schaltgerätekombination muss dann vom Hersteller der Schaltgerätekombination im Rahmen der Typprüfung der TSK nachgewiesen werden, während im anderen Fall auf die Typprüfung der Betriebsmittel zurückgegriffen werden darf.

Zu 7.6.2.1 Zugängigkeit

Für das Aufstellen, die Inbetriebnahme, den Betrieb und für die Instandhaltung müssen alle Geräte, Funktionseinheiten und Anschlüsse für von außen eingeführte Kabel und Leitungen gut zugängig sein.

Für die Umsetzung dieser Forderung spricht die vorliegende Norm einige Empfehlungen aus, die aber nicht bindend sind.

Anforderungen für die Anordnung der Betriebsmittel, die eingehalten werden **müssen**, finden sich in DIN VDE 0106 Teil 100 »Anordnung von Betätigungselementen in der Nähe berührungsgefährlicher aktiver Teile« und in EN 60204-1 (**VDE 0113 Teil 1**) »Ausrüstung von Maschinen« für Betätigungselemente im Inneren der Schaltgerätekombination und für Bedienelemente, Messgeräte und Not-Aus-Einrichtungen, die von außen zugänglich sein müssen. Eine Übersicht über diese Anforderungen zeigt **Tabelle 7.8.**

Einbauort	Betriebsmittel	DIN EN 60439-1 (VDE 0660 Teil 500)[1]	DIN EN 60204-1 (VDE 0113 Teil 1)	VDE 0106 Teil 100[5]
Innen	Klemmen	> 0,2 m	> 0,2 m [2]	
	Betätigungselemente		**0,4 m bis 2 m** [2]	**0,2 m bis 2,1 m Tiefe 0,5 m** **ab 1,8 m Einbauhöhe < 0,5 m bis 0,2 m**
Außen	Bedienelemente, Messgeräte	< 2 m	**> 0,6 m** [3]	
	Not-Aus, Hauptschalter	0,8 m bis 1,6 m	**0,6 m bis 1,9 m** [4] **0,6 m bis 1,7 m** [4]	

[1] Abschnitt 7.6.2.1   [2] Abschnitt 12.2.1   [3] Abschnitt 10.1.1
[4] Abschnitt 5.3.4   [5] Abschnitt 3.2

Tabelle 7.8 Anforderungen an die Zugängigkeit von Betriebsmitteln
Die »**fettgedruckten**« Angaben müssen eingehalten werden und die »mager« gedruckten Werte sind Empfehlungen, von denen abgewichen werden darf.

Zu 7.6.2.2 [Gegenseitige] Beeinflussung der Betriebsmittel

Der Abschnitt weist darauf hin, dass die Betriebsmittel nicht nur den Einflüssen standhalten müssen, die von außen auf die Schaltgerätekombination einwirken, sondern dass sich die Betriebsmittel auch gegenseitig beeinflussen und dass diese Beeinflussung bei der Dimensionierung zu berücksichtigen ist.

Die Probleme der Erwärmung wurden bereits in Abschnitt 7.3 behandelt, mechanische Anforderungen in Abschnitt 7.1 und die Probleme der elektromagnetischen Beeinflussung werden in Abschnitt 7.10 besprochen. An dieser Stelle kann daher auf weitere Erläuterungen verzichtet werden.

Zu 7.6.2.3 Abdeckungen

Wenn die Schaltgeräte hinter einer Tür oder Schalttafel eingebaut und betätigt werden, ist die geforderte Abdeckung dadurch bereits gegeben. Zusätzliche Maßnahmen sind nur bei den mittlerweile sehr seltenen offenen Schaltgerätekombinationen erforderlich.

Das Auswechseln von NH-Sicherungen unter Spannung kann immer gefährlich sein und fällt daher nicht unter VDE 0106 Teil 100. Es sind deshalb zumindest Trennwände vorzusehen. Besser ist es statt der einzelnen Sicherungen geeignete NH-Sicherungslasttrennschalter einzusetzen, die in allen Betriebszuständen eine sichere Betätigung ermöglichen und die Verwendung der nach VDE 0105 vorgeschriebenen Körperschutzmittel überflüssig machen.

Zu 7.6.2.4 Betriebsbedingungen am Einbauort

Die Betriebsmittel werden so ausgewählt, dass die Schaltgerätekombination unter den in Abschnitt 6.1 genannten Umgebungsbedingungen arbeiten kann.

Wenn erforderlich sind im Innern der Schaltgerätekombination durch Heizung oder Kühlung die Umgebungsbedingungen zu schaffen, die die Betriebsmittel für eine einwandfreie Funktion benötigen (siehe Abschnitt 7.3).

Zu 7.6.2.5 Wärmeabfuhr [Schrankklimatisierung]

Die Verlustleistung der eingebauten Betriebsmittel wird in den meisten Fällen durch natürliche Kühlung an das Gehäuse und von dort durch Wärmestrahlung und Konvektion an die Umgebung abgegeben. Damit das so stattfindet, wie vorgesehen, müssen die Aufstellungsbedingungen, wie z. B.

- allseitig freistehend,

- Einbau in eine Nische,

- Wandaufstellung oder

- Reihenaufstellung,

bekannt sein und eingehalten werden.

Wenn eine Zwangsbelüftung vorgesehen wird, muss die benötigte Luftmenge mit der vereinbarten Eintrittstemperatur verfügbar sein. Staubige Luft kann durch den Einsatz von Filterlüftern in gewissem Umfang gereinigt werden. Bei schlechter Außenluft oder bei sehr empfindlichen Einbauten empfiehlt sich der Einsatz von Wärmeaustauschern oder Kühlgeräten.

Einzelheiten zum Thema Wärme siehe auch Abschnitt 7.3.

Zu 7.6.3   Einsätze

Einsätze sind fest in Schaltgerätekombinationen eingebaut (siehe Definition Abschnitt 2.2.5). Dies bedeutet, sowohl die Tragkonstruktion als auch die Anschlüsse der Hauptstromkreise sind mit dem übrigen Teil der Schaltgerätekombination so verbunden, dass ein Lösen nur mit Werkzeug möglich ist. Das Herausnehmen oder Auswechseln von Einsätzen ist im Sinne von VDE 0105 Teil 1 als »Arbeiten an einem elektrischen Betriebsmittel« anzusehen, das nur erlaubt ist, wenn vorher freigeschaltet wurde. Wenn dazu nicht die ganze Schaltgerätekombination freigeschaltet werden soll, müssen konstruktive Vorkehrungen getroffen werden, dass wenigstens die benötigte Arbeitsumgebung in der Schaltgerätekombination spannungsfrei gemacht werden kann.

Es genügt z. B. nicht, Einsätzen ein Gerät mit Trennereigenschaften vorzuschalten, wenn in der Nähe der Einsätze noch berührungsgefährliche Teile weiterhin unter Spannung stehen und die Gefahr besteht, dass beim Arbeiten an einem Einsatz durch herunterfallendes Werkzeug, Schrauben oder andere Kleinteile ein Kurzschluss eingeleitet werden kann.

Das Ausrüsten eines Einsatzes mit Steckkontakten in den Haupt- und Hilfsstromkreisen vereinfacht zwar das Lösen und Verbinden der Leiter, jedoch wird durch diese Maßnahme allein aus einem Einsatz noch kein herausnehmbares Teil. Dazu müssen weitere mechanische Vorkehrungen getroffen werden, die ein Herausnehmen unter Spannung völlig gefahrlos gestatten.

Zu 7.6.4   Herausnehmbare Teile und Einschübe

Zu 7.6.4.1 Aufbau

Herausnehmbare Teile müssen im Gegensatz zu den Einsätzen sicher vom Hauptstromkreis und Hilfsstromkreis getrennt oder mit ihm verbunden werden können, während sie unter Spannung stehen. Dazu darf es zulässig sein, dass zunächst mit einem geeigneten Werkzeug Türen geöffnet, oder auch Befestigungen gelöst werden. Wichtig ist für die Beurteilung, dass alle diese Tätigkeiten und das anschließende Herausnehmen oder Wiedereinsetzen so vorbereitet sind, dass keine Gefahr besteht, in der Umgebung liegende spannungsführende Teile zu berühren.

Es ist heute Stand der Technik, dass das Herausnehmen nur im stromlosen Zustand vorgenommen wird. Meist sind dazu entsprechende Verriegelungen vorhanden, die

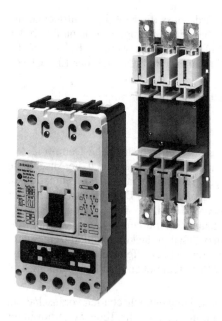

Bild 7.37 Steckbarer Leistungsschalter

ein Öffnen der Steckkontakte erst dann ermöglichen, wenn zuvor über einen Last-schalter der Stromkreis unterbrochen wurde. Typische Beispiele für herausnehm-bare Teile sind steckbare Leistungsschalter (**Bild 7.37**) und Abgangskästen von Schienenverteilern.

Beim steckbaren Leistungsschalter wird über einen Sicherheitsauslösestift eine vor-eilende Abschaltung bewirkt, bevor die Steckkontakte öffnen. Der gleiche Stift ver-hindert das Einstecken eines eingeschalteten Leistungsschalters.

Während das herausnehmbare Teil nur eine Betriebs- und eine Absetzstellung hat, muss der Einschub zusätzlich eine Trennstellung (siehe Abschnitt 2.2.10) haben, wäh-rend er mit der Schaltgerätekombination mechanisch verbunden bleibt. Zusätzlich darf er auch eine Prüfstellung (siehe Abschnitt 2.2.9) haben. Dabei ist zwar der Haupt-stromkreis unterbrochen, der Hilfsstromkreis bleibt aber geschlossen, so dass eine Funktionsprüfung mit den Geräten auf dem Einschub durchgeführt werden kann.

Sowohl Trennstellung als auch Prüfstellung können auch durch Betätigung geeigne-ter Einrichtungen hergestellt werden ohne den Einschub mechanisch zu bewegen. Das hat den Vorteil, dass die Schutzart, die für die Betriebsstellung gilt, auch bei der Trenn- und Prüfstellung erhalten bleibt. Der Einschub befindet sich dann im so-genannten Prüfzustand (siehe Abschnitt 2.1.9).

164

Auch diese Trenneinrichtungen werden heute meist mit den Lastschaltern auf dem Einschub so verriegelt, dass sie nur stromlos betätigt werden können. Die für Trenner geforderte hohe Isolationsfestigkeit wird dann nicht durch vorangegangene Lastschaltungen beeinträchtigt.

Die Einschubtechnik wird vorwiegend in Eigenbedarfsanlagen von Kraftwerken, in der Grundstoffindustrie und in der verarbeitenden Industrie zum Steuern umfangreicher Prozesse eingesetzt. Sie bietet dem Anwender unter anderem:

- Veränderung oder Erweiterung von Abzweigen während des durchlaufenden Betriebs;

- hohe Verfügbarkeit durch eingeschränkte Störauswirkungen wegen guter innerer Unterteilung;

- kurze Reparaturzeiten, da ein defekter Einschub schnell gegen einen funktionstüchtigen Reserveeinschub ausgetauscht werden kann. Zur Sicherheit dürfen herausnehmbare Teile und Einschübe mit einer Codiervorrichtung ausgerüstet werden.

Die konstruktive Gestaltung und die Fertigungstechnik der Einschubtechnik stellen hohe Anforderungen an den Hersteller. Sie kann deshalb wirtschaftlich nur in größeren Stückzahlen hergestellt werden. Sie ist das typische Beispiel einer typgeprüften Systemtechnik.

Der elektrische Zustand in den verschiedenen Stellungen von Einschüben ist übersichtlich in Tabelle 6 der Norm zusammengestellt. Zusammen mit den Erläuterungen zu den Abschnitten 2.2.8 bis 2.2.11 dürften die Aussagen so klar sein, dass an dieser Stelle keine weiteren Erläuterungen mehr erforderlich sind.

Zu 7.6.4.2 Verriegeln und Verschließen von Einschüben

Schaltgerätekombinationen in Einschubtechnik steuern meist sehr komplizierte, umfangreiche Produktionsprozesse, bei denen ein Versagen der elektrischen Einrichtungen schwerwiegende Folgen hat. Die Bedienung und vor allem das Austauschen von Einschüben wird deshalb immer dem Personal vorbehalten bleiben, das die Auswirkungen seiner Tätigkeit auf die gesamte Anlage richtig beurteilen kann. Aber auch diesen Fachkräften will man durch Verriegelungen und Abschließmöglichkeiten eine zusätzliche Sicherheit geben und damit das Risiko einer Fehlbedienung vermindern.

Einschübe werden deshalb praktisch immer so gestaltet, dass sie nur dann herausgenommen oder eingesetzt werden können, wenn der Hauptstromkreis unterbrochen ist. Auch die Türen oder Blenden der Einschübe werden üblicherweise so verriegelt, dass sie sich nur dann öffnen lassen, wenn zumindest der Hauptstromkreis des Einschubes spannungsfrei ist. Spannung an fingersicheren Hilfsleiterklemmen wird toleriert.

Für besonders unterwiesenes Personal besteht die Möglichkeit, diese Türverriegelung mit Hilfe eines Werkzeuges zu umgehen. Der Einschub kann dann auch unter

Last überwacht werden und Messungen oder Einstellungen z. B. an Überlastauslösern sind möglich. Wenn die Tür geschlossen wird, muss die Verriegelung automatisch wieder wirksam werden.

Bei der Aufstellung von Schaltgerätekombinationen in abgeschlossenen elektrischen Betriebsstätten könnte zwar auf die Türverriegelung verzichtet werden, aber auch in diesen Räumen betrachten viele Anwender die Türverriegelung von Einschüben, die unter Last stehen, als eine zusätzliche Sicherheit für ihr Betriebspersonal.

Für alle Betätigungselemente, die nach dem Öffnen der Tür erreichbar sind, ist ein Schutz gegen direktes Berühren berührungsgefährlicher aktiver Teile entsprechend VDE 0106 Teil 100 vorzusehen (siehe Abschnitt 7.6.2.1).

Zusätzlich zu der Verriegelung der Einschübe gegen das Herausnehmen unter Last können funktionsbedingte elektrische Verriegelungen mit anderen Abzweigen oder Funktionseinheiten notwendig sein. Sie müssen für den Einzelfall zwischen Hersteller und Anwender vereinbart werden.

Die Funktionsprinzipien von Verriegelungen und die sicherheitstechnischen Anforderungen sind in DIN 31005 zu finden.

Wenn Abzweige nicht eingeschaltet werden dürfen, weil dadurch z. B. bestimmte Arbeiten in der versorgten Anlage gefährdet werden, können die Einschübe mit Verschließeinrichtungen versehen werden, die ein unerlaubtes Einschalten verhindern. Hierzu können die Antriebe mit mehreren »persönlichen« Vorhängeschlössern abgeschlossen werden. Ein Einschalten ist dann erst möglich, wenn jeder Beteiligte nach Beendigung seiner Arbeit »sein« Schloss wieder entfernt hat.

Solange der Antrieb eines Einschubes abgeschlossen ist, darf selbstverständlich das Umgehen der Verriegelung auch für den unterwiesenen Fachmann nicht möglich sein.

Zu 7.6.4.3   IP-Schutzart [von herausnehmbaren Teilen oder Einschüben]

Auch bei Schaltgerätekombinationen mit herausnehmbaren Teilen oder Einschüben gilt die angegebene IP-Schutzart für den betriebsfertigen Zustand, d. h. alle Türen sind geschlossen und die Einschübe befinden sich in der Betriebsstellung.

Werden die Prüf- und die Trennstellung durch Bewegen des ganzen Einschubes realisiert, kann sich je nach konstruktiver Ausführung die Schutzart mehr oder weniger stark verändern. Der Hersteller muss in diesem Fall entsprechende Angaben machen. Wenn in der Prüf- und Trennstellung der Fremdkörperschutz oder der Wasserschutz sehr viel geringer sind als in der Betriebsstellung, kann das meist akzeptiert werden. Der Berührungsschutz sollte aber möglichst auch in diesen Stellungen nicht kleiner sein als IPXXB.

Bei Konstruktionen, welche die Prüf- und die Trennstellung über die Betätigung geeigneter Vorrichtungen oder Schaltgeräte herstellen, ändert sich die Schutzart nicht.

166

Wird ein Einschub aus der Schaltgerätekombination herausgenommen, entstehen fast immer Öffnungen in den Türen oder Abdeckungen. Für das Verschließen dieser Öffnungen werden üblicherweise Blindabdeckungen angeboten, mit denen wieder die gleiche Schutzart erreicht wird wie in der Betriebsstellung.

Zu 7.6.4.4 Verbindung der Hilfsstromkreise [von herausnehmbaren Teilen oder Einschüben]

Die Verbindung der Hilfsstromkreise eines herausnehmbaren Teiles oder eines Einschubes mit dem übrigen Teil der Schaltgerätekombination darf auch mit einem Werkzeug herstellbar und lösbar sein. Voraussetzung ist aber auch hier, dass diese Arbeiten unter Spannung gefahrlos ausführbar sind. Am einfachsten wird das mit trennbaren Klemmenblöcken erreicht. Diese haben darüber hinaus den Vorteil, dass die Zuordnung der oft zahlreichen Steuerleitungen zu ihren Anschlüssen nicht verloren geht und dadurch Verdrahtungsfehler vermieden werden.

Am sichersten und bedienungsfreundlichsten sind Steuerstecker, die entweder getrennt von Hand oder automatisch vom Einschub betätigt werden.

Zu 7.6.5 Kennzeichnung

Zu 7.6.5.1 Kennzeichnung der Leiter in Haupt- und Hilfsstromkreisen

Mit Ausnahme der Schutzleiter, PEN- und Neutralleiter unterliegen die Kennzeichnungen der Klemmen und der Leiter innerhalb einer Schaltgerätekombination der Verantwortung des Herstellers. Die Kennzeichnung muss einen eindeutigen Zusammenhang zu den Schaltplänen und Aufbauzeichnungen herstellen, damit Fehlersuche und Wartung ohne Schwierigkeiten durchführbar sind.

Die Anschlüsse aller Betriebsmittel sind heute bereits im Lieferzustand mit einer alphanumerischen Anschlussbezeichnung versehen, die zusammen mit dem Betriebsmittelkennzeichen (siehe Abschnitt 5.2) eine eindeutige Identifizierung jeder einzelnen Anschlussstelle ermöglicht. Die Verdrahtung wird deshalb meist einheitlich schwarz ausgeführt. Wenn aus bestimmten betriebsbedingten Gründen z. B. eine Unterscheidung zwischen Leitern verschiedener Spannung oder Frequenz gewünscht wird, so können dafür alle Farben außer Grün-Gelb verwendet werden.

Eine alphanumerische Kennzeichnung der einzelnen Leiterenden kann z. B. bei einer Schaltgerätekombination, die zerlegt in mehrere Transporteinheiten zum Einsatzort gebracht wird, für die Leiter sinnvoll sein, die erst am Einsatzort miteinander verbunden werden müssen.

Obwohl der Hersteller Art und Umfang der Bezeichnung frei wählen darf, empfiehlt die Norm die Kennzeichnung nach den Regeln der IEC 60445 »alpha-numerische Kennzeichnung von Klemmen und Leitern« Abschnitt 5.4 oder IEC 60446 »Kennzeichnung von Leitern durch Farben« zu verwenden, wie sie für von außen eingeführte Leiter vorgeschrieben ist (siehe Abschnitt 7.1.3.7).

Zu 7.6.5.2 Kennzeichnung des Schutzleiters (PE, PEN) und des Neutralleiters (N) in Hauptstromkreisen

Bei den heute üblichen vielfältigen Ausführungsformen von Schaltgerätekombinationen kann man sich nicht darauf verlassen, dass der Schutzleiter oder Neutralleiter alleine durch seine Form oder Anordnung erkennbar ist. Man wird aus Sicherheitsgründen immer eine Kennzeichnung durch Beschriftung oder Farbe wählen. Als Farbkennzeichnung für den Schutzleiter ist nur Grün-Gelb (zweifarbig) zugelassen. Bei isolierten, einadrigen Leitungen sollte sich diese Kennzeichnung möglichst über die ganze Länge des Leiters erstrecken. Blanke Schienen müssen mindestens an den Enden und an den Anschlussstellen mit einem zweifarbigen Klebeband gekennzeichnet werden.

Für den Neutralleiter wird die Farbe Hellblau empfohlen. Für isolierte Neutralleiter wird in DIN 40705 blau gefordert.

Fasst man die Aussagen in IEC 60445 und IEC 60446 in gekürzter Form zusammen, ergibt sich **Tabelle 7.9**. Die »fett gedruckten« Angaben müssen eingehalten werden und die »mager« gedruckten Werte sind Empfehlungen, von denen auch abgewichen werden darf.

Anschlüsse für von außen eingeführte Schutzleiter müssen mit PE, PEN, dem Bildzeichen ⏚ oder grün-gelb gekennzeichnet werden. Auf diese Kennzeichnung darf verzichtet werden, wenn der von außen herangeführte Schutzleiter direkt mit dem innen liegenden Schutzleiter verbunden wird, der bereits grün-gelb gekennzeichnet ist.

Anschluss/ Leiter		Kennzeichnung		
Klemme		Leiter		
		alpha-numerisch	Farbe	Symbol
AC System Leiter 1	U	L1	schwarz	
AC System Leiter 2	V	L2	schwarz	
Leiter 3	W	L3	schwarz	
Neutralleiter	N	N	hellblau	
DC System positiv	+	L+	schwarz	
DC System negativ	–	L–	schwarz	
Mittelleiter	M		hellblau	
Schutzleiter	**PE**	**PE**	**grün-gelb**	⏚
	PEN	**PE**	**grün-gelb**	⏚

Tabelle 7.9 Kennzeichnung von Anschlüssen und Leitern nach IEC 60445 und IEC 60446

Zu 7.6.5.3 Betätigungssinn und Anzeige von Schaltstellungen

Die angeführte Norm IEC 60447 gilt auch für Niederspannungs-Schaltgeräte, die nach den Normen der Reihe IEC 60947 gefertigt werden. Damit sind aus den Gerätebestimmungen keine anderen Festlegungen zu erwarten.

Die Wirkungen, die durch das Betätigen eines Bedienteiles entstehen, sind in IEC 60447 in zwei Wirkungsgruppen aufgeteilt, denen dann bestimmte Bewegungs-richtungen zugeordnet sind. Siehe **Tabelle 7.10** und **Tabelle 7.11**.

Da die Schaltgeräte entsprechend der Norm ausgebildet sind, ist lediglich darauf zu achten, dass die richtige Gebrauchslage der Geräte eingehalten wird. Bei einem

Wirkungsgruppe 1	Wirkungsgruppe 2
Zunahme der Wirkung	Abnahme der Wirkung
Änderung der Bedingung z. B. – Ingangsetzen – Starten – Beschleunigen – Schließen eines Stromkreises – Zünden	Änderung der Bedingung z. B. – Stillsetzen – Stoppen – Bremsen – Öffnen eines Stromkreises – Löschen
Bewegen eines Gegenstandes oder Fahrzeuges z. B. – aufwärts – nach rechts – vorwärts	Bewegen eines Gegenstandes oder Fahrzeuges z. B. – abwärts – nach links – rückwärts

Tabelle 7.10 Einteilung der Wirkungen, die durch das Betätigen von Bedienteilen entstehen, nach IEC 60447

Art der Bewegung	Art des Bedienteils	Betätigungssinn für	
		Wirkungsgruppe 1 (Einschalten, Zunahme der Wirkung usw.)	**Wirkungsgruppe 2** (Ausschalten, Abnahme der Wirkung usw.)
Drehbewegung	Handrad Knebel Drehknopf	⤵ Im Uhrzeigersinn	⤹ Entgegen dem Uhrzeigersinn
Senkrechte Bewegung	Hebel Griff	↑ Von unten nach oben	↓ Von oben nach unten
Waagerechte Bewegung	Hebel Griff	↗ Vom Bedienenden weg	↙ Auf den Bedienenden zu
		→ Nach rechts	← Nach links

Tabelle 7.11 Betätigungssinn von Bedienteilen entsprechend der beabsichtigten Wirkung nach IEC 60447

Kompaktleistungsschalter muss bei senkrechtem Einbau also das Einschalten durch eine Aufwärtsbewegung des Schalthebels und das Ausschalten durch eine Abwärtsbewegung des Hebels bewirkt werden. Bei waagrechtem Einbau sollte bevorzugt das Einschalten nach rechts und das Ausschalten nach links erfolgen. Von dieser Forderung wird jedoch gelegentlich abgewichen, wenn z. B. von einer in der Mitte liegenden Sammelschiene Stromkreise nach rechts und nach links abgezweigt werden. IEC 60447 gestattet diese Ausnahmen ausdrücklich.

Für die Anordnung von mehreren Bedienteilen gelten nach der gleichen Norm die **Tabelle 7.12** und **Tabelle 7.13**.

Anordnung der Bedienteile	Wirkungsgruppe 1 Zunahme der Wirkung		Wirkungsgruppe 2 Abnahme der Wirkung	
Untereinander		Betätigung am oberen Bedienteil		Betätigung am unteren Bedienteil
Nebeneinander		Betätigung am rechten Bedienteil		Betätigung am linken Bedienteil

Tabelle 7.12   Anordnung von zwei Bedienteilen mit entgegengesetzter Wirkung

Wirkung	Untereinander		Nebeneinander
Eine Bewegungsrichtung	◯	Start II (z. B. schnell)	
	◯	Start I (z. B. langsam)	Stop Start I Start II
	◉	Stop	
Zwei Bewegungsrichtungen	◯	Heben	
	◉	Stop	Links Stop Rechts
	◯	Senken	

Tabelle 7.13   Anordnung von drei Bedienteilen nach IEC 60447

Alle Geräte haben eine eindeutige Schaltstellungsanzeige. Bei Geräten ohne Schaltschloss kann die Schaltstellung an der Stellung der Schaltwelle erkannt werden. Beim Einbau in eine Kapselung wird diese Anzeige auf die Stellung des Betätigungselementes übertragen. Bei Schlossschaltern darf die Stellung der Hauptkontakte nicht aus der Stellung des Antriebes abgeleitet werden, sondern diese Geräte haben eine gesonderte Schaltstellungsanzeige. Soll nach dem Einbau in ein Gehäuse die Schaltstellung von außen erkennbar sein, muss entweder durch Ausschnitte in der Tür oder durch Sichtfenster die Anzeige am Gerät beobachtet werden können oder es sind über Hilfsschalter geeignete Leuchtmelder anzusteuern, die dann den Schaltzustand melden.

Zu 7.6.5.4 Leuchtmelder und Drucktaster

Die Anordnung der Drucktaster wurde bereits im vorherigen Abschnitt beschrieben. Dieser Abschnitt behandelt nur die Farbgebung.

Um die Sicherheit des Bedienungspersonals zu vergrößern und die Bedienung zu erleichtern, sind in IEC 60073 für bestimmte Funktionen und Meldungen bestimmte Farben vorgeschrieben. Die Farben sollen:

● bei Leuchtmeldern

  – Aufmerksamkeit wecken oder die Aufforderung zur Erfüllung einer bestimmten Aufgabe geben

  – die Bestätigung eines Befehls, Zustands oder eine Zustandsänderung wiedergeben

● bei Drucktastern

  – anzeigen, welche Wirkung bei seiner Betätigung hervorgerufen wird.

Die Wirkung der Farben darf durch Blinklicht oder zusätzliche Bildzeichen erhöht werden.

Genormte Bildzeichen enthält IEC 60417.

Tabelle 7.14 und **Tabelle 7.15** geben einen Überblick über die vorgesehenen Farben für Leuchtmelder und Druckknöpfe mit den ihnen zugeordneten Bedeutungen. Alle notwendigen zusätzlichen Einzelheiten sind der Norm zu entnehmen.

Farbe	Bedeutung	Erklärung	Tätigkeit des Bedienenden	Anwendungsbeispiele
ROT	Not	gefährlicher Zustand	sofortiges Klären und dringender Handlungsbedarf, z. B. durch NOT-HALT, Ventil öffnen, Kühlpumpe starten	– Druck/Temperatur außerhalb sicherer Bereiche – Spannungsausfall – Betriebsstörung eines wichtigen Anlageteils – Ausfall notwendiger Maschinen, Hilfssysteme – Überfahren der Stoppposition eines Aufzugs
GELB	anormal	– anormaler Zustand – bevorstehender kritischer Zustand	Beobachten und/oder Eingreifen (z. B. Wiederherstellen der Soll-Funktion)	– Druck/Temperatur weichen vom normalen Bereich ab – Auslösen einer Schutzvorrichtung einer Hilfseinheit – Förderband überladen – Überfahren eines Grenzschalters – Stellungswechsel eines Ventils oder eines Förderbandes
GRÜN	normal	normaler Zustand	freigestellt	– Einschaltfreigabe – Anzeige normaler Betriebsbedingungen
BLAU	Vorschrift	Anzeige eines Zustands, der ein Handeln erfordert	vorgeschriebene Tätigkeit	– Anweisung an den Bedienenden, vorgewählte Werte einzustellen
WEISS GRAU SCHWARZ	keine spezielle Bedeutung festgelegt	jede Bedeutung darf angewendet werden, wenn bzgl. der Farben ROT; GELB; GRÜN und BLAU Zweifel bestehen	Beobachten	– allgemeine Information (z. B. Bestätigung eines Befehls, Messwertanzeige)

Tabelle 7.14 Bedeutung der Farben für Anzeigeeinrichtungen unter Berücksichtigung der Prozesszustände (IEC 60073/DIN EN 60073)

Farbe	Bedeutung	Erläuterung	Anwendungsbeispiele
ROT	Notfall	Handlung im Fall von Gefahr oder Notlage	– NOT-AUS – HALT oder AUS mit NOT-AUS-Taster – Einleiten einer Notfunktion
GELB	anormal	Handlung im Fall eines anormalen Zustands	– Eingreifen zum Unterdrücken des anormalen Zustandes – manueller Eingriff zum Neustart eines unterbrochenen automatischen Zyklus
GRÜN	Sicherheit	Handlung bei sicherem Zustand oder um normale Zustände vorzubereiten	
BLAU	Vorschrift	Zustand mit Handlungsbedarf	– Rückstellfunktion
WEISS GRAU SCHWARZ	keine spezielle Bedeutung zugeordnet	Einleiten von Funktionen	– darf für beliebige Funktionen eingesetzt werden, außer für NOT-AUS, z. B. AUS/EIN, HALT/START

Tabelle 7.15 Allgemeine Bedeutung der Farben von Bedienteilen (IEC 60073/DIN EN 60073)

Zu 7.7 Innere Unterteilung von Schaltgerätekombinationen durch Abdeckungen oder Trennwände

Je umfangreicher eine Schaltgerätekombination ist oder je wichtiger für die Versorgung bestimmter Anlagenteile, umso mehr besteht der Wunsch, an einzelnen Feldern oder Funktionseinheiten bestimmte Arbeiten durchführen zu können, ohne die gesamte Schaltgerätekombination spannungsfrei machen zu müssen. In einem Fall sollen z. B. nur Kabel ausgewechselt oder eine Reservefunktionseinheit angeschlossen werden, in anderen Fällen sollen Funktionseinheiten ausgetauscht werden und gelegentlich besteht sogar der Wunsch, Teile der Schaltgerätekombination umzubauen und neu zu verdrahten, während der Betrieb der übrigen Anlagenteile weiterläuft.

Alle diese Arbeiten können nur dann ohne Gefahr für das Personal und für die Schaltgerätekombination ausgeführt werden, wenn richtig ausgewählte und richtig ausgeführte innere Unterteilungen vorhanden sind, die den Teil, an dem gearbeitet werden soll, von dem Rest der Schaltgerätekombination trennen.

Damit werden die in der Norm genannten Schutzziele verwirklicht:

- Schutz gegen Berühren aktiver Teile in den der Arbeitsstelle benachbarten Funktionseinheiten,

- Verringerung der Möglichkeit, einen Störlichtbogen auszulösen,

- Schutz gegen das Eindringen von festen Fremdkörpern von einer Baueinheit in eine benachbarte.

Für den Berührungsschutz, den eine innere Unterteilung bieten muss, ist eine Schutzart von mindestens IPXXB vorgeschrieben, für den Fremdkörperschutz mindestens IP2X. Höhere Schutzarten können erforderlich werden, wenn z. B. mit kleinen Drahtquerschnitten und kleinen verlierbaren Teilen in dem betroffenen Funktionsraum gearbeitet werden muss. Höhere Schutzarten als die Mindestschutzart und die Form der inneren Unterteilung müssen immer zwischen Hersteller und Anwender vereinbart werden.

Die definierten Formen der inneren Unterteilung der Formen 1 bis 4 sollen diese Verständigung erleichtern. Zusammen mit den Beispielen in Anhang D der Norm bedürfen sie keiner weiteren Erläuterung.

In der vorliegenden Norm werden zusätzlich die Formen 2a und 4b definiert.

Die frühere Form 2 heißt jetzt Form 2b. Die frühere Form 4 heißt in jetzt Form 4a.

Damit ist das System der inneren Unterteilungen nun vollständig.

Die Formen 2a, 3a und 4a haben gemeinsam, dass bei ihnen die Funktionseinheiten sowohl gegen die Leiter auf der Einspeiseseite (Verteilschienen) als auch gegen die Anschlüsse für äußere Leiter abgeteilt sind.

Die Anschlüsse für äußere Leiter und die Zuleitungen zu den Funktionseinheiten dürfen sich im gleichen Funktionsraum befinden.

Bei den Formen 2b, 3b und 4b sind die Anschlüsse für äußere Leiter gegenüber den Zuleitungen zu den Funktionseinheiten abgeteilt.

Zu 7.8 Elektrische Verbindungen innerhalb einer Schaltgerätekombination: blanke und isolierte Leiter

Zu 7.8.1 Allgemeines

Die elektrischen Verbindungen innerhalb einer Schaltgerätekombination beeinflussen in großem Maße die Betriebssicherheit. Sie müssen deshalb sehr sorgfältig dimensioniert und hergestellt werden. Für die Verbindungen lassen sich folgende Teilaufgaben unterscheiden:

- betriebsmittelunabhängige Leiter,
- betriebsmittelabhängige Leiter,
- Schienen-Verschraubungen,
- Anschlüsse an elektrischen Betriebsmitteln,
- Befestigung von Schienen und Leitern.

Die vorliegende Norm nennt einige Detailprobleme, die bei der Dimensionierung dieser Baueinheiten besonders berücksichtigt werden sollen. Zum besseren

Verständnis werden diese Probleme nachstehend erläutert, bevor auf die Fragen der Dimensionierung eingegangen wird.

Betriebsmäßige Erwärmung

Ausgehend von der Umgebungstemperatur von 20 °C bis 35 °C erwärmen sich alle Verbindungen und Leiter während des Betriebes durch den Betriebsstrom. Die zulässige Erwärmung ist durch die Festigkeit des Leiterwerkstoffs, durch die Temperaturbeständigkeit der Isolierstoffe der Schienenbefestigungen und eventuell durch die angeschlossenen Betriebsmittel bestimmt.

Auch die zusätzliche Erwärmung im Falle eines Kurzschlusses gilt als betriebsmäßige Erwärmung und muss bei der Dimensionierung berücksichtigt werden.

Im Allgemeinen rechnet man mit folgenden Werten:

Umgebungstemperatur 35 °C

Temperatur im Gehäuse 55 °C

Maximale Leitertemperatur

betriebsmittelunabhängige blanke Leiter

Normalbetrieb 130 °C

Kurzschluss 250 °C siehe Anhang B

betriebsmittelabhängige blanke Leiter

Normalbetrieb hängt ab vom angeschlossenen Betriebsmittel etwa 90 °C bis 105 °C

Kurzschluss hängt ab vom angeschlossenen Betriebsmittel etwa 160 °C bis 200 °C

Wärmedehnung

Wegen der starken Temperaturänderungen, denen Leiter und Verbindungen ausgesetzt sind, müssen die Einflüsse der Wärmedehnung ausreichend berücksichtigt werden.

Die Längenänderung eines starren Leiters folgt dem Gesetz

$$\Delta l = l_0 \cdot \alpha_1 \cdot \Delta T$$

Darin bedeuten:

Δl Längenänderung

l_0 Ausgangslänge

α_1 Wärmeausdehnungskoeffizient, z. B. für E-Cu 0,017 mm/(mK)

ΔT Temperaturdifferenz in K

Für ein Leiterstück von 1 m Länge ergibt sich nach dieser Formel bei einer Erwärmung von 20 °C auf 120 °C bereits eine Längenänderung von 1,7 mm. Ist die Befestigung des Leiters so starr, dass die Schiene ihre Länge nicht ändern kann, entsteht im Leiter eine Druckspannung, die von den Leiterbefestigungen aufgenommen werden muss.

Für die Kraft in den Befestigungspunkten gilt:

$$F = A \cdot E \cdot \alpha_1 \cdot \Delta T$$

Darin bedeuten:

F Kraft im Befestigungspunkt

A Leiterquerschnitt

E Elastizitätsmodul für E-Cu $11 \cdot 10^4$ N/mm^2

α_1 Wärmeausdehnungskoeffizient, z. B. für E-Cu 0,017 mm/(mK)

Eine Schiene von z. B. 100 mm × 10 mm erzeugt bei einer Temperaturänderung von 100 K in den Befestigungspunkten eine Kraft von 187 kN.

Elektrolytische Wirkungen bei Verbindung unterschiedlicher Metalle

Wenn verschiedene Metalle leitend miteinander verbunden sind und gemeinsam durch Flüssigkeiten wie Wasser oder Säuren benetzt werden, entsteht ein elektrolytisches Element, das zur Korrosion führt. Die Zerstörung ist umso größer, je größer die Spannungsdifferenz in der elektrochemischen Spannungsreihe ist (siehe **Tabelle 7.16**). Innerhalb geschlossener Gebäude und unter normalen Umgebungsbedingungen ist die elektrolytische Korrosion vernachlässigbar.

Wenn zwei Metalle dieser Tabelle miteinander in Berührung kommen, wird das in der Tabelle weiter oben stehende Metall korrodiert.

Aluminium	etwa $-1,45$
Zink	etwa $-0,77$
Chrom	etwa $-0,56$
Eisen	etwa $-0,43$
Nickel	etwa $-0,20$
Zinn	etwa $-0,146$
Kupfer	etwa $+0,35$
Silber	etwa $+0,80$

Tabelle 7.16 Elektrochemische Spannungsreihe ausgewählter Metalle
Normpotentiale gegen Wasserstoff in Volt

- **ausreichender, dauerhafter Kontaktdruck**

Der Übergangswiderstand bei der Verbindung von zwei Leitern miteinander ist im Wesentlichen eine Funktion des Kontaktdruckes.

Als ausreichend für die Verschraubung von Stromschienen betrachtet man üblicherweise einen Kontaktdruck von 7 N/mm^2 bis 20 N/mm^2. Damit dieser Kontaktdruck bei allen Temperaturen von z. B. –5 °C bis +120 °C oder im Kurzschluss +250 °C nicht unterschritten oder überschritten wird, müssen geeignete Federelemente eingesetzt werden, die die Wärmedehnung ausgleichen.

- **Bemessung der Funktionsgruppen:**

Betriebsmittelunabhängige und betriebsmittelabhängige blanke und isolierte Leiter siehe Abschnitt 7.8.2

- **Bemessung von Schienenverschraubungen:**

In Abhängigkeit von den Schienenabmessungen sind in DIN 43673 Teil 1 und Teil 2 Bohrbilder und Verschraubungen mit den dabei anzuwendenden Schraubensicherungen und Anziehdrehmomenten angegeben (**Bild 7.38**, links). Bei Anwendung dieser Werte kann mit hoher Sicherheit angenommen werden, dass der erforderliche Kontaktdruck bei allen üblichen Belastungen der Stromschienen im gesamten Temperaturbereich (–5 °C bis +120 °C, 250 °C) vorhanden ist und dass ein Lockern der Verschraubung durch die Temperaturwechsel nicht eintritt.

DIN 43673 setzt allerdings voraus, dass die Schienen so angeordnet werden, dass die Verschraubungen mit nur einer Schraube nicht durch Querkräfte gelockert werden. Es steht im Ermessen des Herstellers, auch andere Verschraubungen als die genormten zu verwenden (**Bild 7.38**, rechts), die er für seine Zwecke für geeignet hält. Die Eignung der Verschraubung für die vorgesehene Schienenverbindung muss in jedem Fall im Rahmen der Typprüfung nachgewiesen werden.

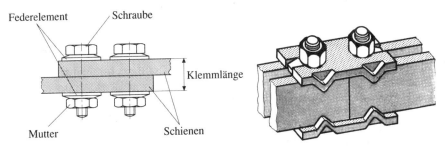

Bild 7.38   Schienenverschraubungen
links: Verschraubung von Stromschienen nach DIN 43 671
rechts: Prinzipdarstellung einer typgeprüften Klemmenverbindung von Stromschienen

Sollen Leiter miteinander verbunden werden, die aus unterschiedlichen Werkstoffen bestehen oder die zu einer starken Oxidbildung neigen, wie z. B. Aluminium, sind durch geeignete Arbeitsschritte Bedingungen zu schaffen, die eine gute, dauerhafte Verbindung ermöglichen. Als Beispiel für solche erprobten Arbeitsschritte kann **Tabelle 7.17** gelten.

Verbindungen		Kupfer		Aluminium	
von \ mit	blank	– versilbert, – verzinnt, – vernickelt	blank	– versilbert, – verzinnt, – vernickelt	
Kupfer blank	A	A	A \ B+C	A	
Kupfer – versilbert, – verzinnt, – vernickelt	A	A	S oder A+D \ B+C	A	
Aluminium blank	A \ B+C	S oder A+D \ B+C	B+C	S oder A+D \ B+C	
Aluminium – versilbert, – verzinnt, – vernickelt	A	A	S oder A+D \ B+C	A	

Zeichenerklärung:

A Unbeschädigte und oxidfreie Kontaktflächen mit trockenem Lappen säubern

B Kontaktflächen metallen blank bürsten

C Kontaktflächen mit säurefreiem, nicht verharzendem Fett dünn einreiben

D blankgebürstetes Cu-Blech oder Cupalblech beilegen

S vorhandene Beschichtung (Silber, Zinn, Nickel o. ä.) entfernen, so dass Grundmaterial (Cu oder Al) blank ist

Tabelle 7.17 Behandlung der Kontaktflächen bei Verbindung blanker Leiter aus Kupfer und Aluminium in Schaltgerätekombinationen für Innenraumaufstellung

Anschlüsse elektrischer Betriebsmittel

Der Anschluss von blanken oder isolierten Leitern an Betriebsmittel wie Schaltgeräte, Widerstände oder Ähnliches muss immer mit den vom Hersteller mitgelieferten oder vorgeschriebenen Verbindungselementen vorgenommen werden. Nur so kann sichergestellt werden, dass die in der Typprüfung für diese Betriebsmittel ermittelten Werte auch erreicht werden und keine unzulässige Erwärmung auftritt. Anschlüsse für elektrische Betriebsmittel sind in DIN 46206 Teil 2 beschrieben. Darüber hinaus führen viele Hersteller die Anschlüsse inzwischen so aus, dass auch mehrdrähtige Leiter ohne Vorbehandlung angeschlossen werden können und der fertig verdrahtete Anschluss einen Berührungsschutz mit der Schutzart IP XXB bietet.

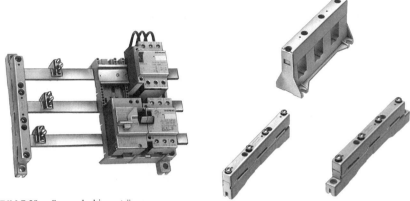

Bild 7.39   Sammelschienenträger

Befestigung von Schienen und Leitern

In Niederspannungs-Schaltgerätekombinationen werden Sammelschienen und Verteilschienen meist auf speziell gestalteten Schienenträgern aus Formstoff aufgeschraubt oder durch Formstoffplatten gehalten **(Bild 7.39)**.

Auch isolierte Leiter müssen so verlegt und befestigt werden, dass sie bei den im Betrieb auftretenden Erschütterungen und besonders im Kurzschluss nicht beschädigt werden und vor allem keine unzulässigen Kräfte auf die Anschlüsse elektrischer Betriebsmittel oder Abgriffe von Schienensystemen übertragen.

Die Isolierstoffe, die für die Herstellung der Schienenbefestigungen verwendet werden, müssen bei den zu erwartenden Temperaturen von bis zu 130 °C ausreichend alterungsbeständig sein. Bei Verwendung von Duroplasten ist dies im Allgemeinen gegeben.

PVC-Isolierungen erlauben nur eine Dauertemperatur von 70 °C. Das ist bei der Festlegung der Strombelastbarkeit entsprechend zu berücksichtigen oder es sind andere Leitungen mit höherem Temperaturbereich einzusetzen.

Zu 7.8.2   Abmessungen und Bemessung von blanken und isolierten Leitern

Die Wahl des Querschnittes für alle Leiter innerhalb der Schaltgerätekombination liegt in der Verantwortung des Herstellers. Nur er kennt alle Randbedingungen, die dabei zu berücksichtigen sind, und kann so die einzelnen Funktionen richtig aufeinander abstimmen.

Es müssen vor allem betrachtet werden:

- Lufttemperatur im Gehäuse am Ort des Leiters
- Erwärmung des Leiters

- Einfluss der Wärme auf die Befestigungen
- Einfluss der Wärme auf Anschlüsse elektrischer Betriebsmittel
- Kurzschlussfestigkeit

Betriebsmittelunabhängige Leiter

Betriebsmittelunabhängige Leiter sind nur die Hauptsammelschienen und die Verteilschienen. Wie bereits erläutert dürfen blanke Leiter mit Rücksicht auf die Festigkeit des Leitermaterials und der Verschraubungen für 130 °C Dauerbetriebstemperatur ausgelegt werden. Unterstellt man eine Lufttemperatur im Gehäuse von 50 °C, dann verbleibt eine Erwärmung von 75 K für die Abgabe der Verlustleistung an die Umgebung. Der benötigte Querschnitt für einen geforderten Dauerstrom wird bei TSK durch die Typprüfung ermittelt. Als Anhaltspunkt für die Auslegung können die Angaben aus DIN 43670 oder DIN 43671 herangezogen werden.

Bei PTSK kann die Erwärmung der Schienen nach DIN 43670 oder DIN 43671 berechnet werden. Damit ist auch die Querschnittswahl rein rechnerisch möglich. Da aber für den Nachweis der Kurzschlussfestigkeit immer auf eine typgeprüfte Schienenanordnung zurückgegriffen werden muss, sind meist auch die zulässigen Bemessungsströme bekannt und der rechnerische Nachweis kann entfallen.

Durch eine geschickte Anordnung der Einspeisung kann der erforderliche Bemessungsstrom für die Sammelschienen stark beeinflusst werden (**Bild 7.40**).

Bei sehr langen Schienensystemen, wie sie vor allem in Schienenverteilern anzutreffen sind, macht sich unter Umständen die Wärmedehnung der Schienen störend bemerkbar. Durch den Einbau von Dehnungsbändern z. B. nach DIN 46276 kann leicht Abhilfe geschaffen werden.

Betriebsmittelabhängige Leiter

Die Erwärmung der Zu- und Ableitungen und Verbindungen zwischen den Betriebsmitteln hat unmittelbaren Einfluss auf die Anschlusstemperatur und damit auf die Erwärmung der Betriebsmittel. Viele Betriebsmittel sind darauf angewiesen, einen Teil ihrer Wärme über die Anschlüsse abzuführen. Nur wenn in etwa die gleichen Bedingungen vorhanden sind, wie sie bei der Typprüfung des Betriebsmittels gegeben waren, kann das Betriebsmittel den geprüften Strom ohne zu starke Erwärmung führen.

Bei TSK wird die richtige Dimensionierung dieser Verbindungen mit der Typprüfung nachgewiesen. Dabei werden die zulässigen Anschlusstemperaturen überwacht und so eine Überlastung der Betriebsmittel vermieden.

Auch bei PTSK muss eine zu starke Erwärmung der Betriebsmittel vermieden werden. Wenn keine neuen Messungen durchgeführt werden sollen, bleibt nur der Weg, die Querschnitte vorzusehen, die vom Hersteller des Betriebsmittels in seinen Unterlagen vorgeschrieben werden.

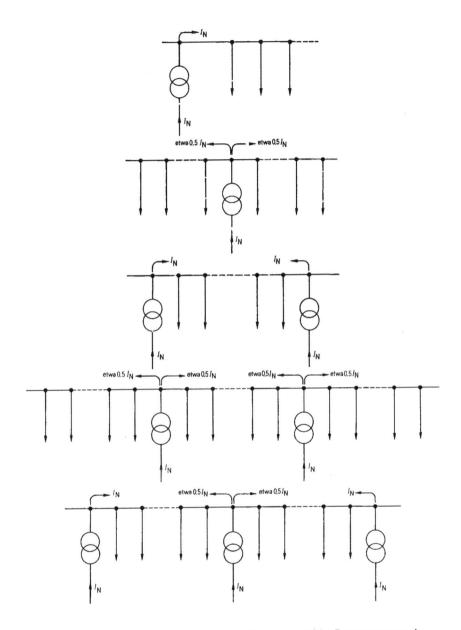

Bild 7.40 Auswirkung der räumlichen Anordnung der Einspeisung auf den Bemessungsstrom der Sammelschienen

Bei Niederspannungs-Schaltgeräten kann man davon ausgehen, dass für die Dimensionierung die Prüfquerschnitte verwendet wurden, die in IEC 60947-1 **VDE 0660 Teil 100** genannt sind.

Für eine Umgebungstemperatur von 55 °C, wie sie in gekapselten Schaltgerätekombinationen üblich ist, sollte der Querschnitt jeweils um eine Stufe größer gewählt werden, wenn die Unterlagen des Herstellers keine anderen Aussagen enthalten. Da, wie bereits erwähnt, innerhalb von Schaltgerätekombinationen neben dem Betriebsstrom auch die Art der Verlegung und die im Inneren der Schaltgerätekombination zu erwartende Lufttemperatur berücksichtigt werden müssen, hat das deutsche Normenkomitee zusammen mit den deutschen Geräteherstellern Auswahltabellen für die Leiterquerschnitte in PTSK ausgearbeitet, die auf diesen Prüfquerschnitten aufbauen (siehe VDE 0660 Teil 507, Tabelle B.1). Wenn Herstellerangaben fehlen, können daher die Werte dieser Tabelle verwendet werden.

Wird das Schaltgerät nicht mit seinem vollen Bemessungsstrom belastet, darf der Querschnitt im Verhältnis von Betriebsstrom zu Bemessungsstrom herabgesetzt werden:

$$P = P_n \left(\frac{I}{I_n} \right)^2$$

Darin bedeuten:

P Verlustleistung in Watt je Meter

I Leiterstrom (Last)

I_n Betriebsstrom

P_n Verlustleistung bei I_n

Bei der Auswahl isolierter Leiter ist zu berücksichtigen, dass die Anschlüsse der Schaltgeräte eine Übertemperatur von 60 K bis 70 K und damit eine Betriebstemperatur von 90 °C bis 105 °C annehmen können (siehe auch Abschnitt 7.3).

Zu 7.8.3   Verdrahtung

Zu 7.8.3.1   [Bemessungsisolationsspannung isolierter Leitungen]

Nach VDE 0245 Teil 1 wird die Bemessungsspannung einer Leitung durch zwei Spannungsangaben ausgedrückt.

U_0 Effektivwert der zulässigen Spannung zwischen einem Außenleiter und »Erde«

U Effektivwert der zulässigen Spannung zwischen zwei Außenleitern einer mehradrigen Leitung oder zwischen zwei einadrigen Leitern

Die Bemessungsspannung der Leitungen muss mindestens gleich der Bemessungsisolationsspannung des Stromkreises sein.

Für gebräuchliche Leitungsausführungen und Bemessungsbetriebsspannungen ergibt sich damit **Tabelle 7.18**.

Typ	Bemessungsspannung der Leitung U_0/U V	Bemessungsspannung des Netzes V
Hauptleiter		
H05V-	300/500	240/400
H07V-	450/750	400/690
Steuerleitung		
LSPYY	250/250	≤ 240

Tabelle 7.18   Zuordnung von Leitungen zu Netzspannungen

Zu 7.8.3.2 [Flickstellen]

Verbindungsstellen zwischen Leitungen sind in ihrer Qualität und Dauerhaftigkeit sehr stark von der Sorgfalt, die auf ihre Herstellung verwendet wird, und von der Güte der Verbindungselemente abhängig. Aus diesem Grund sind Verbindungen, die einer späteren Kontrolle nicht mehr zugängig sind, weil sie z. B. im Zuge einer Leitung in einen Leitungskanal eingebracht werden, prinzipiell verboten. Wenn Leitungen verlängert werden müssen, sind dafür immer ortsfeste, stets zugängige Klemmstellen zu verwenden.

Zu 7.8.3.3 [Scharfe Kanten]

Die Isolation der üblicherweise verwendeten Verdrahtungsleitungen wird bei höherer Temperatur weich und kann dann unter Druck nachgeben, so dass die gewünschte Isolationsfestigkeit nicht mehr gegeben ist. Die vorliegende Norm fordert deshalb besondere Vorsichtsmaßnahmen gegen eine Beschädigung der Leiterisolation.

An blanken aktiven Leitern eines anderen Potentials dürfen Leitungen nicht anliegen, weil hier das Risiko wegen der Erwärmung der aktiven Leiter besonders groß ist. Gefährlich sind auch scharfe Kanten. Dazu rechnet man alle Schnittkanten von Blechen, auch dann, wenn sie entgratet sind. Von solchen Kanten sollte man bei der Verlegung der Leitungen immer einen Sicherheitsabstand einhalten. Ist ein Anliegen der Leiter an den Schnittkanten bei beengten Platzverhältnissen nicht gänzlich zu vermeiden, müssen die Kanten mit Schutzprofilen aus Kunststoff geschützt werden. Biegekanten werden im Allgemeinen als nicht scharfkantig angesehen. Ein Anliegen mit Druck sollte aber auch bei ihnen vermieden werden.

Zur Befestigung der Leiter sind geeignete Schellen oder Kunststoffbänder zu verwenden, die auf die Isolation keinen unzulässigen Druck ausüben und die kräftig genug sind, nicht nur die normalen Erschütterungen im Betrieb, sondern auch die Kräfte im Falle eine Kurzschlusses aufzunehmen.

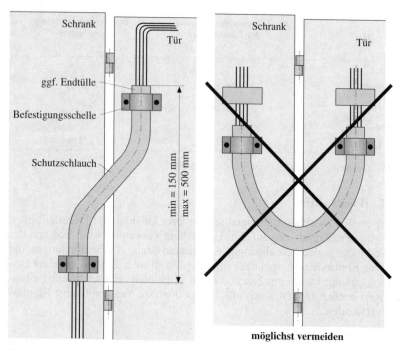

Bild 7.41 Verbindungsleitungen vom Schrank zur Tür, Schutzschlauch, Ausführung und Befestigung

Zu 7.8.3.4 [Zuleitungen zu Betriebsmitteln auf Türen]

Die gebräuchlichste Vorkehrung gegen eine Beschädigung der Verbindungsleitungen vom Gehäuse zur Tür durch wiederholte Bewegung und starke Verwindung ist die Verwendung von feindrähtigen Leitungen. Besonders im Bereich der Elektronik werden jedoch seit Jahren auch massive Leiter mit kleinen Querschnitten zur Verbindung von den festen Gerüstteilen zu Schwenkrahmen ohne Beanstandung eingesetzt. Wichtig ist dabei, dass die Drehachse ausreichend lang ist und die Leiter vorwiegend axial verwunden werden.

Wenn das Leitungsbündel über eine abgekantete Tür oder Gerüstteile geführt werden muss, sollten die Leitungen in einen Schutzschlauch eingezogen werden, der an beiden Enden befestigt ist **(Bild 7.41)**.

Zu 7.8.3.5 [Lötverbindungen]

Die früher vor allem im Steuerungsbau weit verbreiteten Lötverbindungen sind heute zum größten Teil durch Steckverbindungen abgelöst worden. Wenn Lötverbindungen hergestellt werden müssen, weil z. B. das Betriebsmittel nur

Klemmen bei gewölbten Anschlussscheiben (z. B. bei Schützen)

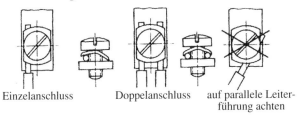

Einzelanschluss   Doppelanschluss   auf parallele Leiter-
führung achten

Klemmen mit U-Klemmbügel   Rahmenklemmen

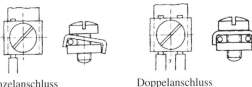

Einzelanschluss   Doppelanschluss

Klemmenanschluss von ungleichen Leiterquerschnitten nur   Einzel-   Doppel-
mit gewölbter Anschlussscheibe vornehmen   anschluss   anschluss

Klemmen mit hochgezogenen Dreiecken   Kabelschuh aufpressen
(z. B.   bei Vielfachschaltern)

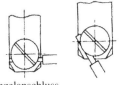   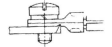

Einzelanschluss   Doppelanschluss   Doppelanschluss
bis 1,5 mm^2 ab 2,5 mm^2 gleicher oder
                                    ungleicher Leiter

Klemmen mit eingelassenen Dreikantnuten
(z. B. bei Wandlern)

                    Wegen zu geringem
                                                              Abstand zur Nachbar-
                                                              klemme nicht zulässig

Einzelanschluss   Doppelanschluss

Bild 7.42   Prinzipdarstellung üblicher Geräteanschlüsse

Lötanschlüsse hat, sollten bei Querschnitten über 2,5 mm² generell feindrähtige Leiter verwendet werden. Die Leiter sind in jedem Fall so zu befestigen, dass die Lötstelle und der daran anschließende Teil des Leiters auf einer Länge von 40 mm bis 60 mm absolut schwingungsfrei sind.

Wenn im Betrieb mit starken Erschütterungen gerechnet werden muss, sollten die Leiter über einen aufgecrimpten Stiftkabelschuh angelötet werden.

Zu 7.8.3.6 [Starke Erschütterungen]

Die Verdrahtung von Schaltgerätekombinationen, die betriebsmäßig starken Erschütterungen ausgesetzt sind, erfordert besondere Sorgfalt. Die Leiter sind so zu befestigen, dass sie sich möglichst wenig bewegen können, damit ein Bruch durch die andauernde Schwingungsbelastung vermieden wird und Klemmen sich nicht lockern. Gelötete Kabelschuhe und verlötete mehrdrähtige Leiter sind nicht zulässig.

Zu 7.8.3.7 [Zwei oder mehr Leiter an einem Anschluss]

Die Anzahl der Leitungen, die an einen Anschluss angeschlossen werden dürfen, hängt von der konstruktiven Gestaltung des Anschlusses ab. Die Angaben des Herstellers über zulässigen Querschnitt und Anzahl der Leitungen sind unbedingt zu beachten. **Bild 7.42** zeigt einige typische Geräteanschlüsse für ein oder zwei Leiter.

Zu 7.9 Anforderungen an die Energieversorgung für elektronische Betriebsmittel

Im Vergleich zu elektromechanischen Betriebsmitteln reagieren elektronische Betriebsmittel fast trägheitslos auf Änderungen der Versorgungsspannung. Ihre Spannungsfestigkeit ist begrenzt, und bei Überschreiten der zulässigen Spannungstoleranz tritt schnell ein Totalausfall ein. Auch Oberschwingungen und kurze Spannungseinbrüche können eher zu Funktionsstörungen führen, als man das von elektromechanischen Betriebsmitteln gewohnt ist. Aus allen diesen Gründen muss an die Energieversorgung elektronischer Betriebsmittel ein strengerer Maßstab angelegt werden als an die »klassischen« Schaltgeräte.

Für eine betriebssichere Auslegung sind immer die Bedingungen einzuhalten, die vom Hersteller des elektronischen Betriebsmittels angegeben sind. In diesem Sinn sind die Angaben in den Abschnitten 7.9.1 bis 7.9.3 als Information über Angaben zu verstehen, wie sie in der Elektronik üblich sind.

Wenn nicht spezielle Produktnormen zutreffen, werden in Deutschland elektronische Betriebsmittel für die Ausrüstung von Starkstromanlagen nach DIN EN 50178 (VDE 0160) gebaut. Die entsprechenden Angaben können dort im Abschnitt 5.3 »Elektrische Betriebsbedingungen« nachgelesen werden.

In Zukunft müssen die Abschnitte 7.9.1 »Spannungsbereich«, 7.9.2 »Überspannungen«, 7.9.3 »Kurvenform« und 7.9.4 »Vorübergehende Abweichungen der Spannung und Frequenz« unter dem gemeinsamen Thema »Elektromagnetische Verträglichkeit« betrachtet werden.

Zu 7.10   Elektromagnetische Verträglichkeit (EMV)

Noch vor einigen Jahren dachte man bei dem Begriff EMV vor allem an Funkstörungen, also an Störungen von Betriebsmitteln durch ausgesandte elektromagnetische Felder. Die Starkstromtechnik war davon nur betroffen, wenn beurteilt werden musste, ob bestimmte Einrichtungen den Funkverkehr stören konnten. Mit dem Vordringen der Elektronik hat sich dieses Bild völlig gewandelt. Heute betrachtet man zur Beurteilung der elektromagnetischen Verträglichkeit die Gesamtheit aller elektrischen, magnetischen und elektromagnetischen Beeinflussungen, die leitungsgebunden oder als elektromagnetische Strahlung ein Betriebsmittel erreichen und dieses gegebenenfalls in seiner Funktion beeinträchtigen kann.

Im Internationalen Elektrotechnischen Wörterbuch (IEV) findet man folgende Definitionen:

- **Elektromagnetische Umgebung** (IEV 161-01-01)

  Die Gesamtheit aller elektromagnetischen Vorgänge, die an einem bestimmten Ort auftritt.

- **Elektromagnetische Verträglichkeit** (IEV 161-01-07)

  Fähigkeit einer elektrischen Einrichtung, in ihrer elektromagnetischen Umgebung zufriedenstellend zu funktionieren, ohne irgendeine Einrichtung in dieser Umgebung unzulässig elektromagnetisch zu beeinflussen.

Ein EMV-Problem wird immer bestimmt durch den Störer, der eine Störung aussendet (Emission), den Empfänger, der gegen diese Störung unempfindlich sein muss (Immunität), und die zwischen beiden vorhandene Kopplung. Für Niederspannungs-Schaltgerätekombinationen ergeben sich Situationen, wie sie **Bild 7.43** zeigt.

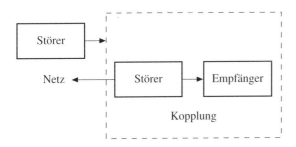

Bild 7.43   EMV-Situationen

Der Störer kann innerhalb oder außerhalb der Schaltgerätekombination zu finden sein. Er kann entweder andere benachbarte oder galvanisch mit ihm verbundene Betriebsmittel beeinflussen oder einen Störeinfluss auf das Versorgungsnetz ausüben.

Ist der Empfänger ein Betriebsmittel, kann es gestört werden im:

- Hauptstromkreis,
- Hilfstromkreis:
  - Stromversorgung,
  - Signalleitung.

Störeinflüsse können auftreten:

- als leitungsgebundene niederfrequente Vorgänge,
- Oberschwingungen:
  - Spannungsschwankungen,
  - Spannungseinbrüche oder kurze Unterbrechungen,
  - Änderungen der Netzfrequenz,
- als leitungsgebundene hochfrequente Vorgänge:
  - Surge, d. h. energiereiche Überspannungen,
  - Burst, d. h. energiearme Schalttransienten,
- als elektromagnetische Felder,
- als elektrostatische Entladungen.

Oberschwingungen

Oberschwingungen entstehen in Netzen mit nichtlinearen Verbrauchern, wie z. B.:

- thyristorgesteuerte Antriebe,
- Entladungslampen,
- leer laufende Transformatoren und Motoren,
- Gleichrichter,
- Frequenzumrichter,
- USV-Anlagen.

Zulässige Werte für Niederspannungsnetze findet man in Abschnitt 7.9.3 dieser Norm und ganz allgemein in DIN EN 61000-3-2 (**VDE 0838 Teil 2**).

Spannungsschwankung, Spannungsunterbrechung

Spannungsschwankungen werden verursacht durch Laständerungen im Netz, Spannungseinbrüche oder Kurzunterbrechungen durch Fehler im Netz und damit verbundene Schaltvorgänge. Näheres siehe Abschnitt 7.9.4 dieser Norm und DIN EN 61000-4-11 (**VDE 0847 Teil 4-11**).

Änderungen der Netzfrequenz

Änderungen der Netzfrequenz sind meist vernachlässigbar, da die üblichen Abweichungen bei Versorgung aus einem öffentlichen Netz kleiner als 1 Hz sind. Größere Frequenzänderungen treten höchstens in Inselnetzen auf.

Surge (energiereiche Spannungsspitzen)

Energiereiche Überspannungen entstehen durch Blitzschlag oder beim Abschalten von Kurzschlussströmen durch strombegrenzende Leistungsschalter oder Sicherungen. Sie können eine Höhe von einigen Kilovolt erreichen (**Bild 7.44** und **Tabelle 7.19**). Ihre Kurvenform beschreibt man als Stoßwelle 1,2/50 µs (siehe DIN EN 61000-4-5 (**VDE 0847 Teil 4-5**)).

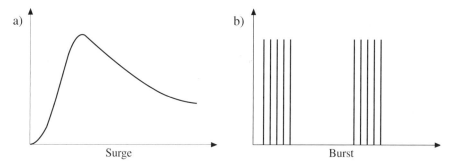

a) Surge b) Burst

Bild 7.44   Surge (a) und Burst (b)

Anschluss	Umgebungs-phänomen	Prüfstörgröße	
		Umgebung 1	**Umgebung 2**
Gehäuse	elektromagnetische Felder	80 MHz bis 1000 MHz 3 V/m	80 MHz bis 1000 MHz 10 V/m
	Entladung statischer Elektrizität	8 kV Luftentladung	8 kV Luftentladung
Signalanschlüsse	schnelle Transienten	0,5 kV	1 kV
	Stoßspannungen	1,2/50 (8/20) µs 0,5 kV	1,2/50 (8/20) µs 1 kV
Gleichstrom-Netz-ein- und -ausgänge	schnelle Transienten	0,5 kV	2 kV
	Stoßspannungen	1,2/50 (8/20) µs 0,5 kV	1,2/50 (8/20) µs 0,5 kV
Wechselstrom-Netz-ein- und -ausgänge	schnelle Transienten	1 kV	2 kV
	Stoßspannungen Leiter gegen Erde Leiter gegen Leiter	1,2/50 (8/20) µs 2 kV 1 kV	1,2/50 (8/20) µs 2 kV 1 kV

Tabelle 7.19   Vergleich der Anforderungen an die Störfestigkeit bei Umgebungen 1 und 2 (vereinfacht aus VDE 0839 Teile 82-1 und 6-2)

189

Burst (energiearme Schalttransienten)

Beim Ausschalten kleiner induktiver Ströme, z. B. von Schützspulen oder Stellmotoren durch Relais oder Hilfsschütze, entstehen Pakete schnell aufeinander folgender Spannungsspitzen. Die Spitzenwerte können auch hier einige Kilovolt erreichen. Die Anstiegszeiten und Halbwertzeiten sind jedoch viel kürzer (**Bild 7.44**). Für die Prüfung nach DIN EN 61000-4-4 (**VDE 0847 Teil 4-4**) verwendet man 5/50-ns-Impulse, die als Impulspakete von 15 ms Dauer mit einer Wiederholfrequenz von 2,5 kHz bis 5 kHz auf die Stromversorgung eingekoppelt werden.

Elektromagnetische Felder

Die häufigste Quelle für elektromagnetische Störungen sind tragbare Funkgeräte. Sie arbeiten mit Frequenzen von 27 MHz bis 460 MHz. In der Nähe ihrer Antenne existiert ein sehr starkes Feld, das empfindliche Elektronikeinrichtungen stören kann.

Elektrostatische Entladung

In einem Raum mit Teppichboden können sich bei trockener Luft Bedienpersonen auf eine Spannung von mehreren Kilovolt statisch aufladen. Bei Berührung eines Geräts kommt es dann zu einer sehr heftigen Funkenentladung, durch die elektronische Einrichtungen gestört oder sogar zerstört werden können.

Zu 7.10.1   EMV-Umgebung

Für Niederspannungs-Schaltgeräte und Schaltgerätekombinationen unterscheidet man im Hinblick auf die zu erwartende Störbeeinflussung zwei typische Umgebungen:

Umgebung 1

bezieht sich hauptsächlich auf öffentliche Niederspannungsnetze, die Wohngebäude, Gewerbebetriebe und Kleinindustrie direkt versorgen entsprechend Abschnitt 5 von EN 50081-1 (**VDE 0839 Teil 81-1**). Gemeinsam ist allen Anwendungen in Umgebung 1, dass die zu erwartende Störbeeinflussung gering ist.

Nach dieser Definition gehören zu Umgebung 1:

- Wohngebäude (z. B. Häuser, Appartements),

- Verkaufsflächen (z. B. Läden, Großmärkte),

- Geschäftsräume (z. B. Büros, Banken),

- Unterhaltungsbetriebe (z. B. Kinos, öffentliche Gaststätten, Tanzlokale),

- im Freien befindliche Orte (z. B. Tankstellen, Parkplätze, Sportanlagen),

- Kleinindustrie (z. B. Werkstätten, Laboratorien, Dienstleistungszentren).

Umgebung 2

bezieht sich hauptsächlich auf nicht öffentliche oder industrielle Niederspannungs-netze oder Bereiche entsprechend Abschnitt 5 von EN 50081-2 (**VDE 0839 Teil 81-1**). Gemeinsam ist allen Bereichen in Umgebung 2, dass die Störeinflüsse hoch sind. Sie sind durch eine oder mehrere der folgenden Bedingungen gekenn-zeichnet:

- industrielle, wissenschaftliche und medizinische Geräte sind vorhanden,

- große induktive oder kapazitive Lasten werden häufig geschaltet,

- die Stromstärken und die damit verbundenen magnetischen Feldstärken sind hoch.

Durch besondere Abhilfemaßnahmen, wie z. B. Beschaltung großer Störquellen, kann eine industrielle Umgebung unter Umständen so verändert werden, dass die elektromagnetische Umgebung der Umgebung 1 entspricht. In diesen Fällen darf der EMV-Nachweis nach den Regeln der Umgebung 1 geführt werden. Wenn nichts anderes vereinbart ist, wird der Hersteller die Eignung seiner Schaltgerätekombi-nation für die Umgebungen 1 oder 2 nachweisen und dies in seiner Dokumentation angeben.

Eine Gegenüberstellung der wichtigsten Anforderungen an die Störfestigkeit bei Umgebungen 1 und 2 zeigt **Tabelle 7.19**.

Zu 7.10.2 Prüfanforderungen

Über Art und Umfang der Prüfungen oder Nachweise, mit denen die Eignung von Niederspannungs-Schaltgerätekombinationen unter EMV-Bedingungen festgestellt werden muss, wurde in den deutschen und europäischen Normengremien ausführ-lich und zum Teil sehr kontrovers diskutiert. Schließlich hat sich aber doch die Ein-sicht durchgesetzt, dass Schaltgerätekombinationen fast immer im Kundenauftrag als Einzelstücke mit mehr oder weniger zufälligen Betriebsmittelkombinationen ausgelegt und zusammengebaut werden. Eine EMV-Prüfung der kompletten, anschlussfertigen Schaltgerätekombination ist damit aus wirtschaftlichen und prüf-technischen Gründen jedoch praktisch nicht möglich. Es blieb also nur der Weg, bereits die einzelnen Betriebsmittel wie Leistungsschalter, Schütze oder elektroni-sche Steuerungen, um nur einige zu nennen, bei ihrer Entwicklung auf die EMV-Eignung für den vorgesehenen Einsatzbereich zu untersuchen und dabei auch die üblichen Verdrahtungswege und Abstände zu anderen Betriebsmitteln zu berück-sichtigen.

An der fertigen Schaltgerätekombination sind deshalb keine EMV-Prüfungen bezüglich Störfestigkeit und Störabstrahlung erforderlich, wenn:

- die eingebauten Betriebsmittel für die vorgesehene Umgebung vom Hersteller des Betriebsmittels in Übereinstimmung mit den zutreffenden EMV-Produkt- und Fachgrundnormen zugelassen sind und

- die interne Verdrahtung und der Einbau in Übereinstimmung mit den Angaben des Betriebsmittelherstellers ausgeführt sind.

Das setzt natürlich voraus, dass die entsprechenden Angaben von den Herstellern der Betriebsmittel vorliegen oder beschafft werden können. Sollte es dabei Schwierigkeiten geben, ist es sicher meist günstiger, auf ein Betriebsmittel auszuweichen, für das alle Angaben vorliegen, als selbst den Nachweis der EMV-Verträglichkeit durch Prüfung zu belegen.

Wenn aus wichtigen Gründen jedoch Betriebsmittel verwendet werden müssen, für die die erforderlichen Nachweise nicht vorliegen oder von den Einbau- und Verdrahtungsvorschriften des Betriebsmittelherstellers abgewichen werden muss, ist die Einhaltung der EMV-Anforderungen nach Abschnitt 8.2.8 nachzuweisen.

Zu 7.10.3   Störfestigkeit

Zu 7.10.3.1 Schaltgerätekombinationen ohne eingebaute elektronische Betriebsmittel

Schaltgerätekombinationen, die keine elektronischen Betriebsmittel enthalten, sind nicht empfindlich gegen elektromagnetische Störungen, so dass keine Störfestigkeitsprüfungen erforderlich sind. Die Einflüsse aus der Versorgungsspannung (Spannungsschwankungen oder Spannungseinbrüche oder Unterbrechungen) werden bei der Auslegung der Betriebsmittel bereits berücksichtigt oder können leicht durch geeignete Schaltungsmaßnahmen überbrückt werden. Die Standfestigkeit bei Beanspruchung durch transiente Überspannungen (Surge und Burst) wird im Rahmen der Isolationskoordination sichergestellt.

Zu 7.10.3.2 Schaltgerätekombinationen mit eingebauten elektronischen Betriebsmitteln

Alle elektronischen Betriebsmittel, die in Schaltgerätekombinationen eingebaut werden, müssen die Anforderungen der zutreffenden EMV-Produkt- oder -Fachgrundnormen erfüllen, für die vorgesehene EMV-Umgebung geeignet sein und entsprechend den Herstelleranweisungen eingebaut und verdrahtet werden.

Unabhängig davon sollte immer auf einen möglichst störsicheren Aufbau der Schaltgerätekombination geachtet werden. Die folgenden Hinweise zeigen häufige Schwierigkeiten und geben Hinweise, wie sie vermieden werden können.

Bild 7.45 zeigt die verschiedenen Anschlüsse eines elektronischen Betriebsmittels, die durch elektromagnetische Beeinflussungen gestört werden können:

Bild 7.45   Anschlüsse (Tore) an Betriebsmitteln

Netz- oder Gleichspannungsanschluss

- **Surge (energiereiche Überspannungen)**

  Energiereiche Überspannungen werden leitungsgebunden in die Stromversorgung eingekoppelt. Wenn erforderlich, ist die Höhe der Überspannung am gestörten Betriebsmittel durch geeignete Überspannungsbegrenzer auf ein verträgliches Maß herabzusetzen.

  Eine Bedämpfung am Schaltgerät, das diese Störung verursacht, ist nicht möglich, da die Überspannung zum strombegrenzten Abschalten erforderlich ist.

- **Burst (energiearme Schalttransienten)**

  Die Burstspannung kann auf die gleiche Weise begrenzt werden wie ein Surge. Oft ist es jedoch der bessere Weg, das störende Gerät, also z. B. die Spule eines Hilfsschützes, direkt zu beschalten, weil damit der Burst völlig vermieden werden kann und damit auch die unangenehm steilen Flanken und hohen Frequenzen gar nicht erst entstehen.

- **elektromagnetisches Feld**

  Die Einstrahlung eines elektromagnetischen Feldes in die Stromversorgung kann z. B. dadurch verhindert werden, dass Hin- und Rückleitung möglichst dicht nebeneinander geführt werden. Siehe auch die allgemeinen Verdrahtungsregeln unter Signal- und Steueranschlüsse.

- **elektrostatische Entladung**

  Eine elektrostatische Entladung ist für die Stromversorgung nicht relevant.

Gehäuse

- **Surge und Burst**

  sind für das Gehäuse nicht von Bedeutung.

- **elektromagnetisches Feld**

  Wenn die Immunität des Betriebsmittels für die aufretenden elektromagnetischen Felder nicht ausreichend ist, muss das Betriebsmittel gegebenenfalls in einem HF-dichten Gehäuse gekapselt werden. Dabei müssen insbesondere auch die Ein- und Ausgänge dieses Gehäuses HF-dicht ausgeführt werden.

- **elektrostatische Entladung**

  Eine unzureichende Immunität gegen elektrostatische Entladungen lässt sich nur dadurch kompensieren, dass das Betriebsmittel so eingebaut wird, dass seine empfindlichen Flächen während des Betriebs und bei Service-Arbeiten nicht berührt werden können.

Erdanschluss, Signal-, Mess- und Steueranschluss

Störungen in Erd-, Signal- Mess-, und Steueranschlüssen können galvanisch, induktiv oder kapazitiv von außen eingekoppelt werden.

193

Um diese Einkopplung gering zu halten, empfiehlt es sich in allen Fällen, die in der Praxis bewährten Verdrahtungsregeln einzuhalten.

- Rückleitung eines Steuer- oder Signalkreises nie über Gehäuse oder andere Aufbauteile führen,
- nicht zu viele und zu verschiedene Signale über einen Rückleiter,
- Hin- und Rückleitung benachbart führen und verdrillen,
- Leitungen möglichst direkt an leitenden Teilen des Gehäuses oder der Aufbauteile führen,
- Leitungen je nach Störbehaftung und Störempfindlichkeit in Klassen einteilen und räumlich getrennt verlegen,
- Einsatz von Kabelschirmen, Hin- und Rückleitung im gleichen Schirm,
- Schirmanbindung grundsätzlich beidseitig großflächig, z. B. über geeignete Stecker **(Bild 7.46)**,
- »Tannenbaum« statt Ringverdrahtung.

Die vorstehenden Verdrahtungsregeln sind nur als zusätzliche Maßnahmen zu verstehen, um eine Störeinkopplung in die Signal- und Steuerleitungen möglichst gering zu halten.

Grundsätzlich muss die EMV-Sicherheit eines Betriebsmittels, das nach den Angaben des Herstellers eingebaut und verdrahtet wird, durch die Typprüfung des Geräts nachgewiesen sein.

Nur in den Fällen, in denen von den Angaben des Herstellers des Betriebsmittels abgewichen werden muss oder Emissionspegel und Immunität nicht zueinander

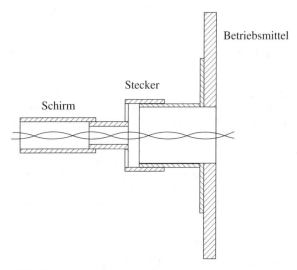

Bild 7.46   Steckverbindung zur Schirmanbindung

passen, ist die Wirksamkeit der Einbau- und Verdrahtungsregeln, die der Hersteller der Schaltgerätekombination anwenden will, durch eine Typprüfung vom Hersteller der Schaltgerätekombination nachzuweisen.

Zu 7.10.4   Störaussendung

Zu 7.10.4.1 Schaltgerätekombinationen ohne eingebaute elektronische Betriebsmittel

Wenn Schaltgeräte geschaltet werden müssen, treten immer Schaltüberspannungen auf, die je nach Art des Schaltgeräts und je nach Stromkreis eine Höhe von einigen Kilovolt erreichen können. Sie übersteigen jedoch nicht die Bemessungsstoßspannung der betreffenden Stromkreise.

Die Überspannungen im Hauptstromkreis sind immer energiereiche Stoßspannungen (Surge), die Überspannungen im Hilfsstromkreis sind energiearme Überspannungspakete (Burst).

Das Auftreten dieser Schaltüberspannungen wird als Teil der normalen elektromagnetischen Umgebung von Niederspannungs-Installationen angesehen und ist bei der Definition der Umgebungsbedingungen berücksichtigt worden. Die Anforderungen an die elektromagnetische Störausstrahlung sind damit erfüllt. Ein besonderer Nachweis ist nicht erforderlich.

Zu 7.10.4.2 Schaltgerätekombinationen mit eingebauten elektronischen Betriebsmitteln

Elektronische Betriebsmittel können dann elektromagnetische Störabstrahlungen erzeugen, wenn sie – bedingt durch ihre Bauart – mit hohen Frequenzen arbeiten. Typische Störquellen sind Netzgeräte oder andere Stromrichter mit Phasenanschnittsteuerung, Betriebsmittel mit Mikroprozessoren und z. B. Einrichtungen für die Trocknung oder Erwärmung mit Hochfrequenz. Für all diese Geräte gibt es EMV-Anforderungen in den betreffenden Produktnormen. Wenn die Geräte diesen Produktnormen entsprechen, kann man davon ausgehen, dass die Anforderungen an die Störaussendung für die festgelegte EMV-Umgebung eingehalten werden.

Beim Einbau dieser Betriebsmittel in Schaltgerätekombinationen wird die Störabstrahlung durch den Einfluss von Metallgehäusen und durch die Zusammenschaltung mit anderen Betriebsmitteln gelegentlich verringert, aber nie größer.

Zu 7.11   Bezeichnung der Art der elektrischen Verbindungen der Funktionseinheiten

Die Art der elektrischen Verbindungen der Funktionseinheiten untereinander innerhalb der Schaltgerätekombinationen kann durch einen 3-Buchstaben-Code bezeichnet werden. Diese Kennbuchstaben können die Verständigung zwischen Anwender

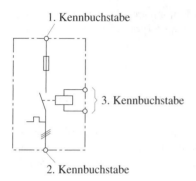

Bild 7.47   Zuordnung der Kennbuchstaben zu den elektrischen Verbindungen

und Hersteller erleichtern, da die Ausführung dieser Verbindungen stets unmissverständlich geklärt werden muss, weil sonst nicht bekannt ist, wie die Schaltgerätekombination bedient und gewartet werden kann. Wie die Kennbuchstaben den einzelnen Anschlüssen eines Abzweigs zugeordnet werden sollen, zeigt **Bild 7.47**.

Die Verwendung dieses Kennzeichnungssystems ist für Hersteller und Betreiber nicht zwingend vorgeschrieben.

Wenn jedoch Buchstaben verwendet werden, müssen sie immer in der folgenden Bedeutung verwendet werden:

- »F« für feste Verbindungen (siehe Abschnitt 2.2.12.1),
- »D« für lösbare Verbindungen (siehe Abschnitt 2.2.12.2),
- »W« für geführte Verbindungen (siehe Abschnitt 2.2.12.3).

Die Beschreibung einer Funktionseinheit in Volleinschubtechnik könnte danach wie folgt aussehen:

Schützwendeschalter

Motorleistung   20 kW

Bemessungsbetriebsspannung   400 V

Betätigungsspannung   220 V, 50 Hz

Art der Verbindungen   WWW

Je nach dem vorgesehenen Einsatzfall und dem erforderlichen Bedienkomfort sind die unterschiedlichsten Verbindungskombinationen sinnvoll.

Neben der Art FFF und WWW ist auch WFD oder FFD gebräuchlich, wenn man Wert darauf legt, die unter Umständen sehr umfangreiche Hilfsstrom-Verdrahtung schnell und fehlerfrei auf eine Ersatzbaugruppe übertragen zu können, während aber das vollständige oder teilweise Abklemmen der Hauptstromkreis-Verbindungen akzeptiert werden kann.

Zu 8   Prüfungen

Zu 8.1   Einteilung der Prüfungen

Für elektrische Betriebsmittel, die unverändert oder mit kleinen Abwandlungen in Serie gefertigt werden, wird zwischen Typprüfungen und Stückprüfungen unterschieden.

- Typprüfungen
  dienen dem Nachweis, dass Normenanforderungen eingehalten wurden und die geforderten Eigenschaften des Betriebsmittels erreicht werden. Sie werden an **einem** Muster des Betriebsmittels durchgeführt und gelten für später in gleicher oder ähnlicher Form hergestellte Erzeugnisse.

- Stückprüfungen
  sollen eventuell aufgetretene Fertigungs- oder Werkstofffehler aufdecken. Sie werden an **jedem** gefertigten Betriebsmittel durchgeführt.

Zur besseren Übersicht sind alle für TSK und PTSK erforderlichen Prüfungen und Nachweise in Tabelle 7 dieser Norm zusammengestellt.

Es sei an dieser Stelle noch einmal betont, dass bei TSK und PTSK **alle** Nachweise auf eine Prüfung zurückgeführt werden müssen.

In der Entscheidung des Herstellers liegt es lediglich, ob er die Prüfungen und Nachweise mit den dazugehörenden Projektierungsregeln zu einer »typisierten« TSK-Bauform aufbereiten will oder ob die Schaltgerätekombination als PTSK ausgewiesen werden soll, weil sich der Aufwand für die Typisierung nicht lohnt.

Siehe auch Erläuterungen zu 2.1.1.1 »Typgeprüfte Schaltgerätekombinationen« und 2.1.1.2 »Partiell typgeprüfte Schaltgerätekombinationen«.

Wenn alle Forderungen dieser Norm gewissenhaft beachtet werden, haben TSK und PTSK die gleiche Qualität und die gleiche Sicherheit.

Prüfungen und Nachweise an Niederspannungs-Schaltgerätekombinationen werden in Selbstverantwortung des Herstellers durchgeführt. Das schließt nicht aus, dass die Hersteller Prüfungen ganz oder teilweise bei externen Prüflaboratorien ausführen lassen.

Zu 8.1.1   Typprüfung (siehe Abschnitt 8.2)

Niederspannungs-Schaltgerätekombinationen werden praktisch immer nach den speziellen Anforderungen des Anwenders zusammengestellt. Um nicht für jede Ausführung eine neue Typprüfung machen zu müssen, hat es sich als vorteilhaft erwiesen, die Schaltgerätekombination in Bausteine oder besser gesagt in Baustein-

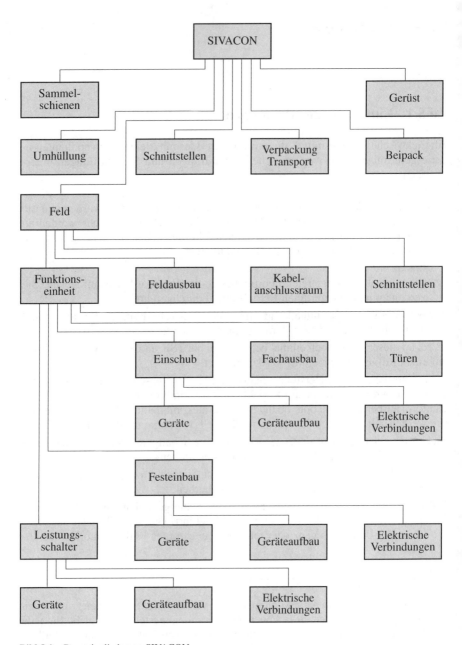

Bild 8.1 Bausteingliederung SIVACON

familien zu gliedern, die in gleicher oder ähnlicher Weise hergestellt werden sollen. An Mustern dieser Bausteine werden dann die Typprüfungen durchgeführt. Falls Bauteile einer Schaltgerätekombination konstruktiv geändert werden, müssen nur dann neue Typprüfungen durchgeführt werden, wenn durch diese Änderungen die Ergebnisse der Typprüfung ungünstig verändert werden.

Es liegt also im Geschick des Herstellers, ein Bausteinprogramm zu entwickeln und durch Typprüfungen abzusichern, mit dem ohne unwirtschaftliche Überdimensionierung die Anforderungen des Kundenkreises realisiert werden können, für den die Bauform vorgesehen ist. Ein Beispiel für die Bausteingliederung einer modernen Schaltanlagenbauform zeigt **Bild 8.1**.

Selbstverständlich dürfen diese typgeprüften Bau- und Funktionseinheiten jederzeit ohne erneute Prüfung in beliebigen Bauformen von Schaltgerätekombinationen verwendet werden, sofern die Einbaubedingungen die typgeprüften Kennwerte nicht verschlechtern.

Das bekannteste Beispiel für dieses System sind typgeprüfte Sammelschienensysteme, die nach Angaben des Herstellers in beliebigen Schaltgerätekombinationen verwendet werden können. Anhand mitgelieferter Kennlinien kann die Kurzschlussfestigkeit in Abhängigkeit vom Schienenquerschnitt und dem Abstand der Sammelschienenhalter ermittelt werden.

Bei Schaltgerätekombinationen, bei denen kein Nachweis der Kurzschlussfestigkeit erforderlich ist (Abschnitte 8.2.3.1.1 und 8.2.3.1.2), genügt oft schon der Einsatz eines typgeprüften Gehäuses und typgeprüfter Schaltgeräte, um eine sichere Ausgangsbasis für die geforderten Nachweise zu haben.

Zu 8.1.2   Stückprüfungen (siehe Abschnitt 8.3)

Die Stückprüfungen werden an jeder neuen Schaltgerätekombination (TSK oder PTSK) nach dem Zusammenbau durchgeführt.

Da man mit den Stückprüfungen Werkstoff- und »grobe« Fertigungsfehler feststellen will, konzentrieren sich die Stückprüfungen auf die Themen

- richtige Funktion
  d. h., sind die richtigen Betriebsmittel eingebaut und richtig verdrahtet,
- Isolationsfestigkeit
  d. h., liegen Verdrahtungsfehler vor, die einen Kurzschluss oder die Beschädigungen der Leiterisolation bedeuten würden,
- Wirksamkeit der Schutzmaßnahmen.

Bei Serienfertigung von Bausteinen führt man die Stückprüfung bereits nach der Fertigstellung der Bausteine aus. Diese können dann wie Geräte oder Baugruppen behandelt werden und brauchen nach dem Zusammenbau keiner erneuten Stückprüfung mehr unterworfen zu werden. Dies gilt auch, wenn der Zusammenbau zur fertigen Schaltgerätekombination aus bestimmten Gründen erst am Aufstellungsort stattfindet.

Die Stückprüfungen im Herstellerwerk befreien den Errichter jedoch nicht von der Verpflichtung, die Schaltgerätekombination nach dem Transport und nach dem Errichten auf ordnungsgemäßen Zustand durchzusehen.

Da während des Aufstellens und bei der Inbetriebnahme vorübergehende Veränderungen an der Schaltgerätekombination vorgenommen werden müssen, muss der Errichter vor der Inbetriebnahme verantwortlich prüfen, ob z. B.

- getrennt gelieferte Teile einer Schaltgerätekombination (Transporteinheiten) richtig zusammengebaut wurden

- zur Aufstellung oder Inbetriebnahme abgebaute Verkleidungen (Berührungsschutz) wieder ordnungsgemäß eingebaut wurden

- die Schaltgerätekombination ordnungsgemäß in die vorgesehene Schutzmaßnahme einbezogen wurde

Die oft im Zusammenhang mit VBG 4 §5 Abs. 4 genannte Liefererklärung des Herstellers kann dabei nur eine Hilfe sein. Sie gibt dem Errichter Auskunft, welche Normen eingehalten wurden und welche Prüfungen bereits im Herstellerwerk durchgeführt wurden. Verantwortlich bleibt jedoch immer der Betreiber oder der von ihm beauftragte Errichter. Dieser gibt auch die so genannte Herstellererklärung ab, die dem Betreiber bestätigt, dass alle Voraussetzungen für einen sicheren Betrieb der Anlage gegeben sind.

Zu 8.1.3 Prüfung von Geräten und selbstständigen Baugruppen, die in die Schaltgerätekombination eingebaut sind

Die vorliegende Norm weist in diesem Abschnitt ausdrücklich darauf hin, dass alle Betriebsmittel, die nach Abschnitt 7.6.1 ausgewählt wurden und nach den Angaben des Herstellers eingebaut werden, weder einer erneuten Typprüfung noch einer Stückprüfung unterzogen werden müssen.

Umgekehrt heißt das aber auch, dass immer dann, wenn von den Einbauangaben des Herstellers abgewichen wird, eine entsprechende Absicherung dieser Änderung durch eine Typprüfung erfolgen muss.

Gründe für ein Abweichen von den Angaben des (Geräte) Herstellers können sein:

- der angegebene Lichtbogenraum ist zu groß und kann aus wirtschaftlichen Gründen nicht eingehalten werden

- das Gerät ist nur für eine Umgebungstemperatur von 35 °C ausgewiesen, soll aber in der Schaltgerätekombination bei 55 °C betrieben werden

Prüfungen/Nachweise für PTSK

Wie bereits erläutert gelten für PTSK die gleichen Anforderungen wie für TSK. Für PTSK werden die Nachweise jedoch für jeden Einzelfall von den vorhandenen Typprüfungen der verwendeten Bausteine hergeleitet, weil sich der Aufwand für eine »Typisierung« und das Aufstellen der Projektierungs- und Auswahlregeln nicht lohnt. Der Dokumentationsaufwand für eine einzelne PTSK ist dadurch erheblich größer als bei einer TSK. Dafür erspart man sich die Kosten, die für die Aufbereitung einer typisierten TSK anfallen würden.

Ob eine Schaltgerätekombination als TSK oder als PTSK ausgewiesen werden soll, ist damit eine Entscheidung des Herstellers, die von Fall zu Fall nach wirtschaftlichen Gesichtspunkten gefällt werden muss. Einen Einfluss auf die Qualität und die Sicherheit der Schaltgerätekombination hat diese Entscheidung nicht.

Zu 8.2   Typprüfungen

Zu 8.2.1   Nachweis der Einhaltung der Grenzübertemperaturen [Erwärmungsprüfung]

Zu 8.2.1.1   Allgemeines

Die Norm geht davon aus, dass im Allgemeinen die Ermittlung der Erwärmung und die Einhaltung der in Abschnitt 7.3 angegebenen Grenzerwärmungen an einer Schaltgerätekombination mit allen eingebauten Geräten bei Belastung mit Bemessungsstrom unter Berücksichtigung des Bemessungsbelastungsfaktors ermittelt wird.

Dieses Verfahren führt zu den genauesten Ergebnissen und erlaubt es, alle Betriebsmittel bis an ihre Grenzen auszunutzen. Es ist natürlich auch am aufwendigsten.

Für Fälle, in denen diese Genauigkeit nicht verlangt wird, erlaubt die Norm auch eine Erwärmungsmessung mit Heizwiderständen gleicher Leistung wie die Verlustleistung der Geräte, die sie ersetzen sollen, und eine Prüfung von Einzelteilen wie Funktionseinheiten, Kästen oder Gehäusen. Voraussetzung für diese Erleichterung ist, dass sich aus diesen Messergebnissen die tatsächlich zu erwartende Erwärmung mit ausreichender Genauigkeit ableiten lässt.

Diese Beurteilung setzt entsprechende Erfahrung voraus.

In der Praxis wird oft ein kombiniertes Verfahren angewandt.

Sehr dicht besetzte Funktionseinheiten wie z. B. Einschübe werden mit allen eingebauten Geräten geprüft. Während dieser Prüfung ersetzt man aber die Geräte in den benachbarten Abteilen oder Feldern durch Heizwiderstände.

Eine Erwärmungsmessung ausschließlich mit Heizwiderständen führt nur bei nicht unterteilten, schwach ausgenutzten Schaltgerätekombinationen zum Ziel. Bei diesen Ausführungen ist die Verlustleistung gleichmäßig in dem betrachteten Gehäuse verteilt. Es wird mit der Messung ermittelt, ob die Verlustleistung aus dem Gehäuse abgeführt werden kann, ohne die vom Hersteller für die Geräte zugelassenen Grenztemperaturen und die von der Norm zugelassene Erwärmung der berührbaren Außenflächen zu übersteigen.

Zu ähnlichen Ergebnissen führt auch die für PTSK zugelassene Beurteilung der Erwärmung nach IEC Report 60890 entsprechend VDE 0660 Teil 507. Ausführliche Erläuterung dieses Rechenverfahrens siehe Anhang.

Besondere Vorsicht bei der Beurteilung der Erwärmung ist geboten, wenn in der Schaltgerätekombination auch elektronische Betriebsmittel eingebaut sind. Während die klassischen Betriebsmittel eine kurzzeitige leichte Übererwärmung meist ohne Schaden überstehen, reagieren elektronische Betriebsmittel oft mit einer empfindlichen Reduzierung ihrer Lebensdauer und unter Umständen sogar mit Totalausfall.

Zu 8.2.1.2 Anordnung der Schaltgerätekombination

Für die Erwärmungsmessung ist kein bestimmter Prüfaufbau vorgeschrieben. Es wird vielmehr verlangt, dass die Schaltgerätekombination so aufgestellt wird, wie sie später betrieben werden soll. Das heißt, dass alle Türen geschlossen und die vorgesehenen Verkleidungen angebracht sind. Soll die Schaltgerätekombination später an der Wand oder/und in Reihe mit anderen Anlagen aufgestellt werden, so ist die dadurch behinderte Wärmeabfuhr z. B. durch eine Wärmeisolation der betreffenden Oberflächen nachzubilden.

Auch wenn Einzelteile oder Baueinheiten einzeln geprüft werden sollen, müssen die angrenzenden Teile oder Baueinheiten entweder durch Heizwiderstände auf die im Betrieb zu erwartende Temperatur erwärmt werden oder sie werden wärmeisoliert, weil man davon ausgeht, dass die angrenzenden Baueinheiten während des Betriebs dieselbe Temperatur annehmen wie die geprüfte Baueinheit und deshalb an den Grenzflächen keine Wärme ausgetauscht wird.

Zu 8.2.1.3 Erwärmungsprüfung mit Strombelastung aller eingebauten Geräte

Die Norm empfiehlt, eine oder mehrere Kombinationen von Stromkreisen zu untersuchen und diese Kombinationen so auszuwählen, dass dabei die größtmögliche Erwärmung erreicht wird. Die Ergebnisse dieser Prüfung können dann auf andere Besetzungen übertragen werden. Die Norm macht sehr deutlich, dass nur die kritischen Kombinationen und Stromkreise geprüft werden sollen. Für andere Anordnungen, deren Wärmebelastung erkennbar niedriger ist, werden keine Prüfungen verlangt. Dasselbe gilt natürlich auch für einen Erwärmungsnachweis nach IEC-Report 60890, VDE 0660 Teil 507.

Der Strom, mit dem die Stromkreise bei dieser Prüfung belastet werden, errechnet sich aus:

Prüfstrom = Bemessungsstrom × Bemessungsbelastungsfaktor.

Wenn die tatsächliche Belastung der Stromkreise nicht bekannt ist, was die Regel sein dürfte, ist der Bemessungsbelastungsfaktor nach Tabelle 1 der Norm unter Beachtung der Gesichtspunkte festzulegen, die in Abschnitt 4.7 bereits erläutert wurden.

Es liegt in der Entscheidung des Herstellers, auch kleinere Bemessungsbelastungsfaktoren anzuwenden, als in der Tabelle angegeben, wenn dies für die vorgesehene Anwendung sinnvoll ist. Auf diese Tatsache ist jedoch rechtzeitig hinzuweisen, damit über diesen Sachverhalt eine Vereinbarung zwischen Anwender und Hersteller getroffen werden kann.

Der Einspeisungsstromkreis wird mit seinem Bemessungsstrom geprüft.

Da die Verlustleistung der Sicherungen und der Querschnitt der von außen zugeführten Kabel/Leitungen die Erwärmung maßgeblich beeinflussen, fordert die Norm, dass neben den üblichen kennzeichnenden Daten der Schaltgerätekombination auch die Verlustleistung der beim Versuch verwendeten Sicherungseinsätze und der Querschnitt der von außen zugeführten Kabel/Leitungen im Prüfbericht festgehalten werden.

Die Anmerkungen 1 bis 3 weisen auf einige Probleme hin, die den Prüfern in den Prüflaboratorien natürlich bekannt sind. Ihre Kenntnis beim Anwender erleichtert aber sicher die Verständigung und sorgt mit dafür, dass die Ergebnisse verschiedener Laboratorien besser miteinander vergleichbar sind.

Zu 8.2.1.3.1 bis 8.2.1.3.4 [Querschnitte der von außen eingeführten Leiter]

Die Querschnitte der von außen eingeführten Prüfleitungen entsprechen:

- dem Querschnitt der äußeren Zuleitungen bei den vorgesehenen Betriebsbedingungen, wenn diese bekannt sind

- den Werten der Tabellen 8 oder 9, wenn keine anderen Angaben vorliegen.

Die Werte der Tabelle 8 in der vorliegenden Norm wurden aus DIN EN 60947-1 **(VDE 0660 Teil 100)** Niederspannungsschaltgeräte – Allgemeine Festlegungen – entnommen.

Damit ist sichergestellt, dass die Prüfung von einzelnen Schaltgeräten mit den gleichen Querschnitten erfolgt wie die Prüfung von Schaltgeräten in Schaltgerätekombinationen.

Die Bemessungsströme – Teil 3 der alten Tabelle 8 – entfallen.

Die Angaben zur Ausführung der Prüfleiter in den Abschnitten 8.2.1.3.1 bis 8.2.1.3.4 sind festgelegte Konventionen, die dazu dienen, die Prüfergebnisse vergleichbar zu machen. Die in der Praxis verwendeten Querschnitte weichen in vielen Fällen davon ab, weil sie nach anderen Gesichtspunkten, z. B. Spannungsfall, Häufung im Kabelkanal, dimensioniert werden müssen.

Zu 8.2.1.4 Erwärmungsprüfung mit Heizwiderständen gleicher Verlustleistung

Wie bereits erwähnt eignen sich nur Schaltgerätekombinationen ohne innere Unterteilung und mit geringen Bemessungsströmen dazu, die Erwärmung über die Lufttemperatur in der Kapselung zu beurteilen. Mehr erlaubt nämlich die Messung mit

Ersatzwiderständen nicht. Es kann ermittelt werden, ob ein gegebenes Gehäuse in der vorgesehenen Aufstellungsart in der Lage ist, die auftretende Verlustleistung ohne eine unzulässige Erwärmung der Luft im Inneren des Gehäuses abzuführen. Mit Rücksicht auf einzubauende Schaltgeräte und Leitungen lässt man im Allgemeinen nur eine Übertemperatur von 20 K zu. Zusammen mit der Außentemperatur von 35 °C ergibt das dann eine Innentemperatur von 55 °C. Mit dem Hersteller der Betriebsmittel ist in jedem Fall zu klären, ob die Betriebsmittel bei den zu erwartenden Temperaturen noch sicher arbeiten und dabei ihrerseits die Grenzerwärmungen für die Anschlüsse und Antriebe einhalten.

Die Verlustleistung sollte nur mit Widerständen nachgebildet werden, die eine ähnliche Oberflächentemperatur annehmen wie die Geräte, die sie ersetzen sollen. Üblicherweise nimmt man 70 °C als Höchstgrenze an.

Wird die Verlustleistung mit Widerständen nachgebildet, die eine deutlich höhere Temperatur annehmen, wird ein Großteil der Wärme über Strahlung direkt an das Gehäuse abgegeben und trägt so nicht zu der beabsichtigten Erwärmung der Luft bei.

Zu 8.2.1.5 und 8.2.1.6 Messung der Temperaturen und Umgebungstemperatur

Diese Abschnitte enthalten Festlegungen für die Prüffelder und bedürfen an dieser Stelle keiner Erläuterung.

Zu 8.2.1.7 Bewertung der Erwärmungsprüfung

Bei einer Erwärmungsprüfung mit Strombelastung aller eingebauten Geräte werden die Temperaturen unmittelbar an den kritischen Stellen mit Thermoelementen gemessen. Die dabei ermittelten Übertemperaturen müssen für Betriebsmittel in den Grenzen liegen, die vom Hersteller angegeben sind. Größere Freiheit hat der Entwickler nur bei der Festlegung der zulässigen Temperaturen der Sammelschienen oder Verteilschienen. Ihre zulässige Erwärmung hängt von Randbedingungen ab, die er selbst bestimmen kann. Mit Rücksicht auf die Festigkeit der Leiterwerkstoffe wird man jedoch eine Grenztemperatur von 130 °C üblicherweise nicht überschreiten (siehe Abschnitt 7.3).

Bei der Bewertung der Erwärmung ist besonders darauf zu achten, dass in größeren Gehäusen die Luft im oberen Teil oft deutlich wärmer sein kann als im unteren Teil. In kritischen Fällen kann das ausgenutzt werden, um empfindlichen Geräten einen sicheren Einbauplatz im unteren Teil des Gehäuses zu geben.

Zu 8.2.2 Nachweis der Isolationseigenschaften

Zu 8.2.2.1 Allgemeines

Für den Nachweis der Isolationseigenschaften können bis auf weiteres zwei Verfahren angewendet werden:

- 1-min-Prüfung mit Wechselspannung,
- 1,2/50-μs-Stoßspannungsprüfung (zur Isolationskoordination).

Wo immer möglich, soll die Stoßspannungsprüfung bevorzugt werden, weil in ihr die neuesten wissenschaftlichen Ergebnisse verarbeitet sind und dadurch auch in manchen Fällen eine wirtschaftlichere Auslegung der Schaltgerätekombination ermöglicht wird. Der wesentliche Vorteil der Stoßspannungsprüfung ist, dass die unnötig lange 1-min-Prüfung der Niederspannungsisolation mit Spannungen von einigen tausend Volt durch eine Prüfung ersetzt wurde, die den wirklich auftretenden Beanspruchungen durch Überspannungen im Netz besser entspricht. **Tabelle 8.1** und **Bild 8.2** zeigen einen Vergleich der Prüfspannungen für einige typische Netzspannungen nach dem »alten« und nach dem »neuen« Verfahren. Man erkennt, dass vor allem bei Spannungen über 400 V die Prüfstoßspannung U_{imp} erheblich höher ist als der Spitzenwert der Prüfwechselspannung $\hat{U}$. Dafür ist die Prüfdauer statt 1 min nur noch einige $100\,\mu s$, was den tatsächlichen Überspannungsspitzen besser entspricht.

geeignet für	U_i	U_{imp} (bei 2000 m über NN)	$\hat{U}$ $\left(U_{eff}\cdot\sqrt{2}\right)$
48	50 V	800 V	1415 V
66/115	100 V	1500 V	2830 V
127/220	150 V	2500 V	2830 V
230/400	300 V	4000 V	3540 V
400/690	600 V	6000 V	3540 V
1000	1000 V	8000 V	4950 V

Tabelle 8.1 Vergleich der Prüfspannungen für Überspannungskategorie III

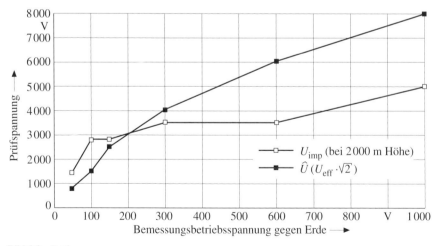

Bild 8.2 Prüfspannungen

Leider ist das Thema der Isolationsdimensionierung und Verifizierung durch das nachträgliche Einfügen der Isolationskoordination sehr unübersichtlich geworden. **Tabelle 8.2** zeigt die Abschnitte, die Anforderungen und Prüfungen beschreiben, geordnet nach der »1 min«- und der »1,2/50 µs«-Prüfung.

»1-min-Prüfung«	»1,2/50 µs«-Isolationskoordination
7.1.2.3 Isolationseigenschaften 7.1.2.3.1 Allgemeines zur Isolationskoordination 7.1.2.1 Kriech- und Luftstrecken 7.1.2.2 Trennstrecken für Einschübe	
	7.1.2.3.2 Stoßspannungsfestigkeit des Hauptstromkreises 7.1.2.3.3 Stoßspannungsfestigkeit von Hilfsstromkreisen 7.1.2.3.4 Luftstrecken 7.1.2.3.5 Kriechstrecken 7.1.2.3.6 Abstände zwischen unterschiedlichen Stromkreisen
8.2.2.1 Isolationseigenschaften Allgemeines	
8.2.2.2 Gehäuse aus Isolierstoff 8.2.2.3 Bedienteile aus Isolierstoff 8.2.2.4 Prüfspannungen (Tabelle 10 und Tabelle 11) 8.2.2.5 Bewertung der Isolationsprüfung	
	8.2.2.6 Stoßspannungsfestigkeit 8.2.2.6.1 Allgemeines 8.2.2.6.2 Prüfspannungen (Tabelle 13 und Tabelle 15) 8.2.2.6.3 Anlegen der Prüfspannung 8.2.2.6.4 Prüfergebnisse 8.2.2.7 Kriechstrecken
8.2.2.2 Gehäuse aus Isolierstoff 8.2.2.3 Bedienteile aus Isolierstoff 8.2.2.4 Prüfspannungen (Tabelle 10 und Tabelle 11) 8.2.2.5 Bewertung der Isolationsprüfung	
	8.2.2.6 Stoßspannungsfestigkeit 8.2.2.6.1 Allgemeines 8.2.2.6.2 Prüfspannungen (Tabelle 13 und Tabelle 15) 8.2.2.6.3 Anlegen der Prüfspannung 8.2.2.6.4 Prüfergebnisse 8.2.2.7 Kriechstrecken

Tabelle 8.2   Anforderungen und Nachweis der Isolationsfestigkeit

Da diese Prüfung an Teilen der Schaltgerätekombination, die bereits nach den für sie gültigen Bestimmungen typgeprüft sind, nicht wiederholt werden muss, entfällt sie für meist alle Einbaugeräte einschließlich ihrer Zubehörteile. Der hier geforderte Nachweis der Isolationsfestigkeit ist also nur für Sammelschienen, Verteilschienen, Steckersysteme für Einschübe, Kabelanschlussschienen und Gehäuse erforderlich, die speziell für die zu beurteilende Schaltgerätekombination entwickelt wurden und in Serie gefertigt werden sollen.

Nur in seltenen Fällen, in denen die Isolationseigenschaften der Einbaugeräte durch den Einbau vermindert wird, weil man sich aus wichtigen Gründen nicht nach den Einbauempfehlungen des Herstellers richtet, müssen auch die Einbaugeräte in den Nachweis der Isolationsfestigkeit einbezogen werden.

Bei PTSK kann die Eignung der Isolation durch eine Spannungsprüfung wie bei TSK oder durch eine Messung des Isolationswiderstandes nachgewiesen werden.

Zu 8.2.2.2 Prüfung von Gehäusen aus Isolierstoff

Die hier angesprochenen Gehäuse sind nicht zu verwechseln mit den Gehäusen für schutzisolierte Schaltgerätekombinationen. Gemeint sind Gehäuse aus Isolierstoff, die einen vollständigen Schutz gegen direktes Berühren sicherstellen, weil sie den Zugang zu den spannungsführenden Teilen mindestens mit der Schutzart IP2X verhindern.

Die vorgeschriebene Prüfung soll nachweisen, dass kein Überschlag oder Durchschlag auftritt, wenn in der beschriebenen Weise eine Spannungsprüfung zwischen Öffnungen und Fugen und den im Inneren des Gehäuses in ihrer unmittelbaren Nähe eingebauten aktiven Teilen und Körpern durchgeführt wird.

Der Prüfaufbau ist identisch mit dem Aufbau, wie er im Rahmen der Isolationskoordination in Abschnitt 8.2.2.6.1 gefordert wird.

Prüfspannungen für Gehäuse für schutzisolierte Schaltgerätekombinationen sind in Vorbereitung.
Bis zum Vorliegen dieser Werte kann so verfahren werden, wie es in VDE 0100 Teil 410 Abschnitt 6.2.4 angegeben ist.

Zu 8.2.2.3 Äußere Bedienteile aus Isolierstoff

Bedienteile (z. B. Knebel, Griffe, Hebel, Druckknöpfe und Handräder) sind in der Regel Bestandteile typgeprüfter Geräte oder als Teil eines Gerätesystems typgeprüft. Die in diesem Abschnitt beschriebene Prüfung wird also nur in wenigen Ausnahmefällen notwendig sein.

Der Prüfaufbau entspricht auch hier dem Aufbau, wie er im Rahmen der Isolationskoordination in Abschnitt 8.2.2.6.1 beschrieben ist.

Zu 8.2.2.4 Anlegen und Wert der Prüfspannung

Mit der Isolationsprüfung sollen überprüft werden:

- Isolation zwischen aktiven Leitern und Körpern (**Bild 8.3 a),**
- Isolation zwischen den Phasen (**Bild 8.3 b).**

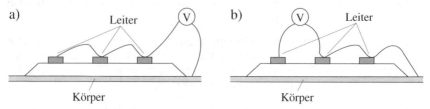

Bild 8.3   Anlegen der Prüfspannung
a) Leiter → Körper b) Leiter → Leiter

Die Prüfspannungen für den Haupstromkreis und direkt damit verbundene Hilfsstromkreise werden aus Tabelle 10 dieser Norm ausgewählt.

Für Hilfsstromkreise, die nicht für einen direkten Anschluss an den Hauptstromkreis vorgesehen sind, und für elektronische Betriebsmittel gelten die Werte der Tabelle 11 dieser Norm.

Zu 8.2.2.5 Bewertung der Isolationsprüfung

Die Prüfung gilt als bestanden, wenn kein Durchschlag oder Überschlag auftritt. Damit wird bestätigt, dass die Kriechstrecken und Luftstrecken und die feste Isolation für die vorgesehene Bemessungsbetriebsspannung geeignet sind.

Zu 8.2.2.6 Prüfung der Stoßspannungsfestigkeit

Zu 8.2.2.6.1 Allgemeine Anforderungen

Die Schaltgerätekombination oder ihre Teile müssen so aufgebaut werden, wie sie im späteren Betrieb verwendet werden sollen. Dabei sind die Umgebungsbedingungen nach Abschnitt 6.1 einzuhalten.

Bedienteile und Gehäuse aus Isolierstoff werden wie bei der »1-min«-Prüfung mit Wechselspannung mit Metallfolie umwickelt oder abgedeckt.

Zu 8.2.2.6.2 Prüfspannungen

Die Prüfspannungen werden nach den Regeln ausgewählt, die in den Abschnitten 7.1.2.3.2 und 7.1.2.3.3 angegeben sind. Die dazugehörenden Werte für die Prüfspannungen finden sich in den Tabellen 13 und 15 dieser Norm.

Tabelle 13 dieser Norm gilt für alle Luftstrecken zwischen aktiven Teilen und Erde, zwischen den Polen und für die dazwischen liegenden festen Isolierungen, sowie für Hilfsstromkreise, die direkt mit dem Hauptstromkreis verbunden werden.

208

Tabelle 15 dieser Norm enthält Werte für die Prüfung von Trennstrecken, z. B. an den Steckvorrichtungen von Einschüben.

Aus Sicherheitsgründen sind diese Werte um etwa 30 % höher als die Werte in Tabelle 13 dieser Norm.

Wie in Abschnitt 7.1.2.3.3 bereits angegeben darf die Isolation von Hilfsstromkreisen, die nicht direkt mit dem Hauptstromkreis verbunden werden, nach den für sie zutreffenden Erfordernissen völlig unabhängig vom Hauptstromkreis festgelegt werden. Dabei sind allerdings die gleichen Regeln zu beachten wie für die Isolation des Hauptstromkreises, d. h. Auswahl der Bemessungsstoßspannungsfestigkeit nach Anhang G und dann Festlegen der Prüfspannungen nach Tabelle 13 dieser Norm.

Eine Prüfung mit Stoßspannung 1,2/50 μs kommt der im Betrieb vorkommenden Beanspruchung am nächsten. Da hierbei die Dauerbeanspruchung nur für einige 100 ms überschritten wird, tritt praktisch keine Erwärmung und damit keine unzulässige Beanspruchung der festen Isolation auf. Die Stoßspannung wird bei jeder Polarität dreimal angelegt. Zwischen den Spannungsimpulsen muss mindestens 1 s Pause liegen **(Bild 8.4 a)**.

Eine Prüfung mit netzfrequenter Wechselspannung beansprucht die feste Isolation etwas stärker, da bei dieser die Dauerbeanspruchung für etwa 60 ms überschritten wird. Durch die Prüfdauer von drei Perioden erreicht man auch hier drei Maxima von jeder Spannungspolarität **(Bild 8.4 b)**.

Bei Prüfung mit Gleichspannung legt man die Prüfspannung in jeder Polarität für 10 ms an **(Bild 8.4 c)**.

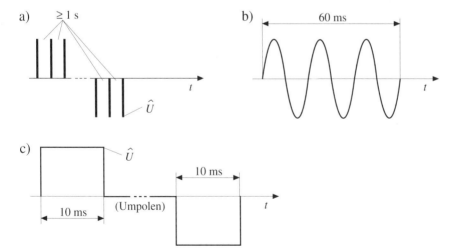

Bild 8.4 Prüfspannungen für die Stoßspannungsprüfung

a) Stoßspannung 1,2/50 μs   b) Wechselspannung 50 Hz   c) Gleichspannung

Welche Art der Prüfung gewählt wird, ist dem Hersteller überlassen und wird sicher stark von den vorhandenen Prüfmitteln abhängen. In jedem Fall ist eine Stoßspannungsprüfung jedoch erheblich kürzer und damit auch beanspruchungsgerechter als eine »1-min«-Prüfung nach den Abschnitten 8.2.2.2 bis 8.2.2.5.

Für Luftstrecken, die größer sind als die Werte von Fall A nach Tabelle 14, ist keine Spannungsprüfung vorgeschrieben. Ihre Dimensionierung darf nach den Regeln des Anhangs F durch Messen verifiziert werden.

Zu 8.2.2.6.3 Anlegen der Prüfspannung

Dieser Abschnitt richtet sich an den Prüffeldingenieur und bedarf keiner weiteren Erläuterung.

Zu 8.2.2.6.4 Prüfergebnisse

Die Prüfung gilt als bestanden, wenn kein unbeabsichtigter Durchschlag auftritt.

Zu 8.2.2.7 Nachweis der Kriechstrecken

Wie in 7.1.2.3.5 bereits ausgeführt, werden Kriechstrecken nicht so sehr durch kurze Überspannungen beansprucht, sondern vielmehr durch die dauernd anliegende Betriebsspannung im Zusammenwirken mit flüssigen oder festen Verunreinigungen. Ihre ausreichende Dimensionierung kann deshalb auch nicht alleine durch eine Spannungsprüfung nachgewiesen werden. Es muss vielmehr durch Messen ermittelt werden, ob die auf langjähriger Erfahrung und Forschung beruhenden Regeln des Abschnittes 7.1.2.3.5 eingehalten werden. Dieser Nachweis wird in vielen Fällen (komplizierte, kleinräumige Strukturen, schwer zugängliche Stellen) nur anhand der Zeichnungsunterlagen möglich sein.

Zu 8.2.3 Nachweis der Kurzschlussfestigkeit

Zu 8.2.3.1 Stromkreise von Schaltgerätekombinationen, für die der Nachweis der Kurzschlussfestigkeit entfällt

Bei den in den Abschnitten 8.2.3.1.1 bis 8.2.3.1.3 genannten Randbedingungen ist kein besonderer Nachweis und auch keine Prüfung der Kurzschlussfestigkeit erforderlich, weil man davon ausgeht, dass die thermischen und dynamischen Wirkungen in diesen Fällen zuverlässig durch die jeder sorgfältigen Dimensionierung zu Grunde liegenden Berechnungen z. B. nach VDE 0103 ermittelt und berücksichtigt werden können.

Aber auch bei Teilen einer Schaltgerätekombination wie Sammelschienen, Sammelschienenhaltern und Schaltgeräten mit ihren Zu- und Ableitungen darf auf eine (erneute) Prüfung verzichtet werden, wenn diese Teile bereits in einem anderen Zusammenhang unter Bedingungen typgeprüft wurden, die auf den vorliegenden Fall übertragbar sind. Vorsicht ist geboten bei Schaltgeräten, die lediglich nach

VDE 0660 Teil 100 oder nach ihrer speziellen Gerätenorm geprüft sind, weil nach diesen Normen z. B. die Kurzschlussfestigkeit der Zu- und Ableitungen zu diesen Geräten nicht berücksichtigt wird.

Um auf eine erneute Prüfung verzichten zu können, müssen vielmehr Prüfungen vorliegen, die für den Einbau in Schaltgerätekombinationen gelten.

Zu 8.2.3.2 Stromkreise von Schaltgerätekombinationen, deren Kurzschlussfestigkeit nachgewiesen werden muss

Liegen die unter Abschnitt 8.2.3.1 genannten Bedingungen nicht vor, muss für die entsprechenden Stromkreise oder Bausteine der Schaltgerätekombination die Kurzschlussfestigkeit nachgewiesen werden, und zwar:

● in TSK durch Prüfung

● in PTSK

    – durch Prüfung oder

    – Interpolation von typgeprüften Anordnungen, z. B. nach VDE 0660 Teil 509 (Report IEC 61117) (ausführliche Erläuterung dieses Verfahrens siehe Anhang)

Zu 8.2.3.2.1 Prüfanordnung

Wie bereits in Abschnitt 8.1.1 erläutert, werden Niederspannung-Schaltgerätekombinationen meist in Bausteine oder Baugruppen untergliedert, die je nach Anwendungsfall freizügig miteinander kombiniert werden können. Es ist daher naheliegend, dass man diese Gliederung auch bei der Kurzschlussprüfung beibehält.

Zu 8.2.3.2.2 Durchführung der Prüfung – Allgemeines

Dieser Abschnitt enthält eine Reihe von Hinweisen für den Prüffeldingenieur, die hier nicht weiter erläutert werden müssen. Alle Details der Prüfung wie z. B. Prüfung mit 1,05facher Bemessungsbetriebsspannung und die Angaben zur Kennsicherung wurden unverändert aus VDE 0660 Teil 100 übernommen. Damit ist sichergestellt, dass die Prüfung von Schaltgeräten und eine eventuell notwendige Nachprüfung dieser Eigenschaften unter den speziellen Randbedingungen in einer Schaltgerätekombination unter den gleichen Prüfbedingungen stattfinden.

Zu 8.2.3.2.3 Prüfung der Hauptstromkreise

Eine Übersicht über die Funktionsgruppen, die zum Hauptstromkreis gezählt werden, zeigt **Bild 8.5**.

Die Kurzschlussfestigkeit der Schaltgeräte in der Einspeisung und in den Abgängen ist oft aus der Typprüfung bekannt und muss nicht nochmals nachgewiesen werden. Nur wenn die Einbaubedingungen in der Schaltgerätekombination sehr stark von

211

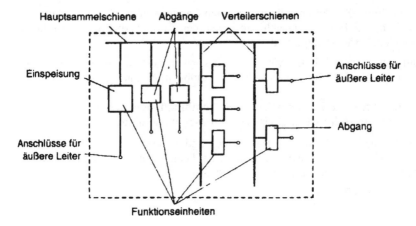

Bild 8.5 Hauptstromkreise

den Bedingungen abweichen, unter denen die Geräte geprüft wurden, ist ein erneuter Nachweis der Kurzschlussfestigkeit erforderlich.

Völlig unbekannt ist aber in vielen Fällen die Kurzschlussfestigkeit der Schienenverbindungen zwischen dem Kabelanschluss und den Schaltgeräten, zwischen Schaltgerät und Sammelschiene oder Verteilschiene und die Kurzschlussfestigkeit der Sammelschienen und Verteilschienen selbst (siehe **Bild 8.5**).

Die Kurzschlussfestigkeit dieser Bausteine einer Schaltgerätekombination muss **also in jedem Fall** im Rahmen der Typprüfung nachgewiesen werden.

a) Schaltgerätekombinationen ohne Sammelschienen **(Bild 8.6)**

Bild 8.6 Schaltgerätekombination ohne Sammelschienen

Wenn die Eigenschaften der Schaltgeräte bekannt sind, muss nur die Kurzschlussfestigkeit der elektrischen Verbindungen nachgewiesen werden. Dazu darf das Schaltgerät durch eine geeignete Nachbildung (Dummy) ersetzt werden.

Sollen die Eigenschaften der Schaltgeräte mit geprüft werden, gelten die angegebenen Prüfbedingungen, die auch in diesem Fall unverändert aus VDE 0660 Teil 100 übernommen wurden.

b) Schaltgerätekombinationen mit Hauptsammelschienen **(Bild 8.7)**

Prüfung der Abgänge und der zugehörigen elektrischen Verbindungen wie unter a).

212

Bild 8.7 Schaltgerätekombination mit Hauptsammelschienen

Zur Prüfung der Hauptsammelschienen wird eine Kurzschlussbrücke 2 m ± 0,4 m von der nächsten Einspeisung oder bei kürzeren Schaltgerätekombinationen am Ende der Sammelschiene eingebaut.

c) Verteilschienen, die nicht kurzschluss- und erdschlusssicher verlegt sind (Abschnitt 7.5.5.1.2)

Die Kurzschlussbrücke wird so nah wie möglich vor den Anschlüssen des letzten Abgangs auf der Seite der Verteilschienen angebracht **(Bild 8.8)**.

Bild 8.8 Verteilschienen, nicht kurzschlusssicher verlegt

d) Kurzschlussfestigkeit des Neutralleiters (N)

Prüfstrom 60 % des Außenleiterprüfstroms **(Bild 8.9)**.

Bild 8.9 Kurzschlussfestigkeit des Neutralleiters

Zu 8.2.3.2.4 Höhe und Dauer des Kurzschlussstroms

Die Höhe des Kurzschlussstroms muss dem Wert entsprechen, der als Kennwert für die Schaltgerätekombination angegeben werden soll. Ein Sicherheitszuschlag ist also nicht gefordert.

a) Bei Schaltgerätekombinationen, die mit einer Kurzschlussschutzeinrichtung geschützt sind, muß die Prüfspannung mindestens so lange anstehen, dass die Kurzschlussschutzeinrichtung den Fehler abschalten kann; unabhängig davon jedoch mindestens für zehn Zyklen.

b) Bei Schaltgerätekombinationen ohne Kurzschlussschutzeinrichtung in der Einspeisung (siehe Abschnitt 7.5.2.1.2) muss die thermische und dynamische Festigkeit mit dem unbeeinflussten Strom an den Eingangsklemmen der vom Hersteller vorgeschriebenen Kurzschlussschutzeinrichtung nachgewiesen werden.

Zur Koordination der Kurzschlussschutzeinrichtung mit der Schaltgerätekombination können angegeben werden:

- die Bemessungskurzzeitstromfestigkeit (Abschnitt 4.4) mit dem dazu gehörenden Zeitwert, falls dieser von 1 s abweicht, oder
- der bedingte Bemessungskurzzeitstrom (Abschnitt 4.5) oder
- der bedingte Bemessungskurzzeitstrom bei Schutz durch Sicherungen (Abschnitt 4.6)

Alle übrigen Angaben in diesem Abschnitt sind Festlegungen für den Prüffeldingenieur, die hier nicht erläutert werden müssen.

Zu 8.2.3.2.5 Bewertung der Kurzschlussprüfung

Die Kurzschlussprüfung gilt als bestanden, wenn:

- Leiter nicht unzulässig verformt sind,
- Kriechstrecken und Luftstrecken trotz einer geringfügigen Verformung der Leiter noch eingehalten werden,
- keine Beschädigung der Leiterisolation und der tragenden Isolierteile aufgetreten ist,
- die Einrichtung zur Anzeige eines Fehlerstroms nicht angesprochen hat,
- Verbindungsstellen sich nicht gelöst haben,
- die IP-Schutzart des Gehäuses nicht beeinträchtigt wurde,
- Einschübe und herausnehmbare Teile wie üblich herausgenommen und wieder eingebracht werden können,
- der Zustand aller eingebauten Betriebsmittel noch den geltenden Bestimmungen entspricht,
- Zusätzlich muss nach der Prüfung 8.2.3.2.3a und bei den Prüfungen, welche die Kurzschlussschutzeinrichtungen beinhalten, die geprüfte Ausrüstung in der Lage sein, die Isolationsprüfung von 8.2.2 bei einem Spannungswert zu bestehen, der für die Nachprüfung in der Norm für die Kurzschlussschutzeinrichtung gefordert wird.

Für Leistungsschalter wird z. B. eine Nachprüfung mit der doppelten Bemessungsbetriebsspannung U_e gefordert.

Zu 8.2.3.2.6 Nachweis der Kurzschlussfestigkeit bei PTSK

Bei PTSK darf die Kurzschlussfestigkeit nachgewiesen werden durch:

- Prüfung nach den Abschnitten 8.2.3.2.1 bis 8.2.3.2.5
  oder
- Extrapolation von typgeprüften Baugruppen, z. B. nach Report IEC 61117 (VDE 0660 Teil 509) (siehe Anhang).

Ein rein rechnerischer Nachweis ist zur Zeit nicht möglich, da die bekannten Rechenverfahren – wie z. B. nach DIN VDE 0103 – nur gerade Schienen auf verschraubten Stützern abdecken.

Für eine sichere Beurteilung der Kurzschlussfestigkeit moderner Schaltgerätekombinationen ist aber auch die Betrachtung von

- abgewinkelten Schienenanordnungen
- Schienenkreuzungen
- Annäherung der Schienen an leitfähige und/oder magnetische, großflächige Konstruktionsteile
- lose Halterung der Schienen in Kunststoffkämmen und
- Kurzschlussfestigkeit von Schraubenverbindungen

erforderlich.

Moderne Rechenverfahren, wie z. B. die Rechnung mit »finiten Elementen«, führen zwar etwas weiter, alle Probleme können aber auch sie nicht abdecken. Darüber hinaus ist die sachkundige Anwendung Spezialisten vorbehalten und damit oft nicht kostengünstiger als eine Kurzschlussprüfung.

Zu 8.2.4 Nachweis der Wirksamkeit des Schutzleiterkreises

Zu 8.2.4.1 Nachweis der einwandfreien Verbindung zwischen Körpern der Schaltgerätekombination und dem Schutzleiterkreis

Für den Nachweis der einwandfreien Verbindung zwischen den Körpern der Schaltgerätekombination und dem Schutzleiterkreis gab es in der früheren Ausgabe der vorliegenden Norm keine Festlegungen. Jeder Hersteller konnte sich einen eigenen Weg für diesen Nachweis suchen, Das führte verständlicherweise gelegentlich zu Diskussionen bei der Abnahme von Schaltgerätekombinationen durch den Anwender.

In der jetzt gültigen Ausgabe der Norm wird für den Nachweis der einwandfreien Verbindung zwischen den Körpern und dem Schutzleiterkreis **immer** eine Widerstandsmessung gefordert. Damit ist nachzuweisen, dass der Widerstand der Verbindung kleiner als $0,1\ \Omega$ ist. Die Messeinrichtung soll dabei einen Strom von mindestens 10 A AC oder DC bei $0,1\ \Omega$ liefern. Wenn kleine Betriebsmittel durch diesen Messstrom gefährdet sind, darf die Dauer der Messung auf 5 s begrenzt werden.

Zu 8.2.4.2 Nachweis der Kurzschlussfestigkeit des Schutzleiterkreises durch Prüfung

Der Kurzschlussstrom, der im Schutzleiter zu erwarten ist, ist stark abhängig von der Netzform und dem Fehlerort (siehe Erläuterungen zu Abschnitt 7.4.3.1.5 d).

Um Unsicherheiten bei der Festlegung des Prüfstroms zu vermeiden, wird in der vorliegenden Norm gefordert, dass der Prüfstrom generell 60 % des unbeeinflussten Kurzschlussstroms entsprechen muss, der bei der dreiphasigen Prüfung der Schaltgerätekombination erreicht wurde.

Zu 8.2.4.3 Bewertung der Prüfung der Kurzschlussfestigkeit des Schutzleiterkreises

Der Kurzschlussstrom bleibt vor allem für die beteiligten Verbindungen der Konstruktionsteile nicht ohne Wirkung. Die Anmerkungen 1 und 2 stellen klar, dass es hier darauf ankommt, dass z. B. durch Spratzen keine benachbarten Teile entzündet werden und dass der Widerstand, der vor der Prüfung gemessen wurde, sich nach der Prüfung nicht nennenswert verändert hat.

Zu 8.2.5 Nachweis von Kriechstrecken und Luftstrecken

Die Eignung der Kriechstrecken und Luftstrecken für den vorgesehenen Einsatzfall (Bemessungsspannung, Überspannungsniveau, Verschmutzungsgrad usw.) wurde bereits beim Nachweis der Isolationsfestigkeit festgestellt, wenn diese durchgeführt wurde.

Da sicher in den meisten Fällen aber die Kriechstrecken und Luftstrecken größer gewählt werden als der Fall A in Tabelle 14 der Norm ist eine elektrische Prüfung nicht erforderlich, sondern der Nachweis kann durch Nachmessen unter Berücksichtigung der Regeln in Anhang F geführt werden.

Am sichersten werden diese Maße durch sorgfältigen Vergleich der Fertigungsunterlagen mit den Forderungen nach Abschnitt 7.1.2 bestätigt.

Zu 8.2.6 Nachweis der mechanischen Funktion

Diese Prüfung ist nur an bewegbaren Teilen durchzuführen, die ausschließlich für die jeweilige Schaltgerätekombination hergestellt werden. In der Regel dürften das Scharniere, Türverschlüsse, Einschübe und spezielle Verriegelungen sein.

Die Prüfungen sind in allen Fällen nur mit einem angemessenen Kraftaufwand durchzuführen, der dem Gegenstand der Prüfung entspricht.

Für Sicherheitsverriegelungen sollten jedoch die Empfehlungen der DIN EN 60947-3 (**VDE 0660 Teil 107**) übernommen werden.

Für Geräte mit Trennfunktion verlangt EN 60439-3 eine zusätzliche Prüfung der Festigkeit des Bedienteiles und der Schaltstellungsanzeige.

Zunächst wird die Kraft F ermittelt, die bei üblichem Gebrauch benötigt wird, um die Kontakte zu öffnen. Anschließend werden bei geschlossenem Gerät die bewegbaren und die festen Kontakte des Poles, der die höchste Beanspruchung erfährt, mit geeigneten Mitteln geschlossen gehalten und das Bedienteil mit einer Kraft von 3 F beansprucht. Dabei darf es zu keiner Fehlanzeige der Schaltstellunganzeige kommen. Damit bei dieser Prüfung keine unvernünftigen (weder zu kleine noch zu große) Werte benutzt werden, hat EN 60947-3 zusätzlich zu dieser grundsätzlichen Sicherheitsphilosophie für die einzelnen Arten der Bedienelemente kleinste und größte Prüfkräfte festgelegt.

Die Anforderungen an diese Prüfung können Bild 1 und Tabelle 6 der EN 60947-3 entnommen werden.

Beim Einbau von serienmäßigen Schaltgeräten und den mit ihnen verbundenen Antrieben ist davon auszugehen, dass die mechanische Funktion in der Typprüfung dieser Geräte bereits nachgewiesen wurde und diese Funktion nicht beeinträchtigt wird, wenn der Einbau nach den Angaben des Herstellers erfolgt.

Zu 8.2.7   Nachweis der IP-Schutzart

Die Forderungen an die Schutzarten durch Gehäuse sind in EN 60529 (**VDE 0470 Teil 1**) festgelegt und können dort nachgelesen werden (siehe auch Erläuterungen zu Abschnitt 7.2.1 der vorliegenden Norm).

Unsicherheiten bestehen für den Hersteller von Niederspannungs-Schaltgerätekombinationen oft bei der Durchführung und Bewertung der Prüfungen für den Staubschutz (IP5X und IP6X) und bei den Prüfungen für den Wasserschutz, der durch die zweite Kennziffer bezeichnet wird.

Bei Prüfung der Schutzart IP5X »staubgeschützt« heißt es in Abschnitt 5.2 der EN 60529:

»Bei staubgeschützten Gehäusen nach Ziffer 5 ist es zulässig, dass eine begrenzte Menge Staub unter bestimmten Bedingungen eindringt.«

Es ist bei allen Fachleuten unbestritten, dass dieser Staub die Funktion der eingebauten Betriebsmittel nicht unzulässig beeinflussen darf.

Damit liegt die Bewertung letztlich beim Hersteller und hängt ab von der Art und der Empfindlichkeit der Betriebsmittel, die in der Schaltgerätekombination gegen Umwelteinflüsse geschützt werden sollen.

In DIN EN 50298 (**VDE 0660 Teil 511**) »Leergehäuse für Niederspannungs-Schaltgerätekombinationen – Allgemeine Anforderungen« wird für die Prüfung der Schutzart IP 5X Kategorie 2 gefordert, dass nur eine bestimmte Menge Talkumpuder in den geschützten Raum eindringen darf. Zum Nachweis wird ein Uhrglas im Mittelpunkt des Bodens des geschützten Raums aufgestellt, mit dem der Talkumpuder aufgefangen wird, der während der Prüfung eindringt. Die Prüfung gilt als bestanden, wenn sich nicht mehr als 1 g/m² Talkumpuder niedergeschlagen haben.

Da Gehäuse mit der Schutzart IP5X noch nicht so dicht sind, dass in ihnen durch Temperaturwechsel ein Unterdruck entstehen könnte, wird die Prüfung mit der Schutzart IP5X nach EN 60529 (**VDE 0470 Teil 1**) Abschnitt 13.4, Kategorie 2, durchgeführt.

Die Definition in EN 60529 lautet:

Kategorie 2:   Gehäuse, bei denen kein Druckunterschied zu der umgebenden Luft auftritt.

Bei der Prüfung nach der Schutzart IP6X darf sich nach der Prüfung kein Staub im Gehäuse befinden. Diese Gehäuse sind so dicht, dass sie nach EN 60529 Abschnitt 13.4 nach Kategorie 1 geprüft werden müssen.

In EN 60529 findet sich die Definition:

Kategorie 1: Gehäuse, bei denen das übliche Betriebsspiel des Betriebsmittels eine Verminderung des Luftdruckes innerhalb des Gehäuses unterhalb des Drucks der umgebenden Luft verursacht, z. B. durch Temperaturschwankungen.

Bei allen Prüfungen für die zweite Kennziffer, die den Wasserschutz beschreibt, darf kein Wasser eindringen, das die Funktion der Schaltgerätekombination in Frage stellt.

EN 60529 nennt in Abschnitt 14.3 unter anderem folgende Abnahmebedingungen:

Nach dem Prüfen nach den zugehörigen Anforderungen von Abschnitt 14.2.1 bis Abschnitt 14.2.8 muss das Gehäuse auf Eintritt von Wasser in Augenschein genommen werden.

Im Allgemeinen darf eventuell eingedrungenes Wasser nicht

- in einer solchen Menge vorhanden sein, dass das ordnungsgemäße Arbeiten des Betriebsmittels oder die Sicherheit beeinträchtigt ist;
- sich an Isolierteilen ablagern, wo es zu Kriechströmen führen könnte;
- spannungsführende Teile oder Wicklungen erreichen, die nicht zum Betrieb in nassem Zustand ausgelegt sind;
- sich in der Nähe des Leitungsendes ansammeln oder gegebenenfalls in die Leitung eindringen.

Falls das Gehäuse mit Entwässerungsöffnungen ausgestattet ist, sollte durch Besichtigen festgestellt werden, dass etwa eindringendes Wasser sich nicht sammelt und dass es, ohne das Betriebsmittel zu schädigen, abläuft.

Für Gehäuse ohne Entwässerungsöffnungen muss die betreffende Produktnorm die Abnahmebedingungen festlegen, falls sich Wasser bis zum Erreichen von spannungsführenden Teilen ansammeln kann.

In der vorliegenden Ausgabe der besprochenen Norm wird zusätzlich gefordert, dass immer dann, wenn nach der Prüfung Spuren von Wasser im Gehäuse gefunden werden, sofort nach der Prüfung der Schutzart – also im nassen Zustand – die Isolationsfestigkeit nach Abschnitt 8.2.2 erneut nachgewiesen werden muss.

In DIN EN 50298 (**VDE 0660 Teil 511**) wird für Leergehäuse gefordert, ein Indikatorpapier im Gehäuse so anzubringen, dass der für den Einbau der Betriebsmittel vorgesehene Bereich erfasst wird (geschützter Raum). Nach der Prüfung für den Wasserschutz muss dieses Indikatorpapier dann noch vollständig trocken sein.

Zu 8.2.8   EMV-Prüfungen

Wie bereits erläutert, müssen Schaltgerätekombinationen oder Teile davon nur dann einer EMV-Prüfung unterzogen werden, wenn die Betriebsmittel nicht den Anforderungen an die EMV-Festigkeit für die betreffende Umgebung genügen oder wenn sie nicht nach den Anweisungen des Herstellers eingebaut und verdrahtet wurden (siehe Abschnitte 7.10.2a und 7.10.2b).

Wenn Prüfungen erforderlich werden, müssen diese nach den in EN 61000-4-2 bis EN 61000-4-5 festgelegten Regeln durchgeführt werden. Dabei sind die Prüfwerte des nachstehenden Abschnitts 8.2.8.1 zu verwenden.

Zu 8.2.8.1   Störfestigkeitsprüfungen

Die Prüfwerte für Stoss, schnelle transiente Bursts, elektromagnetische Felder und elektrostatische Entladungen entsprechen den Anforderungen an die Umgebung 2 (industrielle Umgebung), wie in DIN EN 61000-6-2 (**VDE 0839 Teil 6-2**) gefordert wird.

Zu 8.2.8.2   Störaussendungsprüfungen

Für die Störaussendung hat man im Rahmen der vorliegenden Norm auf die Festlegung eigener Grenzwerte verzichtet, sondern bezieht sich ohne Einschränkung auf die Grenzwerte der CISPR 11 (DIN EN 55011 (**VDE 0875 Teil 11**). Für Umgebung 1 gilt Klasse B, für Umgebung 2 Klasse A.

Zu 8.3 Stückprüfungen

Im Gegensatz zur Typprüfung, mit der die generelle Eignung einer Konstruktion für eine bestimmte Anwendung nachgewiesen wird, soll mit der Stückprüfung festgestellt werden, ob die einzelnen, nach den Wünschen des Anwenders hergestellten Schaltgerätekombinationen mit den Fertigungsunterlagen übereinstimmen und ob bei der Fertigung keine Qualitätsmängel, wie z. B. Fehler in der Oberfläche, Verdrahtungsfehler usw., aufgetreten sind.

Damit alle wichtigen Punkte auch tatsächlich kontrolliert werden und dies auch für eine Abnahme durch den Kunden sowie zur eigenen Qualitätskontrolle dokumentiert werden kann, empfiehlt es sich, mit einer Prüfliste zu arbeiten.

Tabelle 8.3 zeigt das Beispiel einer derartigen Prüfliste.

Je nach Größe und Art des Herstellbetriebs kann eine solche Prüfliste unterschiedlichen Umfang besitzen. Die Liste sollte mindestens alle in der vorliegenden Norm in Abschnitt 8.3 vorgeschriebenen Einzelprüfungen enthalten. Sie kann jedoch zusätzlich noch betriebsspezifische Stückprüfungen enthalten wie beispielsweise die Prüfung:

- des mechanischen Zusammenbaus (Maßhaltigkeit, Schraubenverbindungen, Schweißnähte usw.),
- der Güte der Oberflächenbeschichtung,
- der Verwendung innerbetrieblich vorgeschriebener geprüfter Werkstoffe, Halbzeuge, Verbindungselemente usw.,
- der Versandvorbereitungen (z. B. Beipack, Verpackung, Signierung),
- Einhaltung zusätzlicher Normen, z. B. für die Ausrüstung von Industriemaschinen DIN EN 60204-1 (**VDE 0113 Teil 1**).

Prüfliste für Niederspannungs-Schaltgerätekombinationen				
(Platz für betriebliche Identifikationsdaten)				
Zeile	Prüfart	durchzuführende Prüfungen	Prüfergebnisse	
			in Ordnung	Nachbesserung notwendig
1	P	mechanische Funktionsprüfung (Betätigungselemente, Verriegelungen usw.		
2	S	Leitungsverlegung einwandfrei		
3	S	Geräteeinbau bestimmungsgemäß		
4	S/P	Schutzart des Gehäuses/Umhüllung		
5	S/P	Luftstrecken, Kriechstrecken und Abstände		
6	P	Verbindungen von Konstruktionsteilen sowie von Leitern untereinander und mit Geräten (Stichprobenüberprüfung der Anzugsdrehmomente, Kontaktflächenbehandlung)		
7	V	Übereinstimmung mit Schaltungsunterlagen und anderen Unterlagen		
8	P	Isolationsprüfung/Isolationswiderstand		
9	S/P	Schutzmaßnahmen und durchgehende Schutzleiterverbindung		
10	P	elektrische Funktionsprüfung (wenn ausdrücklich vorgeschrieben)		
			Datum/Unterschrift des Prüfers	
Zeichenerklärung				
S = Sichtprüfung auf Einhaltung der Forderung P = Prüfen mit der Hand oder mit mechanischen oder elektrischen Messmitteln V = Vergleichen mit Fertigungsunterlagen				

Tabelle 8.3 Beispiel einer Prüfliste für die Stückprüfung nach DIN EN 60439-1 (**VDE 0660 Teil 500**)

Zu 8.3.1 Durchsicht der Schaltgerätekombination einschließlich der Verdrahtung und gegebenenfalls elektrische Funktionsprüfung

- Es sind z. B. folgende Details zu beachten:

- Funktionstüchtigkeit mechanischer Betätigungselemente und Verriegelungen, die Gängigkeit von Türen und deren Verschließbarkeit

- Die einwandfreie Gängigkeit von Einschüben (wird durch einmaliges Betätigen geprüft)

- Ausführung der Leiter- bzw. Leitungsverlegung
  - Leitungskanäle nicht überfüllt
  - isolierte Leitungen liegen nicht auf scharfen Kanten auf
  - die Leiterenden sind entsprechend der Leiterart vorschriftsmäßig vorbereitet

    Leitertyp, Querschnitt und Farbe der Leiterisolierung stimmen mit den Angaben in den Fertigungsunterlagen überein

- Sind die Geräte einwandfrei eingebaut?
  - Abstände von Wärmequellen
  - Lichtbogenräume
  - Einbaulage

- Ausführung von Verbindungen – besonders mit Schrauben – von Konstruktionsteilen und Leitern untereinander und mit Geräten
  - richtige Auswahl und Anordnung
  - Schraubensicherung
  - Oberflächenbehandlung (z. B. Bürsten)
  - Drehmoment (Stichprobenprüfung)

- IP-Schutzart
  - vorgeschriebene Dichtung vorhanden und unverletzt
  - PG-Verschraubungen an Leitungen

- Luftstrecken und Kriechstrecken
  - Sind bei der Fertigung unzulässige Veränderungen eingetreten, z. B. durch zu lange Schrauben oder falsch eingesetzte Leiterisolierung?

- Übereinstimmung mit den Schaltungs- und Fertigungsunterlagen
  - Kennzeichnung vollständig, normgerecht
  - Vollständigkeit und richtige Auswahl der Betriebsmittel
  - richtige Verdrahtung
  - gegebenenfalls elektrische Funktionsprüfung

    Die Funktionsprüfung kann zweckmäßigerweise auch erst am Aufstellungsort durchgeführt werden. Hierzu ist eine Vereinbarung zwischen Hersteller und Inbetriebsetzer nötig.

Zu 8.3.2 Isolationsprüfung

Auch die im Rahmen der Stückprüfung auszuführende Isolationsprüfung soll nur grobe Fehler feststellen, die während des Zusammenbaus entstanden sein könnten, wie z. B. Beschädigung von Isolierungen, heruntergefallene Kleinteile oder Bohrspäne, die zu einem Kurzschluss führen könnten.

Damit die Isolation bei dieser Prüfung nicht völlig anders beansprucht wird als bei der Typprüfung, richtet sich die Prüfung bei Schaltgerätekombinationen:

- bei Angabe von der Bemessungsstoßspannungsfestigkeit U_{imp} nach den Abschnitten 8.3.2.1 und 8.3.2.2b,
- in allen anderen Fällen nach den Abschnitten 8.3.2.1 und 8.3.2.2a,
- bei PTSK darf diese Prüfung entfallen, wenn der Isolationswiderstand nach Abschnitt 8.3.4 ermittelt wird.

Da eine Prüfung umfangreicher Hilfsstromkreise unter strenger Beachtung von Abschnitt 8.3.2.2 unverhältnismäßig aufwändig ist, darf bei Hilfsstromkreisen, die durch eine Kurzschlussschutzeinrichtung bis 16 A geschützt sind, auf die Isolationsprüfung verzichtet werden, wenn eine Funktionsprüfung (siehe 8.3.1) mit voller Bemessungs-Betätigungs-Spannung vorgenommen wurde.

Zu 8.3.2.1 Allgemeines [zur Isolationsprüfung]

Geprüft wird immer die fertig verdrahtete »anschlussfertige« Schaltgerätekombination.

Damit keine Beschädigungen auftreten, dürfen Geräte, die mit einer geringeren Spannung typgeprüft wurden, und Geräte, über die bei der Prüfung ein Strom fließen würde (Wicklungen, Messgeräte), an einem Anschluss abgeklemmt werden. Wenn ihre Isolation gegen Erde nicht für die volle Betriebsspannung ausgelegt ist, dürfen sie sogar an allen Anschlüssen abgeklemmt werden.

Störschutzkondensatoren müssen die Prüfspannung aushalten, sie dürfen unter keinen Umständen abgeklemmt werden.

Zu 8.3.2.2 Anlegen, Dauer und Werte der Prüfspannung

a) Schaltgerätekombinationen, bei denen keine Bemessungsstoßspannungsfestigkeit (U_{imp}) angegeben wird.

Es kann davon ausgegangen werden, dass alle Betriebsmittel bei ihrer Herstellung bereits einer Isolationsprüfung unterzogen wurden.

Die Prüfspannung beträgt in diesem Fall 85 % der Prüfspannung nach Abschnitt 8.2.2.4.

Die Prüfspannung wird 1 s lang nacheinander an den Teilen des Stromkreises zwischen aktiven Teilen und Konstruktionsteilen angelegt.

b) Schaltgerätekombinationen, für die eine Bemessungsstoßspannungsfestigkeit U_{imp} angegeben wird.

Die Prüfung wird in Übereinstimmung mit den Abschnitten 8.2.2.6.2 und 8.2.2.6.3 durchgeführt.

Falls im Stromkreis Betriebsmittel mit unterschiedlicher Bemessungsstoßspannungsfestigkeit enthalten sind, richtet sich die Höhe der Prüfspannung nach dem Betriebsmittel mit der kleinsten Prüfspannung.

Die Prüfspannung darf jedoch nicht kleiner sein als 30 % der Bemessungsstoßspannungsfestigkeit, die für die Schaltgerätekombination angegeben wird. Sie muss jedoch mindestens so groß sein wie der doppelte Wert der Bemessungsisolationsspannung.

Beispiel:

Schaltgerätekombination für den Anschluss an 230/400 V
Bemessungsisolationsspannung: 400 V
Erforderliche Bemessungsstoßspannungsfestigkeit bei
Überspannungskategorie III (nach Tabelle G1): $U_{imp} = 4$ kV

30 % von 4 kV → 1,2 kV

→ Prüfspannung bei 2000 m über NN
mindestens 1,2 kV

2×400 V → 0,8 kV

Wäre die Schaltgerätekombination für ein besonders geschütztes Überspannungsniveau nach Überspannungskategorie I ausgewiesen worden, hätte sich hierzu nach Tabelle G1 $U_{imp} = 1,5$ kV ergeben:

30 % von 1,5 kV → 0,45 kV

→ Prüfspannung bei 2000 m über NN
mindestens 0,8 kV

2×400 V → 0,8 kV

Zu 8.3.2.3 Bewertung der Isolationsprüfung

Die Prüfung ist bestanden, wenn kein Durchschlag oder Überschlag auftritt.

Zu 8.3.3 Kontrolle der Schutzmaßnahmen und der durchgehenden Verbindung der Schutzleiter

Die Prüfung der Schutzmaßnahmen muss die Kontrolle des Schutzes gegen direktes Berühren und bei indirektem Berühren umfassen.

Im Wesentlichen handelt es sich um eine Sichtprüfung folgender Details:

● für den »Schutz gegen direktes Berühren«
   – Ist die vorgegebene Schutzart aus Sicht des Berührungsschutzes eingehalten (Kennbuchstabe aus DIN EN 60529)?
   – Entspricht die Anordnung von Betätigungselementen in der Nähe berührungsgefährlicher, aktiver Teile den Anforderungen nach DIN VDE 0106 Teil 100?

- Sind Luftstrecken bzw. Abstände zwischen Bauteilen von Schaltgerätekombinationen (z. B. Abdeckungen, Hindernisse) und aktiven Teilen, deren Berührung sie verhindern sollen, eingehalten, und sind diese Teile zuverlässig befestigt?
- Sind für das Öffnen oder Entfernen von Türen, Deckeln oder dergleichen die Anforderungen des Abschnitts 7.4.2.2.3 eingehalten?

• für den »Schutz bei indirektem Berühren«

- Ist die Schaltgerätekombination vorbereitet zum Anschluss an die vorgesehene Netzform?
- Sind alle leitfähigen Konstruktionsteile und die Körper aller Geräte durch die Art ihrer Befestigung oder durch besondere Schutzverbindungen in die Schutzmaßnahmen einbezogen?
- Sind die Schraubverbindungen richtig angezogen (Stichprobe)?
- Sind Schutzleiter (PE, PEN) und Neutralleiter als solche gekennzeichnet?
- Entspricht der Aufbau schutzisolierter Schaltgerätekombinationen den Anforderungen nach den Abschnitten 7.4.3.2.2 a) bis f)?

Zu 8.3.4   Nachweis des Isolationswiderstands

Für den Nachweis der Isolationseigenschaft stehen dem Hersteller zwei Möglichkeiten zur Wahl:

• Typprüfung der isolationsbestimmenden Betriebsmittel und Teilen nach Abschnitt 8.2.2 und Stückprüfung der fertig zusammengebauten Schaltgerätekombinationen nach Abschnitt 8.3.2

oder

• Messung des Isolationswiderstands an der anschlussfertigen Schaltgerätekombination.

Für die Messung des Isolationswiderstands wird man sich vor allem dann entscheiden, wenn wesentliche Bestandteile der Schaltgerätekombination erstmals am Einsatzort zusammengebaut werden, wo naturgemäß das Hantieren mit hohen Prüfspannungen nicht ungefährlich ist.

Eine Schaltgerätekombination für den Anschluss an 230/400 V müsste einen Isolationswiderstand von mindestens 230 V · 1000 Ω/V $\rightarrow$ 0,23 MΩ aufweisen, da die Bemessungsbetriebsspannung gegen Erde mindestens 230 V betragen muss.

In der Praxis wird dieser Wert meist um ein Vielfaches überschritten.

Typische Werte sind 1,5 MΩ bis 2 MΩ.

Ähnlich wie bei der Prüfung nach Abschnitt 8.3 dürfen auch bei der Messung des Isolationswiderstands Geräte, durch die bei der Messung ein Strom fließen würde, an einem oder an allen Anschlüssen abgeklemmt werden.

Zu den Anhängen

Die Anhänge A bis D und F und G bedürfen keiner weiteren Erläuterung, da sie bei den entsprechenden Abschnitten der Norm bereits besprochen wurden.

Zu Anhang E:

Aussagen, die Vereinbarungen zwischen Hersteller und Anwender zum Inhalt haben

Die gewünschten Funktionen und Leistungsdaten der einzelnen Stromkreise werden am einfachsten in einem Prinzipschaltbild beschrieben (Beispiel siehe **Bild E.1).**

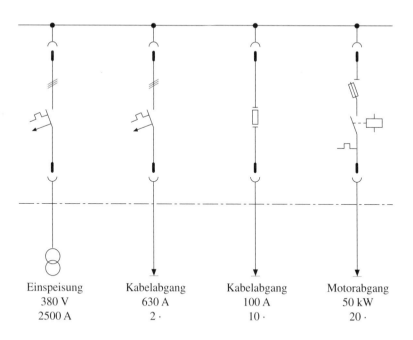

Einspeisung	Kabelabgang	Kabelabgang	Motorabgang
380 V	630 A	100 A	50 kW
2500 A	2 ·	10 ·	20 ·

Bild E.1   Prinzipschaltbild einer Schaltgerätekombination

Darüber hinaus müssen jedoch noch eine Reihe weiterer Vereinbarungen zwischen Hersteller und Anwender getroffen werden, um die Schaltgerätekombination genau zu definieren. Es hat sich als vorteilhaft herausgestellt, für die Klärung dieser Fragen sogenannte »Datenerfassungsblätter« zu verwenden. Die formalisierte Datenerfassung hat den Vorteil, dass keine Punkte übersehen werden. Gleichzeitig kann der Hersteller durch die Gestaltung dieser Formulare seine Standardausführungen deutlich herausstellen und dem Anwender damit in manchen Punkten die Entscheidung erleichtern. **Bild E.2** zeigt Muster solcher Datenerfassungsblätter.

Wenn nötig kann der Vordruck um andere herstellerspezifische Besonderheiten erweitert werden.

SIVACON®

Datenerfassungsblätter:

A Projektbezogene Angaben (Diese Angaben gelten für alle NS-Schaltanlagen des Projektes)

ZN _____ Bearbeiter _____ Tel.: _____

Bestellkennzeichen _____

Kunde _____ Projekt _____ Datum _____

Beigefügt sind: Stromlaufpläne ☐ Aufbauzeichnungen ☐ Draufsicht ☐
Beschriftungstabellen ☐ besondere Vorschriften ☐ .... ☐

Zeile	Ausführung	Varianten				
1	Verzugsenschädigung	nein	ja			
2	Art und Umfang der Abnahme	ohne	Besichtigung	Spannungsprüfung	Funktionsprüfung	
3	Abnahmebereitschaftsmeldung ..... Tage vorher	ohne	10	15	20	
4.1	Versand	Selbstabholer	an Spedition	an Baustelle		
4.2	Verpackung	Palette, Kunststoffolie	Palette, offener Lattenverschlag	seemäßige Verpackung		
4.3	besondere Verpackungsvorschriften	nein	ja (Bitte in Klartext erläutern)			
4.4	max. Nettolänge je Transporteinheit	ohne Einschränkung	..........mm (max. 2400 mm)			
4.5	Verpackung loser Teile (Befestigungs- und Anschluß-material)	Kompl. je Anlage, Werk-Nr.	je Verteiler			
5	Zu beachtende Bestimmungen	DIN VDE 0660 Teil 500	IEC Publ. 439-1			
6.1	Umgebungstemparatur	20 °C	25 °C	30 °C	35 °C	40 °C
6.2	Umweltklasse	IR1	IR2	IR3		

Bild E.2 Datenerfassungsblätter für eine moderne Niederspannungs-Schaltgerätekombination (SIVACON)

227

Fortsetzung

Nr.	erschwerende Betriebsbedingungen		Staub / Sand	chemische Emission	Tropfwasser	feuchtwarmes Gebiet
6.3	erschwerende Betriebsbedingungen	nein				
7	Kennzeichnung und Beschriftung	**Beschriftungstabellen erforderlich**				
7.1	Kennzeichnung pro Schaltanlage	nein	Resopalschild WH, Schrift BK	Resopalschild BK. Schrift WH	Edelstahlschild	
7.2	Kennzeichnung pro Feld auf der Tür (gegebenenfalls. Kopfraumtür)	nein	Scotchcal Klebezahlen und Buchstaben	Resopalschild WH, Schrift BK	Edelstahlschild	
7.3	Kennzeichnung pro Funktionseinheit auf der Tür	nein	Resopalschild WH, Schrift BK	Resopalschild BK, Schrift WH	Edelstahlschild	
7.4	Kennzeichnung pro Gerät auf der Funktionseinheit	Gewebeschild einfach	Gewebeschild doppelt			
7.5	Kennzeichnung der Sammelschienen	Klebeband L1, L2, L3				
7.6	Beschriftung je Sprache	ohne	deutsch	englisch	französisch	
7.7	Leistungsschild je Funktionseinheit	Folie deutsch / englisch				
7.7.1	Koordinatenbezeichnung	nein	ja			
7.8	Aderendbezeichnung auf den Einschüben / Einsätzen	nein	ja (Bitte in Klartext erläutern)			
7.9	Aderendbezeichnung bei festeingebauten Geräten	nein	ja (Bitte in Klartext erläutern)			
7.10	Klemmenbezeichnung nach Stromlaufplan (DIN 40719)	SIEMENS Standard				
7.11	Klemmen (Fabrikat)	SIEMENS	Phönix	Weidmüller		
8	Blindschaldbild	nein	Folie schwarz			
9	Sammelschienen	Cu blank	Cu versilbert	Cu verzinnt	Cu umhüllt	
10	Feldschienen	Cu blank	Cu versilbert	Cu verzinnt		

Fortsetzung

Zeile	Ausführung	Varianten				
11.1	Geräteausführung	normal	klimafest			
11.2	max. Ausnutzung der Geräteleistung im Hauptstromkreis	100%	95%	90%	85%	80%
11.3	Schweranlauf	≤ 15 s	≤ 30 s (SILO)	> 15 s		
11.4	Umschaltzeit bei Stern – Dreieck	≤ 10 s	> 10 s			
11.5	Mindestgröße der Leistungsschütze vorgeschrieben	nein	Typ			
11.6	Leistungsschütze mit verschweißfreier Absicherung	nein	ja			
11.7	Absicherung von Stromkreisen	NH-Sicherung	ISOl – NH	sicherungslos		
11.8	Meldeleuchten	Glühlampen	Glimmlampen	Leuchtdioden		
12.1	Verdrahtung der Hilfsstromkreise	Typ HO5V–K schwarz 1,0 Ø	Typ HO5V–K schwarz 1,5 Ø			
12.2	besondere Verdrahtungsvorschriften	nein	ja (Bitte in Klartext erläutern)			
13.1	Berührungsschutz vor Trennkontakten (L–Feld, Shutter)	ja	nein			
13.2	Innere Unterteilung nach DIN VDE 0660 Teil 500, Punkt 7.7					
	Leistungsschaltertechnik	Form 1	Form 2	Form 3a	Form 3b	Form 4
	Festeinbautechnik	Form 1	Form 2	Form 3a	Form 3b	Form 4
	Einschubtechnik	Form 1	Form 2	Form 3a	Form 3b	Form 4
14	Kopfraumausbau	nein	ja			
15	Schrankheizung erforderlich	nein	alle Felder	nur Feldtyp ...		
16	Schaltplantaschen	nein	ja			
17	Bi-Metall–Rückstellung	an Schaltanlage	am Bi–Relais			
18	Codiereinrichtung erforderlich	nein	Leistungsschalter			
19	Farbanstrich auf äußeren Abdeckungen	RAL 7032	RAL			
20	**Achtung! Wichtig!**	**Skizzen von Draufsicht und Frontansicht an die Datenblätter anhängen**				

SIVACON®

Datenerfassungsblätter:

B Schaltanlagenbezogene Angaben für die NS-Schaltanlagen

ZN _____ Bearbeiter _____ Tel.: _____

Bestellkennzeichen _____

Kunde _____ Projekt _____ Datum _____

Beigefügt sind: Stromlaufpläne ☐ Aufbauzeichnungen ☐ Draufsicht ☐
               Beschriftungstabellen ☐ besondere Vorschriften ☐ .... ☐

Zeile	Ausführung	Varianten				
1	Aufbau und Aufstellung					
1.1	Aufstellung der Schaltanlage	an der Wand	freistehend			
1.2	Bedienung der Schaltanlage	Einfront	Doppelfront			
1.3	Kabelanschluß (SS – oben)	von unten				
1.4	Kabelanschluß (SS – hinten/mitten)	von unten	von oben			
1.5	Einschränkung der Gesamtlänge	ohne	.... mm			
1.6	Felder gesamt	.... Stück				
1.7.1	Felder belüftet	Leistungsschalter .... Stück	Einschubtechnik .... Stück	Festeinbautechnik .... Stück		
1.7.2	Felder unbelüftet	Leistungsschalter .... Stück	Einschubtechnik .... Stück	Festeinbautechnik .... Stück		
1.8	Seitenwände	ohne	beidseitig	einseitig lt. Skizze	35 °C	40 °C
1.9	rückseitige Abdeckung	ohne	Rückwand			
1.10	Bodenbleche	ohne	Stahlblech			
1.11	Reserveplätze für Abgänge	ohne	.... %			
1.12	Türverschlüsse	Flügeldorn	Vierkant	Handhabe	Abschließbar	
2.1	Schutzart zum Betriebsraum	IP 20	IP 21	IP 40	IP 41	
2.2	Schutzart zum Kabelboden	IP 00	IP 40	IP 54		

Fortsetzung

3	Betriebsspannung	 V	.... Hz		
4	Einspeisung				
4.1	Ausführung (Anschlußschienen) 4. und 5. Leiter	PE	PEN	PE / N¹	PE + N
4.2	Trafoleistung	...... kVA	...... % u_k		
4.3	Einspeisung erfolgt über	Kabel von unten	Stromschienen von unten	Kabel von oben	Stromschienen von oben
4.4	Einspeisung über	Leistungsschalter	direkt an Sammel-schiene	direkt an Feld-schiene	französisch
4.5	Kabelquerschnitt und Anzahl, Typ	240 / 120 mm² mehradrig .... Parallelkabel	240 mm² einadrig .... Parallelkabel	.... mm² .... adrig .... Parallelkabel	
4.6	Kurzschließ- und Erdungsvorrichtung	nein	Horstmann	Dehn	Pfisterer
5.1	Nennausschaltvermögen der Leistungsschalter I_{cn}	.... kA			
5.2	Anfangs-Kurzschlußstrom der Schaltanlage I_{cw}	.... kA			
6	Sammelschienen				
6.1	Sammelschienenanlage	oben	hinten / mitten oben	hinten / mitten unten	PCC
6.2	Sammelschienensystem				
6.2.1	Drehstrom	L1; L2; L3	PEN	PE	N
	Querschnitt	.... mm²	.... mm²	.... mm²	.... mm²
6.3	Nennbetriebsstrom	.... A bei	.... °C Umgebungstemperatur		
6.4	Kurzschlußfestigkeit	I_{cw} .... kA	i_{pk} .... kA		
6.5	zul. Sammelschienentemperatur	130 °C	.... °C		
6.6	sonstige Bedingungen	bitte in Klartext angeben			

Fortsetzung

7	Schutzart zum Betriebsraum					
7.1	Steckschienen in Einschubtechnik	250 mm²	400 mm²	400 mm² verstärkt		
7.2	Feldschienen in Festeinbautechnik	570 mm²	970 mm²			
7.3	Feldschienen in Leistentechnik (fest)	1200 mm² 1600 mm²				
7.4	Feldschienen in Leistentechnik (gesteckt)	800 mm²				
7.5	Schienensystem					
7.5.1	Drehstrom	L1,L2,L3+PEN	L1,L2,L3+PE+N	L1,L2,L3+PE		
8	Abgänge					
8.1	Anschluß bei SS-oben	Kabel nach unten				
8.2	Anschluß bei SS-hinten/mitten	Kabel nach unten	Kabel nach oben	Kabel nach oben und unten²		
8.3	sonstige Bedingungen	bitte in Klartext angeben				
9	Steuerspannung					
9.1	Steuerspannung I für	........V, ... Hz				
	von	Abgriff Phase/N	Steuertrafo	Gleichrichter	von außen zugeführt	
9.2	Steuerspannung II für	........V, ... Hz				
	von	Abgriff Phase/N	Steuertrafo	Gleichrichter	von außen zugeführt	
9.3	Steuerspannung III für	........V, ... Hz				
	von	Abgriff Phase/N	Steuertrafo	Gleichrichter	von außen zugeführt	
10.1	Steuerspannungsleistungen horizontal	Frontseite	Rückseite	Front- u. Rückseite		
10.2	Steuerspannungsleistungen horizontal, Anzahl	....	....			

1. Brücke von PE nach N im Einspeisefeld
2. Nicht in Leistungsschalterfeldern

232

Zu DIN IEC 61117 (VDE 0660 Teil 509)
»Verfahren zur Ermittlung der Kurzschlussfestigkeit von partiell typgeprüften Schaltgerätekombinationen (PTSK)«

Durch den Wegfall der früher erlaubten rechnerischen Ermittlung der Kurzschlussfestigkeit ist bei vielen Anwendern und Herstellern von PTSK große Unsicherheit entstanden.

Die Gründe für diese Entscheidung der IEC 17D Experten und der europäischen und deutschen Normengremien waren folgende Überlegungen:

Die rechnerische Beurteilung der Kurzschlussfestigkeit von modernen Niederspannungs-Schaltgerätekombinationen ist praktisch nicht möglich, weil

- winklige Schienenanordnungen
- Annäherung von Schienen an Bleche im Inneren oder an Bleche der Verkleidung,
- Verschraubungen und
- (die relativ lose) Schienenhalterung in Isolierstoffkämmen

von den gängigen Rechenverfahren nicht erfaßt werden.

Das in DIN EN 60865-1 (**VDE 0103**) »Berechnung der Wirkung von Kurzschlussströmen« beschriebene Verfahren ist z. B. nur gültig für gerade Schienenanordnungen auf festen Stützern, bei denen die Länge der parallelen Leiter wesentlich größer ist als ihr Abstand voneinander und die Stützpunkte annähernd gleichmäßig über die Länge der Schienen verteilt sind.

Neuere, computergestützte Rechenverfahren, z. B. das Rechnen mit »finiten Elementen«, können zwar auch komplizierte Schienenanordnungen erfassen, die Beurteilung der Kurzschlussfestigkeit der Verschraubungen und der losen Schienenhalterung in Isolierstoffkämmen ist aber auch damit nicht möglich.

In DIN IEC 61117 (**VDE 0660 Teil 509**) wurde deshalb ein Weg für die Beurteilung der Kurzschlussfestigkeit von PTSK gewählt, der die Ergebnisse einer Typprüfung mit einer Rechnung nach VDE 0103 kombiniert.

Für alle einer Rechnung nicht zugänglichen Komponenten wie

- Verschraubungen und
- Stützpunktbelastungen (von Isolierstoffkämmen)

stellen die in der Typprüfung ermittelten Werte die Höchstgrenze dar.

Variiert werden können nur die leicht berechenbaren Biegespannungen in den Leitern.

Da bei einer Typprüfung üblicherweise keine Grenzwerte ermittelt werden, sondern nur bestätigt wird, dass die geprüfte Schienenanordnung den geforderten Kurzschlussbeanspruchungen I_k'', t standhält, wird die Beanspruchung der typgeprüften

Anordnung zunächst mit dem Rechenverfahren der DIN EN 60865-1 **(VDE 0103)** ermittelt. Anschließend wird dann beurteilt, ob bei der neuen, geometrisch veränderten Schienenanordnung, die in der PTSK eingesetzt werden soll, diese Werte nicht überschritten werden.

Am einfachsten läßt sich dieser Gedankengang an einem Beispiel erläutern.

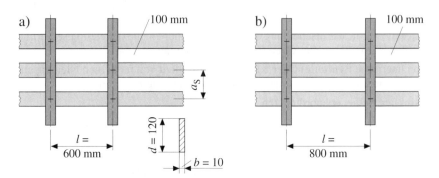

Bild H.1 a) Typgeprüfte Sammelschienenausführung (TS) b) Nichttypgeprüfte Sammelschienenausführung (NTS)

Die in **Bild H.1 a)** gezeigte Schienenanordnung (TS) ist für den angegebenen Strom von $I_k'' = 100$ kA typgeprüft. Es soll nachgewiesen werden, dass die Schienanordnung bei einer Feldbreite von 800 mm statt der geprüften 600 mm für einen Kurzschlussstrom von $I_k'' = 60$ kA zugelassen werden kann (siehe **Bild 4.1 b).**

Erläuterung des Rechengangs

- Die Kraftwirkung auf Schienen und Stützpunkte folgt dem höchsten auftretenden Kurzschlussstrom. Es gilt die Beziehung (2).

- Aus Tabelle 4 der VDE 0660 Teil 500 findet man für Kurzschlussströme über 50 kA den Faktor $n = 2{,}2$. Damit ergeben sich für i_{PTS} und i_{PNTS} die Werte in Zeile (3).

- Für die Kraft, die an den Hauptleitern angreift, findet man in DIN EN 60865-1 **(VDE 0103)** die Formel (4).

- Mit den Werten des vorstehenden Beispiels ergeben sich F_{mTS} und F_{mNTS} zu (5).

- Das Widerstandsmoment Z ist für beide Anordnungen gleich, weil die Abmessungen und die Beanspruchungsrichtung der Schienen bei beiden Anordnungen gleich sind. Nach den allgemein bekannten Regeln der Festigkeitslehre gilt für Z die Formel (6). Das Widerstandsmoment kann auch aus DIN 43670 oder DIN 43671 entnommen werden.

- Für die Biegespannung in starren Leitern gilt nach DIN EN 60865-1 (**VDE 0103**):1994-11 Formel (7).

  Aus den Tabellen 2 und 3 in DIN EN 60865-1 (**VDE 0103**):1994-11 findet man, dass V_s, V_r und β für das vorliegende Beispiel den Wert 1 annehmen (8).

- Die Biegespannungen in den starren Leitern werden damit zu (9).

- Schlussfolgerung:
  Da der Wert für die NTS-Anordnung kleiner ist als die Beanspruchung, die bei der Typprüfung der TS aufgetreten ist, kann die NS in einer PTSK für $I_k'' = 60$ kA eingesetzt werden.

Berechnung der Beanspruchung der beiden nach Bild H.1 miteinander zu vergleichenden Sammelschienanordnungen.

	TS	NTS

1. Berechnung des Spitzenwerts der Kraft zwischen den Hauptleitern bei dreipoligem Kurzschluss

(1) $\qquad\qquad I_k'' = 100$ kA $\qquad\qquad\qquad I_k'' = 60$ kA

(2) $\qquad\qquad\qquad\qquad i_p = n \cdot I_k''$

$\qquad\qquad i_{pTS} = 2,2 \cdot 100$ kA $\qquad\qquad i_{pTS} = 2,2 \cdot 60$ kA

(3) $\qquad\qquad i_{pTS} = 220$ kA $\qquad\qquad\qquad i_{pTS} = 132$ kA

(4) $\qquad\qquad\qquad$ mit $\quad F_{m3} = 0,17 \cdot i_{p3}^2 \cdot \dfrac{l}{a_m}$

$$F_{mTS} = 0,17 \cdot 220^2 \cdot \frac{0,6}{0,22} \text{ N} \qquad F_{mTS} = 0,17 \cdot 132^2 \cdot \frac{0,8}{0,22} \text{ N}$$

mit $\quad i_p$ in kA

(5) $\qquad\qquad F_{mTS} = 22,4$ kN $\qquad\qquad\quad F_{mTS} = 10,8$ kN

2. Berechnung der Spannungen in biegesteifen Leitern

(6) $\quad Z = \dfrac{b \cdot d^2}{6} = \dfrac{0,01 \cdot 0,12^2}{6} = 24 \cdot 10^{-6} \text{ m}^3$

diese Angabe kann auch aus DIN 43670 oder DIN 43671 entnommen werden

$$(7) \qquad \sigma = 0,125 \cdot V_\sigma \cdot V_r \cdot \beta \cdot \frac{F_m \cdot l}{Z}$$

$$(8) \qquad V_\sigma = V_r = \beta = 1$$

$$\sigma_{TS} = 0,125 \cdot \frac{22,4 \cdot 10^3 \cdot 0,6}{24 \cdot 10^{-6}} \frac{N}{m^2} \qquad \sigma_{NTS} = 0,125 \cdot \frac{10,8 \cdot 10^3 \cdot 0,8}{24 \cdot 10^{-6}} \frac{N}{m^2}$$

$$(9) \qquad \sigma_{TS} = 70 \frac{N}{mm^2} \qquad\qquad \sigma_{NTS} = 45 \frac{N}{mm^2}$$

Zu 5.3 Thermische Kurzschlussfestigkeit und
5.7 Berechnung unter besonderer Berücksichtigung der Leiterschwingungen

Der Nachweis der thermischen Kurzschlussfestigkeit und die Belastung durch Leiterschwingungen folgen dem gleichen Denkschema und sind deshalb ohne weitere Erläuterung verständlich.

Zu 5.6 Winklige Schienenanordnungen

DIN EN 60865-1 (**VDE 0103**) gilt nur für gerade Schienenanordnungen. Winklige Schienenanordnungen können mit ausreichender Näherung als eine Aneinanderreihung von geraden Anordnungen betrachtet werden, wenn Abstützungen an den Ecken angeordnet sind.

Es versteht sich von selbst, dass diese Abstützungen bereits bei der Typprüfung der TS vorhanden sein müssen, weil sonst keine gesicherte Ausgangsbasis für eine Beurteilung einer geometrisch veränderten, nicht typgeprüften Anordnung (NTS) vorhanden ist.

Zu VDE 0660 Teil 507

Verfahren zur Ermittlung der Erwärmung von partiell typgeprüften Niederspannungs-Schaltgerätekombinationen

Zu 1   Einleitung

Bei partiell typgeprüften Schaltgerätekombinationen (PTSK) darf nach Abschnitt 8.2.1.1 der VDE 0660 Teil 500 die Erwärmung durch Extrapolation von typgeprüften Schaltgerätekombinationen ermittelt werden. VDE 0660 Teil 507 ist ein Beispiel für ein solches Extrapolationsverfahren. Die in diesem Verfahren verwendeten Formeln und Gehäusekonstanten wurden aus einer Vielzahl von Erwärmungsmessungen an sehr unterschiedlichen Gehäusen ermittelt.

Obwohl andere Verfahren grundsätzlich zugelassen sind, empfiehlt es sich, das vorliegende Extrapolationsverfahren zu verwenden, weil es als IEC Report 60890 und VDE 0660 Teil 507 von den Herstellern und Anwendern in der ganzen Welt anerkannt wird und damit keine Akzeptanzprobleme bei der Abnahme zu erwarten sind.

Zu 4   Anwendungsbedingungen

Es ist selbstverständlich, dass mit einem sehr einfachen und relativ groben Verfahren auch nur einfache konstruktive Gegebenheiten beurteilt werden können.

Das Verfahren eignet sich nur für Schaltgerätekombinationen, bei denen die Verlustleistung annähernd gleichmäßig im gekapselten Volumen verteilt ist und die Luftzirkulation nicht durch innere Unterteilung behindert ist. Die Anwendungsbedingungen tragen diesen Tatsachen Rechnung.

Sind diese Voraussetzungen nicht erfüllt, besteht die Gefahr, dass sich »Wärmenester« bilden, die zu einer Überbeanspruchung der betroffenen Betriebsmittel führen können, obwohl die Betrachtung der Gesamterwärmung keine kritischen Lufttemperaturen ergeben hätte.

Zu 5   Rechenverfahren

Vor Beginn der Rechnung empfiehlt es sich, alle notwendigen Angaben aus den Konstruktions- oder Fertigungsunterlagen zu entnehmen und in tabellarischer Form zu erfassen.

Viele Hersteller von Gehäusen oder Betriebsmitteln für die Schrankklimatisierung bieten inzwischen PC-Programme an, die in interaktiver Form diese Angaben abfragen und anschließend nach den Regeln der vorliegenden Norm verarbeiten.

Für eine Bearbeitung von Hand eignet sich für die Erfassung der Gehäusedaten sehr gut ein Formblatt, wie es auf Seite 13 der Norm gezeigt wird.

Die Ermittlung der wirksamen Verlustleistung ist meist die aufwendigste Arbeit. Dieses Problem soll deshalb nachstehend ausführlich behandelt werden.

Ermittlung der wirksamen Verlustleistung

In den Katalogen und Datenblättern der Betriebsmittel ist meist nur die Verlustleistung angegeben, die am Betriebsmittel bei Belastung mit seinem Bemessungsstrom auftritt. Für die Beurteilung der Erwärmung einer Schaltgerätekombination sind jedoch die Verlustleistungen maßgebend, die bei dem meist niedrigeren Bemessungsstrom des ganzen Stromkreises an den Betriebsmitteln auftreten.

Zusätzlich ist auch der Bemessungsbelastungsfaktor nach Abschnitt 4.7 des »Hauptdokuments« (VDE 0660 Teil 500) zu beachten.

Für die Umrechnung der Verlustangabe in den Herstellerunterlagen auf die tatsächlich wirksame Verlustleistung gelten je nach Art des betrachteten Betriebsmittels unterschiedliche Regeln. Es empfiehlt sich deshalb, zunächst die wirksame Verlustleistung jeder Gruppe mit ähnlicher Abhängigkeit der Verlustleistung vom Betriebsstrom zu ermitteln, soweit erforderlich den Bemessungsbelastungsfaktor zu berücksichtigen und anschließend erst diese Verlustleistungen zur Gesamtverlustleistung im Gehäuse zu addieren.

Aus Sicht der Verlustleistung lassen sich die Betriebsmittel in vier Gruppen einteilen:

- Gruppe 1   Die Verlustleistung ist vom Strom quadratisch abhängig.
- Gruppe 2   Die Verlustleistung ist dem Strom annähernd proportional (lineare Abhängigkeit).
- Gruppe 3   Die Verlustleistung bei einer bestimmten Belastung setzt sich aus unterschiedlichen Komponenten zusammen.
- Gruppe 4   Die Verlustleistung ist konstant, d. h. nicht vom Strom abhängig.

Zur besseren Übersicht sind die Umrechnungsformeln in **Tabelle A.1** zusammengestellt.

Betriebs-mittel-gruppe	Verlustleistung beim Bemessungsstrom des Stromkreises	Wirksame Verlustleistung unter Berücksichtigung des Bemessungsbelastungsfaktors
1	$$P_{e1} = P_n \cdot \left(\frac{I_e}{I_n} \right)^2$$	$$P_{w1} = P_{e1} \cdot \alpha^2$$
2	$$P_{e2} = P_n \cdot \frac{I_e}{I_n}$$	$$P_{w2} = \sum P_{e2} \cdot \alpha$$
3	$$P_{e2} = P_0 + P_K \cdot \left(\frac{S_{NK}}{S_N} \right)^2$$	$$P_{w3} = \sum P_0 + \sum P_K \cdot \alpha^2$$
4	$$P_{e4} = P_n$$	$$P_{w4} = \sum P_{e4}$$
wirksame Gesamt-Verlust-leistung	$$P = P_{w1} = P_{w2} + P_{w3} + P_{w4}$$	

Darin bedeuten:

I_e — Bemessungsstrom des Stromkreises

I_n — Bemessungsstrom des Betriebsmittels

α — Bemessungsbelastungsfaktor

P_n — Verlustleistung bei Bemessungsstrom des Betriebsmittels

$P_{e1\ldots4}$ — Verlustleistung bei Bemessungsstrom des Stromkreises der Gruppe 1…4

$P_{w1\ldots4}$ — wirksame Verlustleistung der Betriebsmittelgruppe 1…4

P — wirksame Gesamtverlustleistung

P_0 — Leerlaufverluste von Transformatoren

P_K — Kurzschlussverluste von Transformatoren

S_{NK} — entnommene Leistung von Transformatoren

S_N — Bemessungsleistung von Transformatoren

Tabelle A.1 Formeln für die Errechnung der wirksamen Verlustleistung im Gehäuse

Gruppe 1   **Die Verlustleistung ist vom Strom quadratisch abhängig**

Dazu gehören:

- Hauptstrombahnen konventioneller Betriebsmittel, Sicherungen
  Verlustleistung bei Bemessungsstrom kann den Herstellerunterlagen entnommen werden
- Stromschienen, isolierte Leitungen und Kabel
  Für gebräuchliche Schienenabmessungen und für die Querschnitte isolierter Leiter sind die Verlustleistungen bei den üblichen Belastungen im Anhang B der VDE 0660 Teil 507/A1 zusammengestellt.

Gruppe 2   **Die Verlustleistung ist dem Strom annähernd proportional (lineare Abhängigkeit)**

Dazu gehören:

- Betriebsmittel der Leistungselektronik wie Gleichrichter und Thyristoren
  Die Verlustleistungen sind den Herstellerunterlagen zu entnehmen.

Gruppe 3   **Die Verlustleistung setzt sich aus unterschiedlichen Komponenten zusammen**

Dazu gehören:

- Leistungstransformatoren, Drosselspulen und ähnliche Betriebsmittel
  Die Verlustleistungen sind den Herstellerunterlagen zu entnehmen.

Gruppe 4   **Die Verlustleistung ist konstant, d. h. nicht vom Betriebsstrom abhängig**

Dazu gehören:

- Steuertransformatoren und Kleintransformatoren, deren Belastung sich meist nicht ändert, weshalb die Verlustleistung als konstant angenommen wird
  Die Verlustleistung ist den Herstellerunterlagen zu entnehmen.
- Magnetspulen von Schützen und Relais
  Bei umfangreichen Steuerungen sind nur die Verlustleistungen der Schütze zu berücksichtigen, die gleichzeitig in Betrieb sein können.
  Die Verlustleistungen sind den Herstellerunterlagen zu entnehmen.

Zu VDE 0660 Teil 507, Anhang A:

Beispiele für die Berechnung der Übertemperatur der Luft im Gehäuse

Die auf den Seiten 14 bis 18 der Norm gezeigten Beispiele mit den Erläuterungen sind so klar, dass sie hier nicht näher besprochen werden müssen.

Zu 6 Beurteilung der Konstruktion

Wenn die Rechnung ergibt, dass die ermittelte Übertemperatur die zugelassene Umgebungstemperatur der Betriebsmittel übersteigt, muss die Konstruktion in geeigneter Weise geändert werden.

Unter Umständen genügt es, besonders empfindliche, meist elektronische Betriebsmittel im unteren Teil des Gehäuses unterzubringen, weil dort die Temperatur oft erheblich niedriger ist als im oberen Teil.

Wenn das nicht genügt, muss die Packungsdichte herabgesetzt werden oder es muss eine Belüftung des Gehäuses oder sogar eine Kühlung vorgesehen werden, wenn dies vom Anwender nach den bei ihm vorliegenden Umgebungsbedingungen akzeptiert wird.

Zu Beiblatt 2 zu DIN EN 60439-1 (VDE 0660 Teil 500) Niederspannungs-Schaltgerätekombinationen Technischer Bericht: Verfahren für die Prüfung unter Störlichtbogenbedingungen

Eine Störlichtbogenprüfung von Niederspannungs-Schaltgerätekombinationen **(Bild B2.1)** wird seit vielen Jahren in der Fachwelt sehr kontrovers diskutiert.

Bild B2.1 Störlichtbogenprüfung an einer
Niederspannungs-Schaltgerätekombination

Die Gegner einer solchen Prüfung führen ins Feld, dass Störlichtbögen in Nieder-spannungs-Schaltgerätekombinationen während des Betriebs ein sehr seltenes Ereignis sind. Meist werden Lichtbögen im Verlaufe von Wartungsarbeiten durch unsachgemäße Handlungen an der Anlage eingeleitet. Vor diesen Fehlern schützt aber eine störlichtbogenfeste Schaltgerätekombination nicht.

Es ist vielmehr am sichersten, die Sicherheitsvorschriften für das Arbeiten unter Spannung oder in der Nähe von spannungsführenden Teilen gewissenhaft einzuhal-ten und – wenn nötig – darüber hinaus geeignete Türverriegelungen und Abdeckun-gen vorzusehen.

242

Ein weiteres Argument ist, dass bei Niederspannung die Prüfergebnisse nicht genau reproduzierbar sind. Die Lichtbogenspannung kann leicht Werte erreichen, die in die Größenordnung der treibenden Netzspannung kommen. Dadurch wird dann der Kurzschlussstrom gedämpft und der Schadensverlauf ist anders als bei einer Prüfung, bei der der Lichtbogen zufällig nur eine kleinere Länge und damit Bogenspannung erreicht.

Beide Argumente werden von den Befürwortern einer Störlichtbogenprüfung durchaus anerkannt. Sie weisen aber darauf hin, dass heute Schaltgerätekombinationen wie z. B. Transformator-Schwerpunktstationen oder kleine Unterverteilungen an Orten aufgestellt werden, die ständig von Personen frequentiert werden. Bei diesen Schaltgerätekombinationen ist es aber unzumutbar, dass im Falle eines Störlichtbogens im Inneren der Anlage Personen, die sich zufällig in ihrer Nähe aufhalten, geschädigt werden, auch wenn das Risiko für einen solchen Fehler sehr gering ist.

Viele Anwender verlangen deshalb vom Hersteller der Schaltgerätekombination, dass er auch eine gesicherte Aussage darüber machen kann, wie sich die Schaltgerätekombination unter der Einwirkung eines Störlichtbogens im Inneren verhält.

Vernünftigerweise werden bei dieser Betrachtung die Kurzschlussströme zu Grunde gelegt, die auf Grund der Netzkonstellation am Eingang der Schaltgerätekombination maximal auftreten können. Es hat sich gezeigt, dass es bei Netzen mit Kurzschlussströmen über 50 kA oft besser ist, die Kurzschlussleistung zu begrenzen als die dafür benötigten Schaltgerätekombinationen lichtbogenfest auszuführen.

Da jedoch die Prüfbedingungen und Beurteilungskriterien zurzeit noch jeweils zwischen einem Hersteller und Anwender nach den gegebenen Randbedingungen frei vereinbart werden, sind die Prüfergebnisse nicht miteinander vergleichbar. Das ist aber im Interesse eines fairen Wettbewerbes und auch im Interesse einer zuverlässigen Sicherheitsbeurteilung kein zufriedenstellender Zustand.

Auf Anregung von Schweden wurde vor einigen Jahren die Störlichtbogenprüfung für Niederspannungs-Schaltgerätekombinationen in IEC 17D diskutiert. Für eine gemeinsame Arbeit fand sich damals aber keine Mehrheit. Australien hat daraufhin einen eigenen Anhang zu der Norm für Niederspannungs-Schaltgerätekombinationen (AS 1136.1) erarbeitet. Schweden hat die Gedanken, die dem Normungsantrag bei IEC zu Grunde lagen, in einem Handbuch (SEK handbok 405/1987) veröffentlicht. Aus dem Jahr 1986 stammt der Fachbereichstandard TGL 200-0606/05, der in der früheren DDR ausgearbeitet wurde.

Auf deutsche Initiative wurde das Thema 1992 in IEC wieder aufgegriffen und von allen IEC-Ländern (außer USA) befürwortet.

Der deutsche Normvorschlag (IEC 17D [Germany] 51) lehnt sich eng an die Störlichtbogenprüfung bei Schaltanlagen für Spannungen über 1 kV (IEC 298, VDE 0670 Teil 601) sowie an das schwedische Handbuch Nr. 405 an.

Der vorliegende Technische Bericht »Beiblatt 2 zur VDE 0660 Teil 500« ist das Ergebnis der Beratung in IEC 17D, das auf diesem Vorschlag aufbaut.

Zu   Einleitung

In der Einleitung wird deutlich herausgestellt, dass die in der Norm beschriebene Prüfung

- keine Typprüfung, aber auch
- keine verpflichtende Prüfung ist,

sondern dass sie auf freiwilliger Basis auf Vereinbarung zwischen Hersteller und Anwender durchgeführt und beurteilt wird.

Es wird weiterhin betont, dass mit der Prüfung nur die Gefahr abgeschätzt werden soll, der Personen im Falle eines Störlichtbogens ausgesetzt sein könnten.

Das heißt, Beschädigungen der Schaltgerätekombination, die nicht zu einer Gefährdung von Personen führen, bleiben bei der Beurteilung der Prüfergebnisse unberücksichtigt.

Die Ergebnisse der Prüfung sollen aus diesen Gründen in einem Prüfbericht zusammengefasst werden, der das Verhalten der Schaltgerätekombination anhand von Beurteilungskriterien beschreibt.

Zu 1   Allgemeines

Durch einen Störlichtbogen wird in einer Kapselung explosionsartig ein Überdruck erzeugt, der alle Teile der Verkleidung (Türen, Flanschverschlüsse, Seitenteile) beansprucht. Gleichzeitig werden Teile, die in der unmittelbaren Nähe des Lichtbogens liegen, sehr stark erwärmt und unter Umständen geschmolzen. Darüber hinaus können durch Verbrennen von Isolierteilen giftige Gase entstehen.

Die in der vorliegenden Norm beschriebene Störlichtbogenprüfung erfasst nur die Zerstörungen, die durch den Überdruck und durch die örtliche Überhitzung vor allem an den Lichtbogenfußpunkten sowie an den Verkleidungen und Türen einer Schaltgerätekombination auftreten, wenn alle Türen geschlossen und die Verkleidungsteile an ihrem Platz sind, d. h. an einer Schaltgerätekombination im betriebsfähigen Zustand. Die Auswirkungen auf die inneren Unterteilungen werden nicht berücksichtigt. Auch bei den infolge des Überdrucks austretenden Gasen wird nur die thermische Wirkung betrachtet. Eventuell auftretende toxische Effekte bleiben unberücksichtigt.

Es ist an dieser Stelle nicht der Platz, auf die vielfältigen physikalischen Probleme, die mit einem Störlichtbogen verbunden sind, näher einzugehen. Wer sich dafür näher interessiert, sei auf die angegebene Literatur verwiesen.

Zu 1.1   Anwendungsbereich und Zweck

Wie bereits erwähnt, betrifft die vorliegende Norm nur geschlossene Niederspannungs-Schaltgerätekombinationen nach DIN EN 60439-1 (**VDE 0660 Teil 500**).

Die Prüfung ist eine Sonderprüfung und wird auf Vereinbarung zwischen Hersteller und Anwender ausgeführt.

Zu 2   Begriffe

Die Beanspruchung einer Schaltgerätekombination beim Auftreten eines Störlichtbogens ist abhängig von der im Lichtbogen umgesetzten Energie.

Die Lichtbogenspannung wird allgemein mit

$$u_L = 25 \, \frac{V}{cm} \cdot l$$

Lichtbogenlänge angenommen. Die Lichtbogenlänge ist hierbei nicht mit dem Fußpunktabstand gleichzusetzen, sondern kann – stochastisch schwankend – ein Vielfaches des Fußpunktabstands betragen.

Es gilt dann:

$$P_L \approx U_L \cdot i_L \cdot t \quad \text{in } W_S$$

Darin bedeuten:

u_L Lichtbogenspannung
l Lichtbogenlänge
P_L im Lichtbogen umgesetzte Leistung
i_L Strom des Störlichtbogens
t Lichtbogendauer

Zur Beschreibung der Beanspruchung gibt man deshalb einen Stromwert und die dazugehörige Zeit an. Für die Beanspruchung selbst ist immer der tatsächlich fließende Strom (siehe Abschnitt 2.3, bedingter Kurzschlussstrom unter Lichtbogenbedingungen) verantwortlich, der meist gegenüber dem unbeeinflussten Kurzschlussstrom (siehe Abschnitt 2.1, unbeeinflusster Kurzschlussstrom unter Lichtbogenbedingungen) in Höhe und Dauer durch eine geeignete Kurzschlussschutzeinrichtung herabgesetzt ist.

Zu 3   Prüfanordnung

Die Prüfung einer ganzen Schaltgerätekombination ist nur bei sehr kleinen und in großen Stückzahlen unverändert hergestellten Ausführungen sinnvoll. In den meisten Fällen wird man besondere Prüfmuster anfertigen, die repräsentativ sind für die verschieden großen Kapselungsräume (Fächer), die das Lieferprogramm eines bestimmten Typs bietet und an denen die üblichen Befestigungen, Scharniere und Verschlüsse vorhanden sind.

Dabei ist besonders darauf zu achten:

● Die Prüfung soll nur an neuen Mustern ausgeführt werden. Will man einen Versuch aus bestimmten Gründen wiederholen, so ist das Prüfmuster zuvor entsprechend zu reinigen oder so instand zu setzen, dass es wieder »neuwertige« Bedingungen bietet.

- Die Prüfmuster sollen möglichst so befestigt werden, wie es dem späteren Betrieb entspricht.

Das heißt, Kastenverteiler sollten mit den üblichen Befestigungsmitteln an der Wand oder auf einem Traggestell befestigt werden.

Ist eine Schaltgerätekombination für freistehende Aufstellung vorgesehen, so ist sie selbstverständlich frei im Raum aufzustellen, wobei die Stoffindikatoren vorne und hinten anzubringen sind.

Eine nur für Wandaufstellung geeignete Schaltgerätekombination wird – wie für den späteren Betrieb vorgesehen – an einer Wand aufgestellt. In diesem Falle sind die Indikatoren nur an der Bedienungsseite erforderlich.

Im Unterschied zu einer Störlichtbogenprüfung von Schaltgerätekombinationen für Spannungen über 1 kV nach VDE 0670 Teil 601 ist bei Niederspannung im Allgemeinen keine Nachbildung der Betriebsräume erforderlich, da die bei einem Störlichtbogen auftretenden Energien wesentlich geringer sind als bei Hochspannung und auf der anderen Seite eine NS-Schaltgerätekombination nur einen kleinen Teil des elektrischen Betriebsraums ausfüllt, in dem sie aufgestellt ist.

Die bei Mittelspannung erforderliche Nachbildung der Raumdecke entfällt deshalb bei Niederspannung.

- Das Prüfmuster sollte möglichst mit den Geräten bestückt werden, die für das zu prüfende Fach typisch sind.

Das hat zwei Gründe: Zum einen bieten nur die originalen Betriebsmittel die für die Ausbildung eines Lichtbogens wichtige Mischung aus möglichen Fußpunkten und Isolierteilen, und zwar in genau der geometrischen Anordnung wie im späteren Betrieb.

Zweitens füllen die Betriebsmittel einen Teil des Luftvolumens. Das ist sehr wesentlich für die Entstehung und Ausbreitung der Druckwelle bei der Prüfung bzw. beim Auftreten eines Störlichtbogens.

Wenn aus Kostengründen z. B. große voluminöse Leistungsschalter durch einen »Dummy« ersetzt werden sollen, ist darauf zu achten, dass der Dummy nicht nur das richtige Volumen besitzt, sondern dass auch leitfähige, spannungsführende Teile und Isolierteile an der richtigen Stelle vorhanden sind. Meist ist es jedoch kostengünstiger, ein Originalgerät zu verwenden, das zuvor schon bei anderen Prüfungen (z. B. Kurzschluss oder Erwärmung) eingesetzt war.

Die Indikatoren müssen so vor der Bedienungsseite oder auch an der Rückseite angebracht werden, wie es im Abschnitt 4.4.2 beschrieben ist.

- Die Maßnahmen für den Personenschutz müssen wirksam sein, d. h. vor allem, alle Türen müssen verriegelt sein und die Schaltgerätekombination muss wie vorgesehen mit dem Schutzleiter verbunden sein.

Zu 3.1 bis 3.5 [Werte der elektrischen Prüfgrößen]

Prüfstrom und -spannung werden so gewählt, wie sie beim praktischen Einsatz der Schaltgerätekombination maximal zu erwarten sind. Das heißt, es werden keine zusätzlichen Sicherheitsaufschläge vorgenommen. Der Prüfstrom unter Lichtbogenbedingung kann niedriger sein als der zulässige Bemessungskurzzeitstrom, dem die Schaltgerätekombination standhält, wenn der Fehler außerhalb der Schaltgerätekombination in dem Netzteil auftritt, den die Schaltgerätekombination versorgt. Wenn auf Grund der besonderen Aufstellungsbedingungen die Störlichtbogensicherheit der Anlage gefordert wird, muss der mögliche Kurzschlussstrom durch vorgeschaltete Begrenzungsdrosselspulen oder geeignete, strombegrenzende Kurzschlussschutzeinrichtungen in Höhe und Dauer auf die Werte begrenzt werden, bei denen noch keine unzulässigen Schädigungen zu erwarten sind.

Bei serienmäßig gefertigten TSK sind die Netzbedingungen des Einzelfalls noch nicht bekannt. Es wird deshalb von der Norm vorgeschlagen, eine Prüfzeit von 0,1 s anzuwenden. In keinem Fall sollten längere Zeiten als 0,5 s gewählt werden, weil es insgesamt wirtschaftlicher ist, in solchen Fällen die Zeit des Lichtbogens zu begrenzen, statt die Schaltgerätekombination zu einem »Panzerschrank« auszubauen.

Wenn die Schaltgerätekombination von einem Transformator gespeist werden soll, sollte die zulässige Lichtbogenbrenndauer des Schaltgeräts in der Einspeisung 0,3 s betragen, um die Abschaltung durch eine Hochspannungsschutzeinrichtung zu ermöglichen.

Zu 4   Durchführung der Prüfung

Zu 4.1   Einspeisestromkreis

Da mit der Prüfung der kritischste Fehler erfasst werden soll, ist es selbstverständlich, dass bei einer möglichen Einspeisung von zwei Seiten die Prüfanordnung so gewählt wird, dass auch die größten Beanspruchungen auftreten.

Zu 4.2 bis 4.4 Zündung des Lichtbogens, Wiederholung der Prüfung, Indikatoren

Die ersten orientierenden Störlichtbogenversuche an Niederspannungs-Schaltgerätekombinationen haben gezeigt, dass der Lichtbogen oft von selbst verlischt, bevor der Prüfstrom von der Kurzschlussschutzeinrichtung unterbrochen wird. Für eine Beurteilung der Störlichtbogenfestigkeit einer Schaltanlage ist das unbefriedigend. Der Grund für das frühe Verlöschen lag oft darin, dass der von der Mittelspannung her bekannte Zünddraht von 0,5 mm Durchmesser, d. h. 0,2 mm^2, zu wenig »Zündenergie« lieferte. Für Niederspannung wurden deshalb abhängig vom Prüfstrom größere Querschnitte gewählt. Natürlich kann der Querschnitt auch durch mehrfaches Umwickeln der benachbarten Leiter an der Kurzschlussstelle erzeugt werden.

Wichtig ist, dass für die Prüfung keine Isolation zerstört werden darf, die auch in der Praxis eine Einleitung eines Störlichtbogens verhindern würde.

Der Zünddraht ist also an den Stellen anzubringen, die in ihrem üblichen Lieferzustand im Falle eines Fehlers kurzgeschlossen werden könnten.

Im Umkehrschluss heißt das, dass in einem Fach, in dem keine blanken Leiter vorhanden sind, auch keine Störlichtbogenprüfung ausgeführt werden kann und auch nicht sinnvoll wäre.

Wenn der Störlichtbogen trotz der richtigen Zünddrähte in weniger als der halben Prüfzeit erlischt, wird die Prüfung noch einmal unter denselben Bedingungen wiederholt. Weitere Wiederholungen sind nicht vorgesehen, weil dann angenommen werden kann, dass der Lichtbogen auf Grund der günstigen Umgebungsbedingungen innerhalb des Fachs immer erlischt und damit eine Begrenzung der Zerstörung eintritt, die der Konstrukteur der Schaltgerätekombination durch seine konstruktiven Maßnahmen erreichen wollte.

Zur Kontrolle der thermischen Auswirkungen der aus der Schaltgerätekombination austretenden Lichtbogengase werden dieselben Stoffindikatoren verwendet wie bei der Prüfung von Schaltgerätekombinationen für Betriebsspannungen über 1 kV nach VDE 0670 Teil 601, Zugänglichkeitsgrad A. Sie werden bis zu einer Höhe von 2 m in einem Abstand von 30 cm von allen zugänglichen Seiten der Schaltgerätekombination angebracht.

Wie bereits erläutert, wird beiNiederspannungs-Schaltanlagen, die nur elektrotechnischen Fachleuten zugänglich sind, meist auf eine Beurteilung des Verhaltens im Falle eines Störlichtbogens verzichtet, weil das Gefährdungspotential und die Fehlerwahrscheinlichkeit bedeutend niedriger sind als bei Schaltanlagen für Spannungen über 1 kV.

Zu 5 Beurteilung der Prüfung

Es sei an dieser Stelle noch einmal wiederholt, dass es nicht das Ziel der Störlichtbogenprüfung ist, eine »Ja/Nein«-Aussage im Sinne von »Bestanden« oder »Nicht bestanden« zu erhalten, sondern dass alle Effekte, die zu einer Gefährdung von Personen führen können, beobachtet und beschrieben werden müssen.

In diesem Sinn sind die fünf Beurteilungskriterien zu verstehen.

Kriterium 1: Ordnungsgemäß gesicherteTüren, Abdeckungen usw. dürfen sich nicht öffnen

Bei Niederspannungs-Schaltgerätekombinationen werden im Allgemeinen keine besonderen Druckentlastungsklappen vorgesehen. Der Überdruck muss deshalb

Bild B2.2   Federnder Türverschluss

durch Spalten zwischen Türen und Gerüst oder durch Öffnungen in benachbarte (nicht gestörte) Fächer abgebaut werden. Türverschlüsse und Scharniere werden durch den Überdruck stark beansprucht. Bei manchen Ausführungen werden spezielle, gefederte Türverschlüsse verwendet, die es erlauben, dass die Tür einen Spalt öffnet und damit den Überdruck abbaut **(Bild B2.2)**.

Kriterium 2:   Es dürfen keine Teile wegfliegen

Die Norm fordert nur, dass keine Teile wegfliegen dürfen, die zu einer Gefahr für Personen werden können. In der Praxis heißt das, es dürfen vor allem keine großen Teile oder Teile mit scharfen Kanten von der Schaltgerätekombination abgesprengt werden.

Kriterium 3:   Es dürfen keine Löcher in die Verkleidung gebrannt werden

Durch Löcher in der Verkleidung könnte geschmolzenes Material ausgeworfen werden und ein Plasmastrahl austreten, der zu schweren Personenschäden führen kann. Die verteilt angeordneten Indikatoren können diesen Vorgang nicht immer erfassen. Löcher in der Verkleidung gleich welcher Lage und welcher Größe können deshalb immer gefährlich sein.
Eine Beurteilung der Löcher im Sinne des Berührungsschutzes macht hier keinen Sinn, weil der betroffene Anlagenteil nach einer Lichtbogenstörung immer sofort abgeschaltet und repariert oder ausgetauscht werden muss.

Kriterium 4: Indikatoren dürfen sich nicht entzünden

Es werden nur die Indikatoren als betroffen gewertet, die direkt durch die Lichtbogengase entzündet werden.

Wird die Entzündung erst durch brennende Farbstoffe oder Klebeschilder ausgelöst, gilt ein solcher Indikator als nicht entzündet. Das hat seinen Grund darin, dass die Gefährdung, die von diesen Teilen ausgeht, viel geringer ist als die direkten Auswirkungen der heißen Lichtbogengase.

Kriterium 5: Der Schutzleiterstromkreis für berührbare Teile der Umhüllung muss noch funktionsfähig sein

Eine Unterbrechung des Schutzleiterstromkreises der Verkleidungsteile würde bedeuten, dass Verkleidungsteile unbemerkt eine gefährliche Berührungsspannung annehmen könnten. Da nach einem Störlichtbogen im Betrieb immer umfangreiche Reparaturarbeiten erforderlich sind, könnten daraus zusätzliche Gefahren entstehen.

Zu 6   Prüfbericht

Es wurde bereits an anderer Stelle darauf hingewiesen, dass das Ergebnis einer Störlichtbogenprüfung nicht für eine Konformitätsbestätigung herangezogen werden kann, welche die Eignung einer bestimmten Bauform bescheinigt.

Der Prüfbericht soll vielmehr alle notwendigen technischen Details des Prüflings und der angewendeten Spannung, Ströme und Zeiten enthalten. Zur Dokumentation sind dazu – wie üblich – geeignete Oszillogramme anzufertigen.

Die Auswirkungen des Störlichtbogens auf den Prüfling sind anhand der fünf Prüfkriterien zu beschreiben.

Schlussfolgerung

Ob eine bestimmte Bauform für einen bestimmten Verwendungszweck geeignet ist oder nicht, sollte immer in einem klärenden Gespräch zwischen Hersteller und Anwender festgelegt werden. Nur so lassen sich Fehlinterpretationen vermeiden und kann eine Anlagenbauform ausgewählt werden, die die nötige Personensicherheit bietet und trotzdem nicht unnötig überdimensioniert ist, was nur zu unerwünschten Kosten führen würde.

Literatur

Zu	Verfasser	Titel
0.1	*Bolz, H.-K.*	DIN 57660 Teil 500/ VDE 0660 Teil 500 Schaltgeräte; Niederspannungs-Schaltgeräte-kombinationen DIN Mitteilungen, Elektronorm (1984) Nr. 11, S. 633-640
0.1	*Floerke, H.*	Niederspannungs-Schaltanlagen und Verteiler, Stand der VDE- Bestimmungen ETZ B, Bd. 23 (1971) H. 23, S. 579-583
0.1	*Ose, K.*	100 Jahre schalten steuern schützen Ein Beitrag zur Geschichte der Niederspannungs-Schaltgeräte in Deutschland Klöckner Moeller Bonn (1982) S. 43-46 und S. 226-263
0.2		DIN Normenheft 13, Grundlagen der Normungsarbeit, Beuth Verlag, 1987, S. 43 ff
0.2		VDE 0022:1994-09 Satzung für das Vorschriftenwerk des VDE Verband der Elektrotechnik Elektronik Informationstechnik e.V.
0.2		DIN 820 Teil 1 Normungsarbeit, Grundsätze
0.3	*Winkler, R.*	Binnenmarkt und elektrotechnische Normung, etz Bd. 110 (1989) H. 1, S. 18-21
2.1.1.1	*Kotulla, H.*	Neue Generation, SIVACON, eine neue Generation der Niederspannungs-Schaltanlage Siemens AG, EV-Report (1993) H 3, S. 8-10
2.1.1.1	*Rübsam, H. J.*	Komfortabel, Energieverteilsystem in Einschubtechnik Maschinenmarkt 99 (1993) H. 5, S. 40-42
2.1.1.1	*Schuck, G.*	Geprüfte Sicherheit Siemens AG, EV Report (1993) H. 3, S. 11-13

2.6	*Rudolf, W.*	Einführung in DIN VDE 0100 Elektrische Anlagen von Gebäuden VDE-Schriftenreihe Bd. 39. 2. Aufl., Berlin u. Offenbach: VDE VERLAG, 2000
2.9	*Ackermann, G.* *Hudasch, M* *Schwetz, S.* *Stimper, K.*	Überspannungen in Niederspannungsanlagen etz Bd.114 (1993) H. 3, S. 218-223
2.9	*Facklam, T.,* *Pfeiffer, W.*	Teilentlastungsprüfung an Bauelementen der Niederspannungstechnik etz Bd. 109 (1988) H. 10, S. 440-447
2.9	*Hasse, P.* *Wiesinger, I.* *Zischank, W.*	Isolationskoordination in Niederspannungsanlagen auch bei Blitzeinschlägen etz Bd. 110 (1989) H. 2 S. 64-66
2.9	*Pfeiffer, W.*	Nicht zu nahe, Bemessen von Isolationsabständen in Niederspannungs-Betriebsmitteln Maschinenmarkt 94 (1988) H. 29, S. 36-41
2.9	*Pfeiffer, W.,* *Scheurer, F.*	Überspannungen im Niederspannungsnetz etz Bd.113 (1992) H. 10, S. 578-584
2.9	*Stimper, K.*	Isolationskoordination in Niederspannungsanlagen VDE-Schriftenreihe Bd. 56. Berlin u. Offenbach: VDE VERLAG, 1990
2.9	*Stimper, K.*	Beanspruchungsgerechte Isolationskoordination bei Niederspannung etz Bd. 111 (1990) H. 18, S. 938-941 und H. 24 S.1226-1229
2.9	*Stimper, K.*	Verhalten elektrischer Niederspannungs- isolierungen im Betrieb etz Bd. 109 (1988) H. 4, S. 134-139 und H. 7/8, S. 322-327
2.9	*Zeuschel, H. u. a.*	Ausbreitung von Stoßspannungen in Gebäudeinstallationen etz Bd.111 (1990) H. 12, S. 598-601
4.3 bis 4.6	*Schmelcher, T.*	Handbuch der Niederspannung Projektierungshinweise für Schaltgeräte, Schaltanlagen und Verteiler Siemens AG, Berlin, München 1982
4.7	*Floerke, H.*	Leistungsbedarf elektrischer Anlagen, etz Bd.104 (1983) H. 12, S. 586-589

4.7	*Just, W.*	Maximallast-Ermittlung Grundlage der Planung von elektrischen Anlagen im Betrieb. de/ der elektromeister + deutsches elektro-handwerk (1983) H. 22, S. 1513-1517
4.8	*Versch. Autoren*	Schalten, Schützen und Verteilen in Nieder-spannungsnetzen, Siemens AG, 1990, S.182-190
7.3	*Siekmann, G.*	Bestimmung maximal tolerierbarer Temperaturen bei der Berührung heißer Oberflächen Die BG, 1983, S. 525-530
7.4	*Biegelmeier, G.*	Schutz vor den Gefahren der Elektrizität Bulletin SEV/VSE 83 (1992) H. 3, S. 59-64
7.4	*Kiebach, D.* *Dr. Ing.*	Gefährdung und Unfall durch Elektrizität de (1992) H. 4, S. 267-270 de (1992) H. 5, S. 316-319
7.4	*Rudolf, W.*	Einführung in DIN VDE 0100 Elektrische Anlagen von Gebäuden VDE-Schriftenreihe Bd. 39. 2. Aufl., Berlin u. Offenbach: VDE VERLA, 2000
7.4	*Zürneck, H.*	Ursachen tödlicher Stromunfälle bei Nieder-spannung Schriftenreihe der Bundesanstalt für Arbeitsschutz, 1990
7.4.3.2.2	*Spindler, U.* *Wierny, H.*	Schutzisolierung- Schutzmaßnahme gegen gefährliche Körperströme etz Bd. 108 (1987) H. 3, S. 88-93
7.4.3.2.2	*UK 221.3 und* *UK 431.1*	Niederspannungs-Schaltgerätekombinationen, zur Schutzisolierung etz Bd. 108 (1987) H. 18, S. 896
7.4.6	*Egyptien/* *Schliephacke/* *Siller*	Elektrische Anlagen und Betriebsmittel Die neue Unfallverhütungsvorschrift VBG 4, (1981) S.13-25
7.6.4	*Rübsam, H.J.*	Energieverteilsystem in Einschubtechnik … Maschinenmarkt 99 (1993) H. 5, S. 40-42
7.8	*Gester, I.* *Schmidt, G.*	Starkstromanlagen, Planung, Gestaltung, Berechnung Berlin: Verlag Technik 1981

7.8	*Verschiedene Autoren*	Schaltanlagen BBC-Taschenbuch BBC Mannheim 1987
7.10	*Meissen, W.*	Transiente Netzüberspannungen etz Bd.107 (1986) H. 2, S. 50-55
7.10	*Meissen, W.*	Transiente Netzüberspannungen etz Bd. 107 (1986) H. 2, S. 50-55
7.10	*Meissen, W.*	Überspannungen in Niederspannungsnetzen etz Bd. 104 (1983) H. 7/8, S. 343-346
7.10	*Pfeiffer, W.* *Scheurer, F.*	Überspannungserzeugende Betriebsmittel etz Bd. 114 (1993) H. 3, S. 228-235
7.10	*Schwetz, S.*	Gefahren am Arbeitsplatz durch transiente Überspannungen etz Bd. 114 (1993) H. 3, S. 224-226
7.10	*Wilhelm I. und Mitautoren*	Elektromagnetische Verträglichkeit (EMV) Kontakt und Studium 41 (1992) S. 41-67 Expert Verlag
8.	*Bührer, B.*	Prüfarten für Schaltanlagen Elektro-Anzeiger 45 (1992) H. 11, S. 23-24
8.2	*Seibel, D.*	Prüfung elektrischer Anlagen und Betriebsmittel de (1993) H. 24, S. 1989
8.2.7	*Novak, K.*	IP-Schutzarten; von DIN 40050 zu EN 60529/ DIN 0470 Teil 1 de (1993) H. 7, S. 488-494; de (1993) H. 8, S. 620-624
Beiblatt 2	*Bührer, B.* *Chrobatz, E.*	Niederspannungs-Schaltanlagen in störlichtbogen-fester Ausführung für Offshore-Anwendung Elektro Anzeiger 40 (1987) H. 12, S. 14-16, 18
Beiblatt 2	*Fuhrmann, F.*	Lichtbögen vermeiden Elektrotechnik 70 (1988) H. 12, S. 16-21
Beiblatt 2	*Knutson, U.* *Öhrn, L. E.*	Schnelle Lichtbogenwächter mit faseroptischer Signalübertragung Elektro-Anzeiger 43 (1990) H. 11, S. 46, 48, 50, 52
Beiblatt 2	*N.N.*	Bemessung von Elektroenergieanlagen auf Kurz-schlussschutz, Lichtbogenschutz TGL 200-0606/05
Beiblatt 2	*Pigler, F.* *Dr. Techn.*	Druckentwicklung in Schaltzellen durch Störlichtbögen Energie und Technik 24 (1972) H. 2, S. 47-50

Beiblatt 2	*Rendings, A.*	Lichtbogenschutz in fabrikfertigen Schaltschränken Elektrische Energie-Technik, 29 (1994) H. 2, S. 54-56
Beiblatt 2	*Schau, H.* *Stade, D.* *Klöppel, F.W.*	Beherrschung von Störlichtbögen in Drehstrom-Niederspannungsanlagen Energietechnik 39 (1989) H. 4, S. 127-131
Beiblatt 2	*Schwarz*	Schneller Störlichtbogenschutz für Schaltanlagen etz Bd. 105 (1984) H. 13, S.672-677
Beiblatt 2	*Stade, D.*	Methoden zur Vermeidung von Störlichtbögen bei Niederspannungsanlagen infolge von Versagen oder Isolationsminderung Maschinenmarkt 94 (1988) H. 9, S. 48-53
Beiblatt 2	*Stade, D.* *Hüth K.-H.* *Schau, H.*	Schnelles Erfassen und Ausschalten als Störlicht-bogenschutz im Niederspannungsbereich Maschinenmarkt 97 (1991) H. 28, S. 54-56, 58
Beiblatt 2	*Strade, D.* *Schau, H.*	Experimentelle Untersuchungen des Niederspan-nungs-Störlichtbogens an einer Sammelschienen-Modellanordnung Wiss. Z. d. TH Ilmenau 27 (1981) H. 6, S. 109-119
Beiblatt 2	*Voss, G.*	Störlichtbögen in Niederspannungs-Schaltanlagen Elektro Anzeiger 42 (1989) S. 25-26, 28
	Stader, D. *Schau, H.*	Spezielle Kurzschlussverhältnisse in Drehstrom-Niederspannungsanlagen Elektrie 40 (1986) H. 10, S. 392-395
T.509	*Abegg, K.*	Beitrag zur Berechnung der Kraftwirkung zwischen zwei stromdurchflossenen, geraden Leitern in beliebiger räumlicher Lage Bulletin Oerlikon H. 359 (1964) S. 10-24
T.509	*Frick, C.W.*	Electromagnetic forces on conductors with Bends, Short Lengths and Cross-over General Electric Review Vol. 36. No. 5 8 (1933) S. 232-242
T.509	*Schröpfer, F.*	Krafteinwirkungen an elektrischen Leitungen ELIN-Zeitschrift IV (1952) S. 174-180
T.509	*Timascheff, A.S., Dr.*	Standard curves for calculation of forces between parallel and perpendicular conductors Aus: The engineering journal (Canada), Okt. 1953

Normen, die in diesen Erläuterungen erwähnt werden, aber nicht in der besprochenen Norm angegeben sind:

	Zweite Verordnung zur Durchführung des Energiewirtschaftsgesetzes in der ab 1. Januar 1987 geltenden Fassung.
	Gesetz über technische Arbeitsmittel (Gerätesicherheitsgesetz) in der Fassung vom 1. Januar 1993
	Unfallverhütungsvorschrift „Elektrische Anlagen und Betriebsmittel" (VBGS) gültig ab 1. April 1979 in der Fassung vom Januar 1997
	Vertrag zwischen der Bundesregierung und DIN vom 5. 6. 1975
DIN 820-1	Normungsarbeit, Grundsätze
DIN 31005	Sicherheitstechnisches Gestalten technischer Erzeugnisse; Verriegelungen, Kopplungen
DIN 40008-6	Sicherheitsschilder für die Elektrotechnik; Hinweisschilder
DIN IEC 60068-3-3	Umweltprüfungen; Seismische Prüfverfahren für Geräte; Leitfaden
DIN 40101-3	Graphische Symbole für Betriebsmittel; Bildzeichen der IEC 60417
DIN 40200	Nennwert, Grenzwert, Bemessungsdaten; Begriffe
DIN 40705	Kennzeichnung isolierter und blanker Leiter durch Farben
DIN 41488-2	Elektrotechnik; Teilungsmaße für Schränke; Niederspannungs-Schaltanlagen
DIN 43660	Modulordnung für elektrische Schaltanlagen
DIN 43670	Stromschienen aus Aluminium; Bemessung für Dauerstrom
DIN 43671	Stromschienen aus Kupfer; Bemessung für Dauerstrom

DIN 43673-1	Stromschienen-Bohrungen und Verschraubungen; Stromschienen mit Rechteckquerschnitten
DIN 46008	Anschlussflächen für Erdungs- und Schutzleiter-Anschlussschrauben
DIN 46206-1	Anschlüsse für elektrische Betriebsmittel; Flachklemmen für den Anschluss runder Kupferleiter bis 70 mm^2
DIN 46206-2	Anschlüsse für elektrische Betriebsmittel; Flachanschlüsse $\geq$ 40 A, Hauptmaße und Zuordnung
DIN 46276-1	Elastische Bänder für Stromschienen und Flachanschlüsse; Lamelliert-Flexibel
DIN 46289-1	Klemmen für die Elektrotechnik; Einteilung, Begriffe, Fachwörter
DIN 50010-1	Klimate und ihre technische Anwendung; Klimabegriffe; Allgemeine Klimabegriffe
DIN 50010-2	Klimate und ihre technische Anwendung; Klimabegriffe; Physikalische Begriffe
DIN 54840	Kunststoffe; Kennzeichnung von Kunststoffteilen
DIN 55473	Packhilfsmittel; Trockenmittelbeutel; Technische Lieferbedingungen
DIN 55474	Packhilfsmittel; Trockenmittel; Anwendung
VDE 0022:1994-09	Satzung für das Vorschriftenwerk des VDE Verband der Elektrotechnik Elektronik Informationstechnik e.V.
DIN VDE 0100-430 **VDE 0100 Teil 430**:1991-11	Errichten von Starkstromanlagen mit Nennspannungen bis 1000 V; Schutzmaßnahmen – Schutz von Kabeln und Leitungen bei Überstrom
E DIN IEC 64(Sec)701 **VDE 0100 Teil 430/A1**:1994-11	Errichten von Starkstromanlagen mit Nennspannungen bis 1000 V; Schutzmaßnahmen – Schutz bei Überstrom
E DIN VDE 0100-443 **VDE 0100 Teil 443**:1987-04	Errichten von Starkstromanlagen mit Nennspannungen bis 1000 V; Schutzmaßnahmen – Schutz gegen Überspannungen infolge atmosphärischer Einflüsse
E DIN VDE 0100-443/A1 **VDE 0100 Teil 443/A1**:1988-02	Errichten von Starkstromanlagen mit Nennspannungen bis 1000 V; Schutzmaßnahmen – Schutz gegen Überspannungen infolge atmosphärischer Einflüsse

E DIN VDE 0100-443/A2 **VDE 0100 Teil 443/A2**:1993-02	Errichten von Starkstromanlagen mit Nennspannungen bis 1000 V; Schutzmaßnahmen – Schutz bei Überspannungen infolge atmosphärischer Einflüsse und infolge von Schaltvorgängen
E DIN IEC 64(Sec)675 **VDE 0100 Teil 443/A3**:1993-10	Errichten von Starkstromanlagen mit Nennspannungen bis 1000 V; Schutzmaßnahmen – Schutz gegen Überspannungen infolge atmosphärischer Einflüsse und von Schaltvorgängen
E DIN IEC 64/907/CDV **VDE 0100 Teil 443/A4**:1997-04	Elektrische Anlagen von Gebäuden – Schutzmaßnahmen – Schutz bei Überspannungen infolge atmosphärischer Einflüsse und von Schaltvorgängen
E DIN IEC 64/1004/CDV **VDE 0100 Teil 443/A5**:1998-07	Elektrische Anlagen von Gebäuden – Teil 4: Schutzmaßnahmen – Schutz bei Überspannungen infolge atmosphärischer Einflüsse und von Schaltvorgängen
DIN VDE 0100-520 **VDE 0100 Teil 520**:1996-01	Errichten von Starkstromanlagen mit Nennspannungen bis 1000 V; Auswahl und Errichtung elektrischer Betriebsmittel – Kabel und Leitungssysteme (-anlagen)
DIN VDE 0100-520/A1 **VDE 0100 Teil 520 /A1**:1999-01	Elektrische Anlagen von Gebäuden – Auswahl und Errichtung elektrischer Betriebsmittel-Kabel und Leitungssysteme (-anlagen)
E DIN VDE 0100-520/A2 **VDE 0100 Teil 520/A2**:1996-09	Elektrische Anlagen von Gebäuden – Auswahl und Errichtung elektrischer Betriebsmittel-Kabel und Leitungssysteme (-anlagen)
DIN VDE 0100-725 **VDE 0100 Teil 725**:1991-11	Errichten von Starkstromanlagen mit Nennspannungen bis 1000V; Hilfsstromkreise
DIN VDE 0100-729 **VDE 0100 Teil 729**:1986-11	Errichten von Starkstromanlagen mit Nennspannungen bis 1000V; Aufstellen und Anschließen von Schaltanlagen und Verteilern
DIN VDE 0102 **VDE 0102**:1990-01	Berechnung von Kurschlussströmen in Drehstromnetzen
DIN EN 50110-1 **VDE 0105 Teil 1**:1997-10	Betrieb von elektrischen Anlagen
DIN VDE 0105-9 **VDE 0105 Teil 9**:1986-05	Betrieb von Starkstromanlagen; Zusatzfestlegungen für explosionsgefährdete Bereiche
DIN VDE 0106-1 **VDE 0106 Teil 1**:1982-05	Schutz gegen elektrischen Schlag; Klassifizierung von elektrischen und elektronischen Betriebsmitteln

DIN EN 50178 **VDE 0160**:1998-04	Ausrüstung von Starkstromanlagen mit elektronischen Betriebsmitteln
E DIN VDE 0166 **VDE 0166**:1996-03	Errichten elektrischer Anlagen in durch explosionsgefährliche Stoffe gefährdeten Bereichen
DIN VDE 0166 **VDE 0166**:1981-05	Elektrische Anlagen und deren Betriebsmittel in explosivstoffgefährdeten Bereichen
DIN EN 50014 **VDE 0170/0171 Teil 1**:2000-02 bis DIN EN 50039	Elektrische Betriebsmittel für explosionsgefährdete Bereiche
VDE 0170/0171 Teil 10:1982-04	Elektrische Betriebsmittel für explosionsgefährdete Bereiche
E DIN VDE 0245-1 **VDE 0245 Teil 1**:1990-10	Leitungen für elektrische und elektronische Betriebsmittel in Starkstromanlagen, Allgemeine Anforderungen
DIN VDE 0298-3 **VDE 0298 Teil 3**:1983-08	Verwendung von Kabeln und Leitungen für Starkstromanlagen; Allgemeines für Leitungen
E DIN IEC 33(CO)72 **VDE 0560 Teil 4/A3**:1983-05	Kondensatoren; Bestimmungen für Leistungskondensatoren
DIN EN 60947-7-2 **VDE 0611 Teil 3**:1996-06	Niederspannungs-Schaltgeräte; Hilfseinrichtungen; Schutzleiter-Reihenklemmen für Kupferleiter
IEC 61201 Report	Extra-low-voltage (ELV)-Limit values
SEK handbok	Internal arcing test of low-voltage switchgear and controlgear assemblies

Sachwortverzeichnis

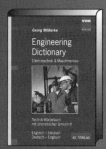